高等院校科学教育专业系列教材

总主编 林长春 蒋永贵 黄 晓

基础化学实验

主 编 王 强 黄坤林 王 剑

副主编 曲雪松 姚立华 张梅芳

编 委 李 梅 张 萍 顾曼琦

郭 明 周硕林 谭建桃

西南大学出版社

国家一级出版社 全国百佳图书出版单位

图书在版编目(CIP)数据

基础化学实验 / 王强, 黄坤林, 王剑主编. -- 重庆 : 西南大学出版社, 2024. 6. -- ISBN 978-7-5697-1844-7

Ⅰ. O6-3

中国国家版本馆CIP数据核字第2024UD0778号

基础化学实验

JICHU HUAXUE SHIYAN

王强　黄坤林　王剑　主编

总 策 划: 杨　毅　杨景罡　曾　文

执行策划: 翟腾飞　尹清强

责任编辑: 熊家艳

责任校对: 路兰香　李　炎

装帧设计: 起源

排　　版: 夏　洁

出版发行: 西南大学出版社

地址:重庆市北碚区天生路2号

邮编:400715　市场营销部电话:023-68868624

印　　刷: 重庆市涪陵区夏氏印务有限公司

成品尺寸: 185 mm×260 mm

印　　张: 20.75

字　　数: 467千字

版　　次: 2024年6月 第1版

印　　次: 2024年6月 第1次印刷

书　　号: ISBN 978-7-5697-1844-7

定　　价: 59.00元

编委会

序

科技是国家强盛之基。根据国家战略部署，我国要推进科技自立自强，到二〇三五年，科技自立自强能力显著提升，科技实力大幅跃升，建成科技强国。党的二十大报告明确提出“教育、科技、人才是全面建设社会主义现代化国家的基础性、战略性支撑”。习近平总书记指出：“要在教育‘双减’中做好科学教育加法，激发青少年好奇心、想象力、探求欲，培育具备科学家潜质、愿意献身科学研究事业的青少年群体。”

世界科技强国都十分重视中小学科学教育。我国自2017年以来，从小学一年级开始全面开设科学课，把培养学生的科学素养纳入科学课程目标。这标志着我国小学科学教育事业步入了新的发展阶段。

高素质科学教师是高质量中小学科学教育开展的中坚力量。为建设高质量科学教育、发挥科学教育的育人功能，需要培养和发展一大批高素质的专业科学教师。2022年教育部办公厅印发的《关于加强小学科学教师培养的通知》提出“从源头上加强本科及以上层次高素质专业化小学科学教师供给，提高科学教育水平，夯实创新人才培养基础”。围绕这一建设目标，进行高质量科学教师培养具有重要的现实意义。而培养高素质的科学教师，需要高质量的教材作为依托。

为此，西南大学出版社响应国家号召，以培养高素质中小学科学教师为目标，组织国内相关领域专家精心编写了这套“高等院校科学教育专业系列教材”。这套教材内容紧密对接科学前沿与社会发展需求，紧跟科技发展趋势，及时更新知识体系，反映学科专业新成果、新思想、新方法。同时，这套教材充分考虑教学实践环节的设计，通过实验指导、案例分析、项目研讨等形式，使学生在“做中学”，在实践中深化理论认识，提升科研技能。另外，这套教材秉持科学精神内核，将严谨的科研方法、科学发展的历史脉络、科学家的创新故事等融入各章节之中，培养学生的专业知识与技能、科学实践能力、科学观念、科学思维、科学方法、科学态度等。

该套教材走在了时代前沿，以培养高素质科学教育师资为宗旨，融思想性、科学性、时代性、创新性、系统性、可读性为一体，可供高等院校科学教育专业、小学教育（科学方向）的大学生学习使用，也可以作为在职科学教师系统提升专业素养的继续教育教材和参考读物。

我相信，通过对这套教材的系统学习，大学生和科学教师们将能够领略到科学的魅力，感受到科学的力量，成为具备科学素养和创新精神的新时代高素质中小学科学教师，为加强我国中小学科学教育，推进我国科技强国建设做出应有的贡献。

中国科学院院士，中国科学院古脊椎动物与古人类研究所研究员

编者的话

进入21世纪,我国于2001年开启了第八次基础教育课程改革。本次课程改革的亮点之一是在小学和初中首次开设综合性课程——科学。科学课程涉及物质科学、生命科学、地球与宇宙科学等自然科学领域,这给承担科学课程教学任务的教师提出了严峻的挑战。谁来教科学课?这对以培养中小学教师为己任的高等师范院校提出了新的时代要求,同时也为其创造了发展机遇。时代呼唤高校设置科学教育专业以培养专业化的高素质综合科学师资。在这一时代背景下,重庆师范大学在全国率先申报科学教育本科专业,并于2001年获得教育部批准,2002年正式招生。此后,全国先后有不少高等院校设置了科学教育专业。截至2024年4月,教育部批准设置科学教育本科专业的高等院校达到99所,覆盖全国31个省(区、市)。20余年来,高校对科学教育专业人才培养进行了不少的探索与实践,为基础教育科学课程改革培养了大批高素质专业化的师资队伍,为推进科学课程的有效实施作出了应有的贡献。但长期以来,科学教育专业人才培养存在一个非常大的困境,就是科学教育专业使用的教材均为物理、化学、生物、地理等专业本科课程教材,缺乏完整系统的科学教育专业教材,导致科学教育专业人才培养的教材缺乏针对性、实用性。

教材是课程实施的重要载体,是高等院校专业建设最基本和最重要的资源之一。2022年1月16日,由重庆师范大学科技教育与传播研究中心主办、西南大学出版社承办的“新文科背景下融合STEM教育理念的科学教育专业课程体系及教材建设研讨会”在西南大学出版社召开。来自西南大学、重庆师范大学、浙江师范大学、河北师范大学、杭州师范大学、湖南第一师范学院等近30所高等院校80余名科学教育专业的专家、学者,以及西南大学出版社领导和编辑参加了线上线下研讨。与会者基于高等教育内涵式发展、新文科建设、科学教育专业发展需求,共同探讨了科学教育专业课程体系,专业教材建设规划,教材编写的指导思想、理念、原则和要求等问题。在此基础上，成立系列教材编委会。在教材编写过程中，我们力求体现以下特点：

第一，科学性与思想性结合。科学性要求教材内容的层次性、系统性符合学科逻辑；内容准确无误、图表规范、表述清晰、文字简练、资料可靠、案例典型。思想性着力体现“课程思政”，在传授科学理论知识的同时，注意科学思想、科学精神、科学态度的渗透。

第二，时代性与创新性结合。教材尽可能反映21世纪国内外科技最新发展、高等教育改革趋势、科学教育改革发展、科学教师教育发展趋势，以及我国新文科建设的新理念、新成果。力求教材体系结构创新、内容选取创新、呈现方式创新。体现跨学科融合，充分体现STEM教育理念，实现跨学科学习。

第三，基础性与发展性结合。关注科学教育专业学生的专业核心素养形成和科学教学技能训练，包括专业知识与技能、科学实践能力、跨学科整合能力、科学观念、科学思维、科学方法等。同时，关注该专业大学生的可持续发展，激发其好奇心和求知欲，为其将来进一步学习深造奠定基础。

本系列教材编写期间，恰逢我国为推进科学教育改革发展和加强科学教师培养先后出台了系列文件。比如，2021年6月国务院印发的《全民科学素质行动规划纲要(2021—2035年)》在“青少年科学素质提升行动”中强调，实施教师科学素质提升工程，将科学教育和创新人才培养作为重要内容，推动高等师范院校和综合性大学开设科学教育本科专业，扩大招生规模。2022年4月，教育部颁布《义务教育科学课程标准(2022年版)》，科学课程目标、课程理念和课程内容的改革对中小学科学教师的专业素质提出了新的挑战。2022年5月，教育部办公厅发布《关于加强小学科学教师培养的通知》，要求建强一批培养小学科学教师的师范类专业，建强科学教育专业，扩大招生规模，从源头上加强本科及以上层次高素质专业化小学科学教师供给，提高科学教育水平，夯实创新人才培养基础。2023年5月，教育部等十八部门发布《关于加强新时代中小学科学教育工作的意见》，强调加强师资队伍建设，增加并建强一批培养中小学科学类课程教师的师范类专业，从源头上加强高素质专业化科学类课程教师供给。

当今世界科学技术日新月异，同时也正经历百年未有之大变局。党的二十大报告明确提出“教育、科技、人才是全面建设社会主义现代化国家的基础性、战略性支撑”。2023年2月，习近平总书记在二十届中共中央政治局第三次集体学习时指出“要在教育‘双减’中做好科学教育加法”，为加强我国新时代科学教育提出了根本遵循。世界发达国家的经验表明，科学教育是提升国家竞争力、培养创新人才、提高全民科学素质的重要基础。高素质、专业化的中小学科学教师是推动科学教育高质量发展的关键。当前，高等院校应该把培养高素质中小学科学教师作为重要的使命担当，加强在中小学科学教育师资职前培养和职后培训方面的能力建设，保障中小学科学教师高质量供给。没有高质量的教材就没有高质量的科学教师培养。因此，编写出版高等院校科学教育专业教材是解决当前我国科学教育专业人才培养问题的紧迫需要，是科学教育专业发展的根本要求，具有重要的现实意义。

该套教材在编写过程中得到了我国古生物学家、中国科学院周忠和院士的关心与鼓励，在此表示衷心的感谢和崇高的敬意！同时对西南大学领导和西南大学出版社的高度重视和支持表示诚挚的感谢！对编写过程中我们引用过的相关著述的作者表示真诚的谢意！由于系列教材编写的工作量巨大，编写的时间紧，加之编者的水平有限，教材难免存在一些不足，敬请广大的读者朋友批评指正。

林长春

于重庆师范大学师大苑

前言

化学是一门实验性很强的学科。当今科学研究的深度和广度、学科的交叉融合及实验技术的革新等都进入了快速发展阶段。在新文科背景下,本次编写的适合于科学教育专业学生的《基础化学实验》教材,既保证了知识体系的系统性和科学性,又兼顾了科学教育专业设置特点和后续课程的要求,同时能引导学生养成良好的实验习惯、科学的思维习惯和良好的科学素养。基础化学实验课程的开设,使学生在实验过程中手脑并用、感知与思维相结合、理论与实践相结合,对学生构建完整的知识体系,培养理论联系实际的能力,形成创新思维、良好的科研技能和科学素养等方面具有不可替代的作用。

为了深化新时代高等教育改革,全面落实做好科学教育加法,构建大科学教育新格局。《基础化学实验》教材在编写过程中参考国内相关教材内容,融入当前化学前沿研究及化学实验教学研究的最新成果,结合编者自身教学实践,以培养科学教育专业学生良好的实验习惯、科学的思维方式和创新实践能力为基本点和出发点,对基础化学实验课程教学内容进行了优化整合。

《基础化学实验》教材既注重与理论教材的相互融合,又侧重实验课程和实验教材自身的衔接,强调课程的系统性和相对独立性。本书从化学学科的内在规律出发,以化学实验的基本原理、基本方法与基本技能为编写主线,按照基础-综合-创新设计由简到繁、逐级提升的层次编写。全书分为化学实验基础知识、化学实验基本操作技术、基础实验、综合实验、设计实验共五大板块,内容的选择上突出了知识进阶、技能进阶等启智增慧的原则,同时联系现实生活、融合化学科技新成果、体现时代特征及社会新发展。

《基础化学实验》教材可供科学教育、环境科学、生命科学、食品科学与工程、材料科学与工程及新能源材料与器件等相关专业的本科生、研究生以及科技辅导员、一线科学教师使用。

具体编写分工如下:化学实验基础知识(首都师范大学王强、贵州师范大学李梅)、化学实验基本操作技术(首都师范大学王强、贵州师范大学李梅)、无机化学相关实验

（长春师范大学曲雪松、贵州师范大学顾曼琦）、有机化学相关实验（重庆师范大学黄坤林、河北师范大学张萍）、物理化学相关实验（豫章师范学院张梅芳、首都师范大学郭明）、分析化学相关实验（云南师范大学姚立华、长沙师范学院周硕林）、环境化学相关实验（重庆师范大学王剑、重庆师范大学谭建桃）、综合实验（全体编写人员）、设计实验（全体编写人员）；全体参编老师进行了书稿的校对工作。

本书在编写及出版过程中，得到了丛书编委会专家及西南大学出版社的关心与支持。特此致谢！

鉴于时间和水平有限，疏漏和不当之处难以避免，敬请广大专家、学者及读者赐教、指正为盼。

编者

2024年8月17日

CONTENTS

目录

第一章

化学实验基础知识

第一节　化学实验室安全知识

化学实验室中很多常用的试剂都具有易燃性、易爆性和毒性等特点。虽然我们在实验过程中会尽量选用低毒的试剂，但是这些试剂的大量使用对人体也会造成一定伤害。因此，防火、防爆、防中毒已成为化学实验室中的重要问题。

一、防火防爆

实验室内应备有灭火用具、急救箱和个人防护器材。实验人员要熟知这些器材的使用方法。

禁止用火焰在煤气管道上寻找漏气的地方，应该用肥皂水来检查漏气情况。

操作、倾倒易燃液体时应远离火源；瓶塞打不开时，切忌用火加热或猛烈敲打；倾倒大量易燃液体时要有防静电措施。

加热易燃溶剂必须在水浴或严密的电热板上缓慢进行，严禁用火焰或电炉直接加热。

点燃煤气灯时，必须先关闭风门，划着火柴后再开煤气，最后调节风量。停用时要先闭风，后闭煤气。不依次序操作，就有发生爆炸和火灾的危险。还要防止煤气灯内燃。

使用酒精灯时，注意酒精切勿装满，应不超过容量的2/3。灯内酒精不足容量的1/4时，应灭火后再添加酒精。燃着的灯焰应用灯帽盖灭，不可用嘴吹灭，以防灯内酒精起燃。酒精灯应用火柴点燃，不应用另一盏正燃的酒精灯来点，以防失火。

易爆炸类化学药品，例如苦味酸、高氯酸、高氯酸盐、过氧化氢等应放在低温处保管，不应和其他易燃物放在一起。

在蒸馏可燃物时，要时刻注意仪器和冷凝器的工作状态是否正常。如需往蒸馏器内补充液体，应先停止加热，放冷后再进行。

易发生爆炸的操作不得对着人进行，必要时操作人员应戴面罩或使用防护挡板。

身上或手上沾有易燃物时，应立即清洗干净，不得靠近灯火，以防着火。

严禁可燃物与氧化剂一起研磨。工作中不要使用不知成分的物质，因为反应时可能生成危险的产物（包括易燃、易爆或有毒产物）。在必须进行性质不明的实验时，应尽量先从最小剂量开始，同时要采取安全措施。

易燃液体的废液应用专用贮器收集，不得倒入下水道，以防引起燃爆事故。

电炉周围严禁放置易燃物品。电烘箱周围严禁放置可燃、易燃物及挥发性易燃液体。不能烘烤会释放出易燃蒸气的物料。

一旦发生火情，应沉着镇定地采取正确措施，防止事故的扩大。首先应立即切断电源，移走易燃物，然后根据易燃物的性质和火势采取适当的方法进行扑救。有机物着火通常不用水进行扑救。小火可用湿布或石棉布盖熄。火势较大时，使用黄沙、灭火器等将火熄灭。

二、灭火

一旦发生火灾，实验员要临危不惧，冷静沉着，及时采取灭火措施。若局部起火，应立即切断电源，关闭煤气阀门，用湿抹布或石棉布覆盖熄灭。若火势较猛，应根据具体情况，选用适当的灭火物品进行灭火，并立即与有关部门联系，请求救援。常用灭火物品类型和适用范围见表1-1-1。

衣服着火时应立即用毯子之类的物品蒙盖在着火者身上，着火者不应慌张跑动，否则会加强气流流向燃烧着的衣服，使火焰加大。

无论使用何种灭火器灭火，皆应从火的四周开始向中心扑灭。

实验室内的灭火器材要定期检查和更换药液，临用前须检查喷嘴是否畅通，如有阻塞，应用铁丝疏通，以免造成爆炸事故。

表1-1-1　常用灭火物品

灭火物品类型	特性要求	适用范围
水（消火栓）	—	适用于一般木材及各种纤维的着火以及可溶可半溶于水的可燃液体的着火
砂土	隔绝空气而灭火，应保持干燥	用于不能用水灭火的着火物
石棉毯或薄毯	隔绝空气而灭火	用于扑灭人身上燃着的火
二氧化碳泡沫灭火器	主要成分为硫酸铝、碳酸氢钠、皂粉等，相互作用生成二氧化碳的泡沫盖于燃烧物上隔绝空气而灭火	适用于油类着火，不宜用于精密仪器、贵重资料灭火
干式二氧化碳灭火器	用二氧化碳压缩干粉（碳酸氢钠及适量滑润剂防潮剂等）喷于燃烧物上而灭火	适用于油类、可燃气体、易燃液体、固体电气设备及精密仪器等着火，不适用于钾、钠着火

三、化学毒物及中毒的救治

1. 毒物

某些侵入人体的少量物质引起局部刺激或机体功能障碍的任何疾病都称为中毒，这类物质称为毒物。根据毒物侵入的途径，中毒分为摄入中毒、呼吸中毒和接触中毒。接触中毒和腐蚀性中毒有一定区别。接触中毒是毒物通过皮肤进入皮下组织，不一定立即引起表面的灼伤；腐蚀性中毒是使接触毒物的那一部分组织立即受到伤害。

毒物的剂量与效应之间的关系称为毒物的毒性，习惯上用半致死剂量(LD_{50})或半致死浓度(LC_{50})作为衡量急性毒性大小的指标，将毒物的毒性分为剧毒、高毒、中等毒、低毒、微毒五级。

2. 中毒症状与救治方法

实验人员应了解毒物的侵入途径、中毒症状和急救方法。在工作中贯彻预防为主的方针，减少由化学毒物引起的中毒事故。一旦发生中毒时能争分夺秒地(这是关键)、正确地采取自救互救措施，力求在毒物被人体吸收之前实现抢救，直至医生到来。表1-1-2简要地列出了部分化学毒物的中毒症状及救治方法，供参考。

实验室接触毒物造成的中毒可能发生在管道破裂或阀门损坏等意外事故，取样、样品溶解时通风不良、有机溶剂萃取、蒸馏等操作中发生意外等情况。预防中毒的措施主要是：

(1)改进实验设备与实验方法，尽量采用低毒物质代替高毒物质；

(2)有符合要求的通风设施将有害气体处理并排出；

(3)消除二次污染源，即减少有毒蒸气的逸出及有毒物质的撒落、泼溅；

(4)选用必要的个人防护用具如眼镜、防护油膏、防毒面具以及防护服装等。

表1-1-2　常见化学毒物的急性致毒作用与救治方法

分类	名称	主要致毒作用与症状	救治方法
酸	硫酸、盐酸、硝酸	接触：硫酸，局部红肿痛，重者起水疱、呈烫伤症状；硝酸、盐酸腐蚀性小于硫酸	立即用大量流动清水冲洗，再用2%碳酸氢钠溶液冲洗，然后用清水冲洗(若是浓硫酸，首先用干毛巾或纱布擦拭掉皮肤上的浓硫酸，再冲洗处理)
		吞服：强烈腐蚀口腔、食道、胃黏膜	初服时可洗胃，时间长忌洗胃以防穿孔，应立即服7.5%氢氧化镁悬液60 mL，鸡蛋清调水或牛奶200 mL
	氢氟酸	局部灼烧感，开始疼痛较小不易察觉，氢氟酸渗入指甲，剧痛	立即用大量水冲洗，将伤处浸入：①0.1%~0.133%氯化苄烷铵溶液或乙醇溶液(冰镇)；②饱和硫酸镁溶液(冰镇)。上述方法任选一种，①的效果最佳
		眼烧伤	大量清洁冷水淋洗，每次15 min，间隔15 min
强碱	氢氧化钠、氢氧化钾	接触：强烈腐蚀性，化学烧伤	迅速用水、柠檬汁、稀乙酸或2%硼酸水溶液洗涤
		吞服：口腔、食道、胃黏膜糜烂	禁洗胃或催吐，给服稀乙酸或柠檬汁500 mL，或0.5%盐酸100~500 mL，再服蛋清水、牛奶、淀粉糊、植物油等
无机物	汞及其化合物	大量吸入汞蒸气或吞食二氯化汞等汞盐，引起急性汞中毒，表现为恶心、呕吐、腹痛、腹泻、全身乏力、尿少或尿闭甚至死亡	对于误服者，不得用生理盐水洗胃，迅速灌服鸡蛋清、牛奶或豆浆并送医院治疗

续表

分类	名称	主要致毒作用与症状	救治方法
无机物	汞及其化合物	汞蒸气慢性中毒症状：头晕、头痛、失眠等神经衰弱症候群；自主神经功能紊乱、口腔炎、消化道症状及震颤	使其不再接触汞，送医院治疗
		皮肤接触	用大量水冲洗后，湿敷3%~5%硫代硫酸钠溶液，对于不溶性汞化合物，用肥皂和水冲洗
	砷及其化合物	皮肤接触	用肥皂和水冲洗，皮肤可涂2.5%二巯基丙醇油膏
		吞服：恶心、呕吐、腹痛、剧烈腹泻	立即洗胃、催吐，洗胃前服新配氢氧化铁溶液（12%硫酸亚铁溶液与20%氧化镁混悬液等量混合）
		长期接触其粉尘和气体也可引起慢性中毒	催吐，或服蛋清水、牛奶导泻，请医生处置
	氰化物	皮肤烧伤	用大量水冲洗，依次用0.01%高锰酸钾溶液和硫化铵溶液洗涤，或用0.5%硫代硫酸钠溶液冲洗
		吸入氰化氢或吞食氰化物：量大者造成组织细胞窒息，呼吸停止而死亡 急性中毒：胸闷、头痛、呕吐、呼吸困难、昏迷；慢性中毒：神经衰弱症状、肌肉酸痛等	用亚硝酸异戊酯、亚硝酸钠、硫代硫酸钠解毒（医生进行）
	铬酸、重铬酸钾等铬化合物	铬酸、重铬酸钾对黏膜有剧烈的刺激，产生炎症和溃疡；铬的化合物可以致癌；吞服中毒	用5%硫代硫酸钠溶液清洗受污染皮肤
有机化合物	石油烃类（石油产品中的各种饱和或不饱和烃）	吸入高浓度汽油蒸气，出现头痛、头晕、心悸、神志不清等	移至新鲜空气处，重症者可给予吸氧
		汽油对皮肤有脂溶性和刺激性，引起皮肤干燥、皲裂，个别者起红斑、水疱	用温水清洗
		石油烃能引起呼吸、造血、神经系统慢性中毒症状	医生治疗
		某些润滑油和石油残渣长期刺激皮肤可能引发皮肤癌	涂5%炉甘石洗剂
有机化合物	苯及其同系物（如甲苯）	吸入蒸气及皮肤渗透	皮肤接触，用清水冲洗
		急性：头晕、头痛、恶心，重者昏迷抽搐甚至死亡 慢性：损害造血系统、神经系统	人工呼吸、输氧，医生处置
	三氯甲烷	皮肤接触：干燥、皲裂	皮肤皲裂者选用10%尿素冷霜
		吸入高浓度蒸气急性中毒，眩晕、恶心、麻醉 慢性中毒：肝、心、肾损害	使其脱离现场，给予吸氧，医生处置

续表

分类	名称	主要致毒作用与症状	救治方法
有机化合物	四氯化碳	接触:皮肤因脱脂而干燥、皲裂	用2%碳酸氢钠溶液或1%硼酸溶液冲洗皮肤和眼睛
		吸入 急性:黏膜刺激、中枢神经系统抑制和胃肠道刺激症状 慢性:神经衰弱症候群,损害肝、肾	使其脱离中毒现场,急救,给予人工呼吸、吸氧
	甲醇	吸入蒸气中毒,也可经皮肤吸收 急性:神经衰弱症状,视力模糊,酸中毒症状 慢性:肾衰症状,视力减弱,眼球疼痛	皮肤污染用清水冲洗
			溅入眼内,立即用2%碳酸氢钠溶液冲洗
		吞服15 mL可导致失明,70~100 mL致死	误服,立即用3%碳酸氢钠溶液充分洗胃后请医生处置
	芳胺、芳香族硝基化合物	吸入或皮肤渗透 急性中毒致高铁血红蛋白症、溶血性贫血及肝脏损害	用温肥皂水(忌用热水)洗,苯胺可用5%乙酸或70%乙醇洗
气体	氮氧化物	呼吸系统急性损害 急性中毒:口腔与咽喉黏膜、眼结膜充血,头晕、支气管炎、肺炎、肺水肿 慢性中毒:呼吸道病变	移至新鲜空气处,必要时给予吸氧
	二氧化硫、三氧化硫	对上呼吸道及眼结膜有刺激作用;结膜炎、支气管炎、胸痛、胸闷	移至新鲜空气处,必要时给予吸氧,用2%碳酸氢钠溶液洗眼
	硫化氢	眼结膜、呼吸及中枢神经系统损害 急性:头晕、头痛甚至抽搐昏迷;久闻不觉其气味更具危险性	移至新鲜空气处,必要时给予吸氧
			用生理盐水洗眼

四、有毒化学物质的处理

实验室需要排放的废水、废气、废渣称为实验室“三废”。由于各类实验室实验项目不同,产生的“三废”中所含化学物质的毒性不同,数量也有很大的差别。为了保证实验人员的健康及防止环境污染,实验室“三废”的排放也应遵守我国环境保护法的有关规定。

1. 汞蒸气及其他废气

长期吸入汞蒸气会造成慢性中毒。为了减少汞的蒸发,可在汞液面上覆盖化学液体。甘油效果最好,5%$Na_2S\cdot 9H_2O$溶液次之,水效果最差。

对于溅落的汞，应尽量捡拾起来，颗粒直径大于1 mm的汞可用以洗耳球或真空泵抽吸的捡汞器捡起来，捡过汞的地点可以撒上多硫化钙、硫黄或漂白粉，或喷洒化学药品，使汞生成不挥发的难溶盐，干后扫除。化学药品为：①20% $FeCl_3$溶液；②1% I_2–1.5% KI溶液，每平方米使用300~500 mL。

对于吸附在墙壁、地板及设备表面上的汞，可以用加热熏碘法除去，按每平方米0.5 g碘，加热熏蒸，或每10 m^2用0.02 m^2蒸发面积的碘片，下班前关闭门窗，任其自然升华，次日移去。

以上除汞方法中，$FeCl_3$及碘蒸气对金属有腐蚀作用，采用这两种方法时要注意对室内精密仪器的保护。

另外，也可用紫外灯除汞，紫外辐射激发产生的臭氧可使分散在物体表面和缝隙中的汞氧化为不溶性的氧化汞。紫外灯（市售品常为30 W，220 V）的安装方法与一般荧光灯相同。高度2.5~3.0 m，0.5~0.8 W/m^3。可以利用无人的非工作时间辐照。

实验室的少量废气一般可由通风装置直接排至室外，排气管必须高于附近屋顶3 m，毒性大的气体可参考工业废气处理办法，用吸附、吸收、氧化、分解等方法处理后排放。

2. 废液

GB 8978–1996《污水综合排放标准》对污染物的允许排放浓度做了严格的规定，见表1-1-3。第二类污染物是指长远影响小于第一类污染物质，是在排污单位排放口采样测定的污染物，其最高允许的排放浓度也需要符合国家标准的要求。

表1-1-3　第一类污染物的最高允许排放浓度

污染物	最高允许排入浓度	污染物	最高允许排放浓度
总汞	$0.05\ mg\cdot L^{-1}$	总镍	$1.0\ mg\cdot L^{-1}$
烷基汞	不得检出	苯并[a]芘	$0.00003\ mg\cdot L^{-1}$
总镉	$0.1\ mg\cdot L^{-1}$	总铍	$0.005\ mg\cdot L^{-1}$
总铬	$1.5\ mg\cdot L^{-1}$	总银	$0.5\ mg\cdot L^{-1}$
六价铬	$0.5\ mg\cdot L^{-1}$	总α放射性	1 Bq/L
总砷	$0.5\ mg\cdot L^{-1}$	总β放射性	10 Bq/L
总铅	$1.0\ mg\cdot L^{-1}$		

3. 废渣

废弃的有害固体化学药品严禁倒在生活垃圾处，必须经处理解毒后丢弃。处理方法可参阅相关文献。

五、气瓶的安全使用

1. 气瓶内所装气体的分类

(1)压缩气体。

临界温度低于-10 ℃的气体,经加高压压缩,仍处于气态者,为压缩气体,如氧气、氮气、氢气、空气、氩气等。这类气体钢瓶若设计压力大于或等于12 MPa(125 $kg\cdot cm^{-2}$),称为高压气瓶。

(2)液化气体。

临界温度≥-10 ℃的气体,经加高压压缩,转为液态并与其蒸气处于平衡状态者,为液化气体。临界温度在-10~70 ℃为高压液化气体,如二氧化碳、氧化亚氮。临界温度高于70 ℃,且在60 ℃时饱和蒸气压大于0.1 MPa者,为低压液化气体,如氨气、氯气、硫化氢等。

(3)溶解气体。

单纯加高压压缩,可能会产生易分解、爆炸等的危险性气体,必须在加高压的同时,将其溶解于适当溶剂,并由多孔性固体物充盛。在15 ℃以下压力达0.2 MPa以上者,为溶解气体(或称气体溶液),如乙炔。

气体从性质分类可分为剧毒气体,如氟气、氯气等;易燃气体,如氢气、一氧化碳等;助燃气体,如氧气、氧化亚氮等;不燃气体,如氮气、二氧化碳等。

2. 气瓶的存放及安全使用

为了便于运输、贮存和使用,通常将气体压缩成压缩气体(如氢气、氮气和氧气等)或液化气体(如液氮和液氯等),灌入耐压钢瓶内。当钢瓶受到撞击或高温就会有发生爆炸的危险,另外有一些压缩气体或液化气体有剧毒性,一旦泄漏,将造成严重后果。因此,了解钢瓶性能,正确和安全地使用各种压缩气体或液化气体钢瓶是十分重要的。

使用钢瓶时,必须注意下列事项:

(1)在使用气体钢瓶前,要按照钢瓶外表油漆颜色、字样等正确识别气体种类,切勿误用,以免造成事故。

据我国有关部门规定,各种钢瓶必须按照规定喷油漆颜色,标注气体名称和涂刷横条,见表1-1-4。

(2)在运输、贮存和使用气体钢瓶时,勿使气体钢瓶与其他坚硬物体撞击,或曝晒在烈日下以及靠近高温处,以免引起钢瓶爆炸。应定期对钢瓶进行安全检查,如进行水压试验和壁厚测定等。

(3)严禁油脂等有机物污染氧气钢瓶,因为油脂遇到逸出的氧气可能燃烧。如已经被油脂污染,则应立即用四氯化碳洗净。盛装氧气、氢气或其他可燃气体的钢瓶严禁靠近明火。

(4)存放可燃性气体钢瓶的房间应注意通风,以免漏出的可燃性气体与空气混合后遇到火种而发生爆炸。室内的照明灯及电气通风装置均应做防爆处理。

(5)原则上有毒气体钢瓶(如液氯钢瓶等)应单独存放,严防有毒气体逸出,注意室内通风。最好在存放有毒气体钢瓶的室内设置毒气鉴定装置。

表1-1-4　气体钢瓶的种类及标志

钢瓶名称	外表颜色	字样	字样颜色
氧气瓶	淡蓝	氧	黑
氢气瓶	淡绿	氢	大红
氮气瓶	黑	氮	白
氩气瓶	银灰	氩	深绿
二氧化碳气瓶	铝白	液化二氧化碳	黑
氨气瓶	淡黄	液氨	黑
氯气瓶	深绿	液氯	白
氟氯烷瓶	铝白	液化氟氯烷	黑

注意:如果钢瓶的色标脱落,应及时按以上规定进行漆色、标注气体名称。

(6)若两种钢瓶中的气体接触后可能引起燃烧或爆炸,则这两种钢瓶不能存放在一起,如氢气瓶和氧气瓶、氢气瓶和氯气瓶等。氧气、液氯、压缩空气等助燃气体钢瓶,严禁与易燃物品放置在一起。

(7)气体钢瓶存放或使用时要固定好,防止滚动或倒下。为确保安全,最好在钢瓶外面装置橡胶防震圈。使用液化气体钢瓶时一定要直立放置,禁止倒置使用。

(8)使用钢瓶时,应缓缓打开钢瓶上端的阀门,不能猛开阀门,也不能将钢瓶内的气体全部用完,要留下一些气体,以防止外界空气进入气体钢瓶。

六、电气安全

1. 电击防护

触电事故主要是指电击。通过人体的电流越大,伤害越严重。电流大小取决于施加于人体的电压和人体电阻。把不会引起生命危险的电压称为安全电压,一般规定为不高于36 V。

电击的防护措施:

(1)保持电气设备完好,绝缘好。发现设备漏电要立即修理。不得使用不合格的或绝缘损坏、已老化的电线。建立定期检查维护制度。

(2)进行良好的接地保护。将电气设备在正常情况下不带电的金属部分与接地体之间做良好的金属连接。

(3)使用漏电保护器。

2. 静电防护

静电是在一定的物体中或其表面上存在的电荷。一般人接触到3~4 kV电压的静电时，会有不同程度电击的感觉。

(1)静电危害有两个方面：

①危及大型精密仪器的安全：现代化仪器中的很多高性能元器件对静电放电敏感，易损坏，特别是安装在印刷电路板上的元器件更易损坏。

②静电电击危害：静电电击和触电电击对人体造成的伤害不同，触电电击伤害是指触及带电物体时电流持续通过人体造成的伤害，而静电电击伤害是由于静电放电时瞬间产生的冲击性电流通过人体时造成的伤害。静电虽不会引起生命危险，但放电时会使人摔倒、电子仪器失灵，以及放电的火花可引起易燃混合气体燃烧、爆炸，因此必须加以防护。

(2)静电防护措施如下：

①防静电区内不要使用塑料地板、地毯或其他绝缘性好的地面材料，可以铺设导电性地板。

②在易燃易爆场所，应穿导电纤维等材料制成的防静电工作服、防静电鞋(电阻应在150 kΩ以下)，戴防静电手套。不要穿化纤类织物衣裤、胶鞋及绝缘鞋底的鞋。

③高压带电体应有屏蔽措施，以防人体感应产生静电。

④进入实验室应徒手接触金属接地棒，以消除人体从外界带来的静电。坐着工作的场合可在手腕上戴接地腕带。

⑤提高环境空气中的相对湿度，当相对湿度超过65%时，由于物体表面电阻降低，便于静电逸散。但这仍不能满足精密仪器在生产、使用、维修过程中的要求(在防静电安全区内静电压力不得超过100 V)。

3. 用电安全守则

(1)不得私自拉接临时供电线路。

(2)不准使用不合格的电气设备。室内不得有裸露的电线。保持电气设备及电线的干燥。

(3)正确操作闸刀开关，应使闸刀处于完全合上或完全拉断的位置，不能若即若离，以防接触不良产生火花。禁止将电线头直接插入插座内使用。

(4)新购的电气设备使用前必须全面检查，排查因运输震动使电线连接松动的情况，若有松动，确认没问题并接好地线后方可使用。

(5)使用烘箱和高温炉时，必须确认自动控温装置可靠，同时还需人工定时监测温度，以免温度过高。不得把含有易燃易爆溶剂的物品放入烘箱和高温炉加热。

(6)电源或电气设备的保险丝烧断时，应先查明原因，排除故障后再按原负荷换上适宜的保险丝。

(7)使用高压电源工作时，要穿绝缘鞋、戴绝缘手套并站在绝缘垫上。

第二节　化学试剂常识

一、常见化学试剂纯度的等级标准

化学试剂主要是实现化学反应、分析化验、研究实验、教学实验、化学配方使用的具有一定纯度标准的各种化学品。

一般按用途分为通用试剂、高纯试剂、分析试剂、仪器分析试剂、临床诊断试剂、生化试剂、无机离子显色剂试剂等。有四种常用规格：优级纯或一级品（GR，精密分析和科学研究工作）；分析纯或二级品（AR，重要分析和一般研究工作）；化学纯或三级品（CP，工矿及学校一般化学实验）；实验试剂或四级品（LR）。

表1-2-1　试剂等级和适用范围

纯度等级	优级纯（一级品）	分析纯（二级品）	化学纯（三级品）	实验试剂（四级品）
英文代号	GR Guarantee Reagent	AR Analytical Reagent	CP Chemical Pure	LR Laboratory Reagent
瓶签颜色	绿色	红色	蓝色	黄色
适用范围	可用作基准物质，主要用于精密的科学研究和分析实验	用于一般科学研究和分析实验	用于要求较高的无机和有机化学实验，或要求不高的分析检验	用于一般的实验和要求不高的科学实验

除了上述四个级别的试剂外，还有一些特殊规格试剂，例如：

基准试剂（PT：Primary Reagent）：专门作为基准物用，可直接用于配制标准溶液。

光谱纯试剂（SP：Spectrum Pure）：表示光谱纯净的试剂。但由于有机物在光谱上显示不出，所以有时主成分达不到99.9%以上，使用时必须注意，特别是作为基准物时，必须进行标定。

高纯试剂（EP：Extra Pure）：纯度远高于优级纯的试剂（≥99.99%）。高纯试剂是在通用试剂基础上发展起来的，是为了专门的使用目的而用特殊方法生产的纯度最高的试剂。它的杂质含量要比优级纯试剂低2~4个或更多个数量级。因此，高纯试剂特别适用于一些痕量分析，而通常的优级纯试剂就达不到这种精密分析的要求。目前，除少数产品（如高纯硼酸、高纯冰乙酸、高纯氢氟酸等）有国家标准外，大部分高纯试剂的质量标准还不统一，在名称上也有高纯、特纯、超纯等不同叫法。

二、常见化学试剂的贮存

化学试剂应由专人管理，分类贮存。管理人员须经常检查试剂贮存情况，根据库存需要及时补充，对于储藏室里的其他试剂，也要定期检查是否变质和损耗，建立系统的存放、领用登记台账。

化学试剂贮存在专设的试剂储藏室中，储藏室最好背向阳光，室内要保持干燥，通风良好，严格杜绝任何明火，并备有充分有效的灭火设施。分类摆放，分类的原则是一般试剂与危险试剂分开贮存；无机试剂与有机试剂分开贮存；氧化剂与还原剂分开贮存。铵盐比较容易受热分解，应单独贮存在阴凉的地方。剧毒试剂应贮存于保险柜中，由专人保管。易燃、易爆试剂应贮存于铁皮柜或砂箱中。易挥发试剂应贮存在有通风设备的房间内。

1. 易燃固体试剂

(1)黄磷：黄磷又名白磷，应存放于盛有水的棕色广口瓶里，水应保持将磷全部浸没；再将试剂瓶埋在盛有硅石的金属罐或塑料桶里。取用时，因其易氧化、燃点低、有剧毒、能灼伤皮肤，故应在水下面用镊子夹住，小刀切取。掉落的碎块要全部收好，防止抛撒。

(2)红磷：红磷又名赤磷，应存放在棕色广口瓶中，务必保持干燥。取用时要用药匙，勿近火源，避免和灼热物体接触。

(3)钠、钾：金属钠、钾应存放于盛有无水煤油、液体石蜡或甲苯的广口瓶中，瓶口用塞子塞紧。若用软木塞，还需涂石蜡密封。取用时切勿与水或溶液相接触，否则易引起火灾。取用方法与白磷相似。

2. 易挥发出腐蚀气体的试剂

(1)液溴：液溴密度较大，极易挥发，溴蒸气极毒，皮肤溅上溴液后会被灼伤，故应将液溴贮存在密封的棕色磨口细口瓶内，为防止其扩散，一般要在溴液面上加水起到封闭作用。将试剂瓶盖紧后放于塑料桶中，置于阴凉且不易碰翻处。取用时，用胶头滴管伸入水面下的液溴中迅速吸取少量后，密封放回原处。

(2)浓氨水：浓氨水极易挥发，要用带塑料塞和螺旋盖的棕色细口瓶存放，再置于阴凉处。使用时，开启瓶盖要十分小心。瓶内气体压强较大，可能导致氨液外溅，所以要用塑料薄膜等遮住瓶口，使瓶口不要对着人，再开启瓶盖。特别是在气温较高的夏天，可先用冷水降温后再启用。

(3)浓盐酸：浓盐酸极易挥发出氯化氢气体，具有强烈刺激性气味，所以应盛放于磨口细口瓶中，置于阴凉处，要远离浓氨水贮放。

取用或配制这类试剂的溶液时，若量较大，接触时间又较长时，还应戴上防毒口罩。

3. 易燃液体试剂

乙醇、乙醚、二硫化碳、苯、丙醇等沸点很低，极易挥发又易着火，故应盛于既有塑料塞又有螺旋盖的棕色细口瓶里，置于阴凉处。取用时勿近火种。常在盛放二硫化碳的瓶中注少量水，起水封作用。因为二硫化碳沸点极低，为46.3 ℃，密度比水大，为1.26 $g \cdot cm^{-3}$，且不溶于水，水封保存能防止挥发。而常在盛放乙醚的试剂瓶中加少量铜丝，则是为防止乙醚因变质而生成易爆的过氧化物。

4. 易升华的物质

易升华的物质有多种，如碘、干冰、萘、蒽、苯甲酸等。碘蒸气有腐蚀性，且有毒。这类固体物质均应存放于棕色广口瓶中，密封放置于阴凉处。

5. 剧毒试剂

剧毒试剂常见的有氰化合物、砷化合物、汞化合物、铅化合物、可溶性钡的化合物以及汞、黄磷等。这类试剂要与酸类物质隔离，放于干燥、阴凉的专柜中，加锁。取用时应在教师指导下进行。

取用少量汞时，可用拉成毛细管的滴管吸取，倘若不慎将汞撒落，可先用涂上盐酸的锌片去粘拾，汞可与锌形成锌汞齐，然后用盐酸或稀硫酸将锌片溶解，即可把汞回收。而残留在地面上的微量汞，应用硫磺粉逐一盖上或洒上氯化铁溶液将其除去，否则汞蒸气遗留空气中将造成危害性事故。

6. 易变质试剂

（1）氢氧化钠、氢氧化钾等极易潮解，并可吸收空气中的二氧化碳而变质，所以应当保存在广口瓶或塑料瓶中，塞子用蜡涂封。特别要注意避免使用玻璃塞子，以防黏结。

（2）碱石灰、生石灰、碳化钙（电石）、五氧化二磷、过氧化钠等试剂，都易与水蒸气或二氧化碳发生作用而变质，均应密封贮存。特别是取用后，注意将瓶塞塞紧，放置于干燥处。

（3）硫酸亚铁、亚硫酸钠、亚硝酸钠等试剂具有较强的还原性，易被空气中的氧气等氧化而变质。要密封保存，并尽可能减少与空气的接触。

（4）过氧化氢、硝酸银、碘化钾、浓硝酸、亚铁盐、三氯甲烷（氯仿）、苯酚、苯胺等试剂受光照后会变质，有的还会生成有毒物质。它们均应按其状态保存在不同的棕色试剂瓶中，且避免光线直射。

三、化学试剂的取用

1. 固体试剂的取用

取用固体试剂可用牛角匙、不锈钢药匙、塑料匙。使用时要专匙专用，可根据试剂量选用不同大小的试剂匙。

称取一定量的固体试剂时，可根据固体试剂的性质选用不同的器皿盛放。纸、表面皿、称量瓶等常用于盛放将要称量的固体。根据要求选用不同精度的天平（托盘天平、1/100 g天平或分析天平）称量。对于具有腐蚀性或易潮解的试剂，应放在表面皿等玻璃容器内进行，不能放在纸上进行称量。

对于颗粒较大的固体，应在研钵中研碎后再称量，研钵中所盛固体量不得超过容积的1/3。

2. 液体试剂的取用

（1）从细口试剂瓶中取用试剂的方法。

取下瓶塞，左手拿住容器（如试管、量筒等），右手握住试剂瓶（试剂瓶的标签应向着手心），倒出所需量的试剂，如图1-2-1所示。倒完试剂后应将瓶口在容器内壁上靠一下，再使瓶子竖直，这样可避免瓶口上的液滴沿试剂瓶外壁流下。

将液体从试剂瓶中倒入烧杯时，可使用玻璃棒引流。引流方法是：用右手握试剂瓶，左手拿玻璃棒，使玻璃棒的下端斜靠在烧杯中，将瓶口靠在玻璃棒上，使液体沿着玻璃棒往下流，如图1-2-2所示。

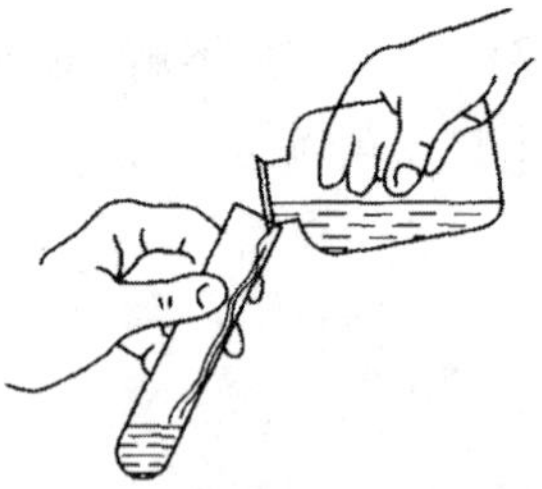

图1-2-1　往试管倒入试剂

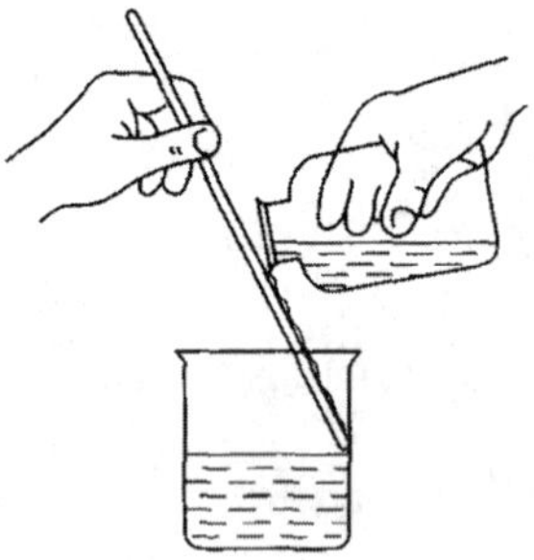

图1-2-2　往烧杯中倒入试剂

（2）从滴瓶中取用少量试剂的方法。

先提起滴管，使管口离开液面，用手指捏紧滴管上部的橡皮头排去空气，再把滴管伸入试剂瓶吸取试剂。往试管中滴加试剂时，只能把滴管尖头放在试管口的上方滴加，如图1-2-3所示。严禁将滴管伸入试管内，以免滴管尖头接触试管壁上的其他试剂而污染试剂瓶中的试剂。一个滴瓶上的滴管不能用来移取其他试剂瓶中的试剂。也不能随便拿别的滴管伸入试剂瓶中吸取试剂，以免污染试剂。长时间不使用的滴瓶，滴管有时与试剂瓶口粘连，不能直接提起滴管，这时可在瓶口处滴上2滴蒸馏水，润湿后再轻摇几下就可提起滴管。

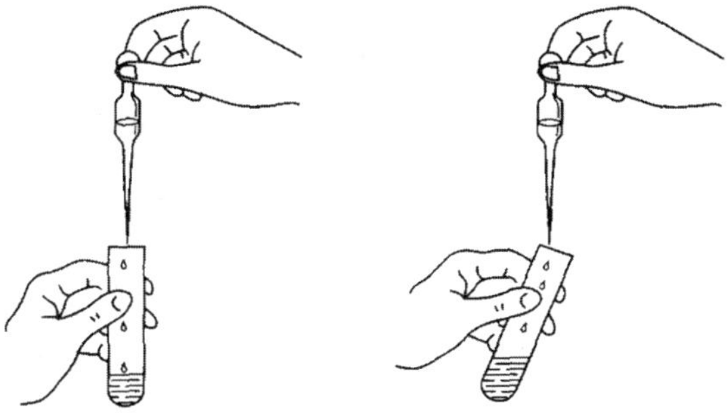

图 1-2-3　往试管滴加液体

需定量取用液体试剂时，可根据要求选用合适量程的量筒或移液管等。

在取用试剂前，要注意核对标签，确认准确无误后才能取用。各种试剂瓶的瓶塞取下后不能随意乱放，一般应倒立仰放在实验台上。取用试剂后要及时盖好瓶塞，注意不要盖错（特别是滴瓶的滴管不要放错）。用完后应及时将试剂瓶放回原处，以免影响他人使用。

取用试剂的原则是：在满足实验要求的前提下，尽量节约，多余的试剂不应倒回原试剂瓶内，如有回收价值的，或需处理后才能排放的，应放入指定的回收瓶中，统一进行处理。

取用易挥发的试剂，如浓硝酸、浓盐酸、溴等，必须要在通风橱中操作，防止污染室内空气。取用剧毒及强腐蚀性化学药品要注意安全，注意不要碰到皮肤，以免发生事故。

第三节　化学实验室常用量器

液体体积的测量器分为粗量器和精量器，粗量器如量筒、量杯等只能粗略测量液体的体积，精量器有容量瓶、滴定管、吸量管和移液管。液体体积测量的准确度不仅取决于所用量器容积是否准确，还取决于使用的量器是否正确。

一、量筒和量杯

量筒和量杯为粗量器，用于粗略度量液体的体积，以所能度量的最大容积（mL）表示。上口大、下口小的叫量杯。量筒和量杯不能作为反应容器，不能加热，不能量热的液体。读数时视线要与液面相平，读取与凹液面最低点相切的刻度，否则读数结果不准确。

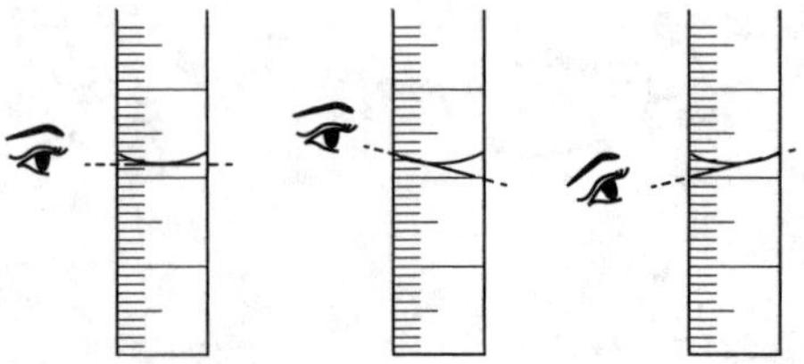

图1-3-1　量筒的读数方法

二、容量瓶

容量瓶是细颈梨形平底玻璃瓶，塞子有玻璃、塑料两种，颈上有一条环形标线，表示在指定温度（一般为20 ℃）下液体充满标线时液体的体积，以容积（mL）表示，瓶身颜色为无色或棕色，其中棕色容量瓶用于配制或贮存见光易分解化学药品的标准溶液。

容量瓶主要用于配制准确浓度的溶液或将某液体稀释至一定体积。容量瓶不能加热，不能代替试剂瓶用于存放液体，不能放在烘箱中烘干，读取刻度的方法同量筒。

容量瓶的使用：

1. 检查和洗涤

检查容量瓶容积与所要求的是否一致，检查瓶塞处是否严密不漏液。向容量瓶内加水至标线附近，塞好瓶塞后用食指按住瓶塞，用另一只手托住瓶底将容量瓶倒立过来，观察是否漏水，正立再将瓶塞旋转180°塞紧，再次倒立，若不漏水，方可使用。

容量瓶可先用自来水冲洗，再用滴定管刷蘸肥皂水或其他合成洗涤剂洗至不挂水珠后用蒸馏水冲洗2~3次。

2. 溶液的配制

把准确称量好的固体物质放在烧杯中，加入少量溶剂搅拌溶解，然后用玻璃棒引流转移到容量瓶中，为保证溶质能全部转移至容量瓶中，用溶剂少量多次洗涤烧杯，并把洗涤溶液全部转入容量瓶。

向容量瓶内加入的液体液面离标线1~2 cm时，改用滴管小心滴加至液体凹液面与刻度线正好相切，盖紧瓶塞，用倒转和摇动的方法使瓶内的液体混合均匀。

三、滴定管

滴定管是用于滴定过程中准确测量滴定溶液体积的一种玻璃量器，有常量与微量之分。常量滴定管又分为酸式滴定管和碱式滴定管两种，颜色分为无色、棕色两种，对于易见光分解的溶液，使用棕色滴定管。

酸式滴定管用于盛装酸性、氧化性溶液（如酸溶液、高锰酸钾溶液等），不适宜装碱性溶液,因碱性溶液会腐蚀下端的玻璃活塞,使其不能转动。碱式滴定管下端用橡皮管连接一支带尖嘴的玻璃管,管内中部有一个比橡皮管内径略大的玻璃珠作为开关,用于控制液体流出,碱式滴定管用于盛装碱性溶液和无氧化性溶液。

滴定管的使用:

1. 检漏

酸式滴定管使用前应检查活塞转动是否灵活、是否漏液,如漏液应将活塞和活塞槽擦干后均匀涂抹一层薄薄的凡士林,转动活塞至透明且转动灵活不漏液。碱式滴定管使用前要检查是否漏液、是否能灵活控制液体流出速度和液滴的大小。

2. 洗涤和润洗

滴定管可先用自来水冲洗,再用滴定管刷蘸肥皂水或其他合成洗涤剂洗至不挂水珠后用蒸馏水冲洗2~3次,最后用待装液体润洗2~3次,以除去滴定管内的残留水分。

3. 装入滴定剂

润洗后,将滴定剂直接倒入滴定管中(不能借助其他器皿转移至滴定管),使液面在“0”刻度以上。如玻璃活塞附近或橡皮管尖嘴玻璃管内有气泡,应将气泡排出,调节液面至0.00 mL或低于0.00 mL处(记录此时的读数)。

4. 读数

常量滴定管刻度每一大格为1 mL,每一大格分为10小格,故每一小格为0.1 mL,则液面读数可以精确至小数点后两位。读数时滴定管要垂直固定,视线应与刻度、凹液面最低点在同一水平线上。

四、吸量管和移液管

吸量管和移液管是用来准确移取一定体积溶液的量器。移液管是中间有一个膨大部分的细长玻璃管,其下端为尖嘴状,上端管颈处刻有一条标线。它是一种量出式仪器,用来测量所放出溶液的体积。吸量管则是有刻度的玻璃管,又称刻度移液管,常用于移取非固定量的溶液,其准确度不如移液管。根据所移取溶液的体积和要求选择合适规格的移液管,在滴定分析中准确移取溶液一般使用移液管,在实验中需控制溶液加入量时一般使用吸量管。

1. 洗涤

先用自来水淋洗后,再用铬酸洗涤液浸泡。操作方法为:用右手拿移液管(吸量管)上端合适位置,食指靠近上管口,中指和无名指张开握住移液管(吸量管)外侧,拇指握在移液管(吸量管)内侧,小指自然放松。左手将吸耳球握在掌中,尖口向下并排出球内空气,将吸耳球尖口紧贴移液管(吸量管)上口,管尖伸入洗涤液液面下,缓慢松开左手手指将洗涤液吸入管内,移开吸耳球,迅速用右手食指堵住移液管(吸量管)上口。将管子横过来并小心转动,使洗涤液布满全管,稍等片刻后将洗涤液从上口放回原瓶。用自来水冲洗移液管(吸量管)至内、外壁不挂水珠,再用蒸馏水洗涤3次,干燥后备用。

2. 移液

(1)拿移液管(吸量管)和洗耳球的方法同洗涤操作,将移液管插入液面下1~2 cm处,用洗耳球吸取液体至标线上方,迅速用右手食指紧按上管口。

(2)将移液管(吸量管)提出液面,稍微松开食指也可微微转动管子使液面缓慢下降至标线刻度(视线、刻度和凹液面最低点在同一水平线上),立即用食指按紧上管口。

3. 放液

移液管(吸量管)保持直立,接收器倾斜,管尖紧靠其内壁,放开食指,让溶液沿接收器内壁流完后停留15 s,将管尖端旋转一下再移走移液管(校准移液管或吸量管时,已考虑了尖端内壁处保留溶液的体积,不能将残留在管尖内壁处的少量溶液吹出。如在管身上标有“吹”字的,则要用洗耳球吹出)。

第四节　化学实验用水

水是实验室内一个常常被忽视但至关重要的试剂。实验室用水有哪些种类?能达到什么级别?不同实验对水的要求有哪些?

一、实验室用水等级划分

GB/T 6682-2008《分析实验室用水规格和试验方法》规定分析实验室用水的原水应为饮用水或适当纯度的水,并将分析实验室用水分为三个级别:一级水、二级水和三级水。

一级水用于有严格要求的分析实验,包括对颗粒有要求的实验,如高效液相色谱分析用水。一级水可用二级水经过石英设备蒸馏或离子交换混合床处理后,再经0.2 μm微孔滤膜过滤来制取。

二级水用于无机痕量分析等实验,如原子吸收光谱分析用水。二级水可用多次蒸馏或离子交换等方法制取。

三级水用于一般化学分析实验。三级水可用蒸馏或离子交换等方法制取。

评价水质等级的技术指标如表1-4-1。

表1-4-1 水质等级的技术指标

指标	一级	二级	三级
pH值范围(25 ℃)	—	—	5.0~7.5
电导率(25 ℃)/($mS\cdot m^{-1}$)	≤0.01	≤0.1	≤0.5
可氧化物质含量(以O计)/($mg\cdot L^{-1}$)	—	≤0.08	≤0.4
吸光度(254 nm,1 cm光程)	≤0.001	≤0.01	—
蒸发残渣(105 ℃±2 ℃)含量/($mg\cdot L^{-1}$)	—	≤1	≤2
可溶性硅(以SiO_2计)含量/($mg\cdot L^{-1}$)	≤0.01	≤0.02	—

二、不同级别纯水的应用实验领域

水的纯净级别不同,它们的应用实验领域也不同,部分应用见表1-4-2。

表1-4-2 不同级别纯水的应用实验领域

应用领域	纯水级别	相关参数
高效液相色谱(HPLC) 气相色谱(GC) 原子吸收(AA) 电感耦合等离子体(ICP) 电感耦合等离子体质谱(ICP-MS) 分子生物学实验和细胞培养等	一级水	电阻率($M\Omega\cdot cm$):>18.0 总有机碳(TOC)含量(ppb):<10 热原($Eu\cdot mL^{-1}$):<0.03 颗粒($units\cdot mL^{-1}$):<1 硅化物(ppb):<10 细菌($clu\cdot mL^{-1}$):<1 pH:NA
制备常用试剂溶液 制备缓冲液	二级水	电阻率($M\Omega\cdot cm$):>1.0 TOC含量(ppb):<50 热原($Eu\cdot mL^{-1}$):<0.25 颗粒($units\cdot m^{-1}$):NA 硅化物(ppb):<100 细菌($clu\cdot mL^{-1}$):<100 pH:NA
冲洗玻璃器皿 水浴用水	三级水	电阻率($M\Omega\cdot cm$):>0.05 TOC含量(ppb):<200 热原($Eu\cdot mL^{-1}$):NA 颗粒($units\cdot mL^{-1}$):NA 硅化物(ppb):<1000 细菌($clu\cdot mL^{-1}$):<1000 pH:5.0~7.5

三、化学实验室常见用水

1. 蒸馏水

蒸馏水是实验室最常用的一种纯水。蒸馏水已去除自来水内大部分的污染物，但挥发性的杂质无法去除，如二氧化碳、氨、二氧化硅以及一些有机物。新鲜的蒸馏水是无菌的，但储存后细菌易繁殖。此外，储存的容器也很讲究，若蒸馏水中含有非惰性物质，离子和容器的塑形物质会析出造成二次污染。

2. 去离子水

应用离子交换树脂去除水中的阴离子和阳离子，但水中仍然存在可溶性的有机物，会污染离子交换柱从而降低其功效，去离子水存放后也容易引起细菌繁殖。

3. 反渗水

其生成的原理是水分子在压力的作用下，通过反渗透膜而成为纯水，水中的杂质被反渗透膜截留排出。反渗水克服了蒸馏水和去离子水的许多缺点，利用反渗透技术可以有效地去除水中的溶解盐、胶体、细菌、病毒、细菌内毒素和大部分有机物等杂质，但不同厂家生产的反渗透膜对反渗水的质量影响差别很大。

4. 超纯水

其标准是电阻率为 18.2 MΩ·cm，但在不同的实验中，超纯水的TOC、细菌、细菌内毒素等指标要求并不相同，要根据实验的要求来确定，如细胞培养则对细菌和细菌内毒素有要求，而HPLC则要求TOC低。

除此之外，有些实验还会用到无氯水、无氨水、无二氧化碳水等特殊类型的水。

四、水纯度的检验方法

检验纯水质量的主要指标是电导率。纯水只有微弱的导电性。测量电导率时应选用可测定高纯水的电导率仪，其最小量程为 0.02 $\mu S \cdot cm^{-1}$。另外，还可以根据具体实验需要对纯水做其他项目的测定，如重金属离子、SO_4^{2-}、Cl^-、NO_3^-、游离 CO_2、pH 等。在生物化学、医药化学等领域，有时还要进行一些特殊项目的测定。

第五节　化学实验室用纸

在化学实验中，鉴于称量、过滤或检验的需要，要使用不同规格、性能的实验用纸，主要包括试纸、滤纸、称量纸等。

一、试纸

1. 酸碱性试纸

（1）石蕊试纸。

有红色石蕊试纸和蓝色石蕊试纸两种，用于定性检验溶液的酸碱性。

碱性溶液使红色石蕊试纸变蓝，酸性溶液使蓝色石蕊试纸变红。严格而言，在室温及一个大气压力情况下，pH>8.3时红色石蕊试纸才会变蓝，而pH<4.5时蓝色石蕊试纸才会变红。

使用时，用镊子取小块试纸放在表面皿边缘或滴板上，用玻璃棒将待测溶液搅拌均匀，然后用玻璃棒末端蘸少许溶液接触试纸，观察试纸颜色的变化，确定溶液的酸碱性。切勿将试纸浸入溶液中，以免弄脏溶液。

（2）酚酞试纸。

酚酞试纸是白色试纸，遇酸无色，遇碱呈红色。

酚酞试纸用于定性检验溶液的酸碱性，测定溶液的pH变色范围为8.2~10.0。

（3）刚果红试纸。

试纸呈鲜红色，用于做酸性物质的指示剂，变色范围为3.5~5.2，pH<3.5时呈蓝紫色，pH>5.2呈红色。

（4）pH试纸。

pH试纸包括广范pH试纸和精密pH试纸两类，用来检验溶液的pH。广范pH试纸的变色范围是1~14，它只能粗略地估计溶液的pH。精密pH试纸可以较准确地估计溶液的pH，根据其变色范围可分为多种，如变色范围为pH=3.8~5.4，pH=8.2~10等。试纸容易受到空气中酸碱性气体的干扰，不易保存。用法同石蕊试纸，待试纸变色后，与色阶板比较，确定pH或其范围。

2. 特性试纸

（1）淀粉-KI试纸。

用来定性检验氧化性气体，如Cl_2、Br_2等。当氧化性气体遇到湿的试纸后，将试纸上的I^-氧化成I_2，I_2立即与试纸上的淀粉作用变成蓝色。

$$2I^- + Cl_2 \longrightarrow 2Cl^- + I_2$$

如气体氧化性强，而且浓度大时，还可以进一步将I_2氧化成无色的IO_3^-，使蓝色褪去。

$$I_2 + 5Cl_2 + 6H_2O \longrightarrow 2HIO_3 + 10HCl$$

可见，使用时必须仔细观察试纸颜色的变化，否则会得出错误的结论。

（2）醋酸铅试纸。

用来定性检验H_2S气体。当含有S^{2-}的溶液被酸化时，逸出的硫化氢气体遇到试纸后，即与试纸上的醋酸铅反应，生成黑色的硫化铅沉淀，使试纸呈褐黑色，并有金属光泽。

$$PbAc_2 + H_2S \longrightarrow PbS\downarrow + 2HAc$$

当溶液中S^{2-}浓度较小时则不易检验出。

（3）硝酸银试纸。

硝酸银试纸为黄色，遇AsH_3有黑斑形成。

$$AsH_3 + 6AgNO_3 + 3H_2O \longrightarrow 6Ag\downarrow + 6HNO_3 + H_3AsO_3$$

（4）电极试纸。

将该试纸用水润湿，接在电池的两个电极上，电解一段时间，与电池负极相连接的地方呈现酚酞与NaOH作用的红色。

$$2NaCl + 2H_2O \xrightarrow{\text{电解}} 2NaOH + H_2\uparrow + Cl_2\uparrow$$

二、滤纸

滤纸主要用于重量分析和分离操作中沉淀的分离。有各种不同类型的滤纸，在实验过程中，应当根据沉淀的性质和数量合理地选用。

化学分析中常用的有定量分析滤纸和定性分析滤纸两种。它们又分为快速、中速和慢速三类。定量分析滤纸又称为无灰滤纸，一般在灼烧后，每张滤纸（质量约为1 g）的灰分不超过0.1 mg。各种定量分析滤纸在滤纸盒上用白带（快速）、蓝带（中速）、红带（慢速）作为分类标志。滤纸外形有圆形和方形两种。常用的圆形滤纸有φ7 cm、φ9 cm、φ11 cm等规格；方形滤纸有60 cm×60 cm、30 cm×30 cm等规格。表1-5-1列出了定量和定性分析滤纸的主要规格。

表1-5-1　定量和定性分析滤纸的规格

项目	单位	定量分析滤纸			定性分析滤纸		
		快速(白带)	中速(蓝带)	慢速(红带)	快速	中速	慢速
质量	$g \cdot m^{-2}$	75	75	80	75	75	80
过滤测定示例	—	氢氧化铁	碳酸锌	硫酸钡	氢氧化铁	碳酸锌	硫酸钡
水分	不大于/%	7	7	7	7	7	7
灰分	不大于/%	0.01	0.01	0.01	0.15	0.15	0.15
含铁量	不大于/%	—	—	—	0.003	0.003	0.003
水溶性氯化物	不大于/%	—	—	—	0.02	0.02	0.02

注:表中硫酸钡为热溶液。

三、称量纸

称量纸用于固体物质的称量。普通称量纸适用于在托盘天平上称量性质稳定的固体物质;硫酸纸适用于分析天平上固体物质的称量。

第六节　化学实验数据分析与处理

在定量分析中,测定结果与真实值一般不会完全相同,测定值与真实值之间的差值称为误差。测定值大于真实值,误差为正,测定值小于真实值,则误差为负。要了解误差产生的原因及规律,才能对实验数据进行科学的整理、取舍和归纳,采取相应措施减小误差,使测定结果尽量接近客观真实值。

1. 误差的分类

分析结果与真实值之间的差别叫误差。误差可用绝对误差和相对误差两种方式表示。绝对误差表示测定值与真实值之差,相对误差是指绝对误差在真实结果中所占的百分率。

(1)系统误差(又称可测误差)。

系统误差是由某种固定原因所造成的,使测定结果系统偏高或偏低。其特点是具有单向性和重复性,系统误差的大小、正负可以测定。

产生系统误差的原因有:

①仪器误差:由使用仪器本身不够准确导致的误差。

②方法误差:由分析方法本身不够完善或有缺陷而导致的。

③试剂误差:使用的试剂不纯或使用的蒸馏水含有杂质导致的误差。

④主观误差:由操作人员主观原因如观察判断能力的缺陷或不良习惯造成的。

减少或消除系统误差可以用对照实验、空白实验、校准仪器等方法。

(2)偶然误差。

它是由一些难以控制的偶然原因造成的,其大小、正负是变化的,具有不确定性。在相同条件下进行多次测量会出现测量值时而偏大时而偏小的误差现象,通过取多次测量结果的算术平均值能较好地减小偶然误差。

因操作人员粗心大意或违反操作规程等原因,如数据记录错误、加错试剂造成的错误结果不能作为结果分析的依据,需要重新补做数据。

2. 准确度和精密度

准确度表示在一定条件下多次测量结果的平均值与真实值接近的程度。准确度可以用误差的大小来衡量。

精密度是指在同一条件下,对同一个样品进行多次重复测量时各测定结果之间的相互接近程度。精密度高有时又称为再现性好。精密度的好坏可以用平均偏差和标准偏差来衡量,但用标准偏差表示精密度比用平均偏差好。

评价实验结果要从准确度与精密度两个方面进行,精密度好不能保证准确度好,如分析中存在系统误差时,虽不影响精密度,但影响准确度,此时必须校正系统误差才能提高准确度。为了保证得到高度准确的结果,必须保证结果具有很好的再现性。

3. 有效数字

测量值和计算值的各位数字,除末位数字为可疑值外,其余各位数字都应是准确可靠的,在记录数据时只保留一位不确定数字,即实验中用仪器能直接测得的数字(包括最后一位可疑数字)叫作有效数字。

记录和计算测量结果时,数字的位数应与测量仪器及方法的精确度相当,不能任意增加或减少。

有效数字的运算规则:

(1)几个数据相加或相减时,它们的和或差只能保留一位不确定数字,即有效数字的位数由小数点后位数最少的数据来定。

(2)在乘除法中,有效数字的位数取决于相对误差最大的数据,即以有效数字位数最少的数据为准。

(3)确定有效数字位数后,其余数字采取“四舍六入五留双”的修约规则进行舍弃。

第二章

化学实验基本操作技术

第一节　灯的使用和玻璃管的加工

酒精灯和酒精喷灯是实验室常用的加热仪器。尽管常见的玻璃酒精灯可用作实验室的重要热源，但它并不适用于一些对温度要求较高的操作，如玻璃毛细管的拉制等。在这种情况下，酒精喷灯可作为实验室的加强热用仪器，火焰温度可达1000 ℃左右，常被用于玻璃仪器的加工。熟悉酒精喷灯的正确使用方法和玻璃管加工的基本操作技能，有助于了解酒精喷灯的构造并深化实验室安全操作意识，同时掌握实验室常用玻璃管（棒）的加工制作方法以及简易装置的设计连接技巧。

酒精喷灯借助引火碗中的少量酒精燃烧后产生的热力，使底座中的酒精汽化喷出而遇火燃烧。它不直接燃烧酒精，而是燃烧酒精蒸气，从而得到高温火焰。

玻璃没有固定的熔点，随着温度升高，首先变软，然后由稠逐渐变稀，成为流体非晶体（又称无定形体），内部原子或分子的排列呈现杂乱无章的分布状态，因此玻璃管（棒）在受热状态下可以加工成各种形状和实验用途的制品。

一、酒精喷灯的使用

1. 类型与构造

酒精喷灯有挂式与座式两种，其构造如图2-1-1所示。

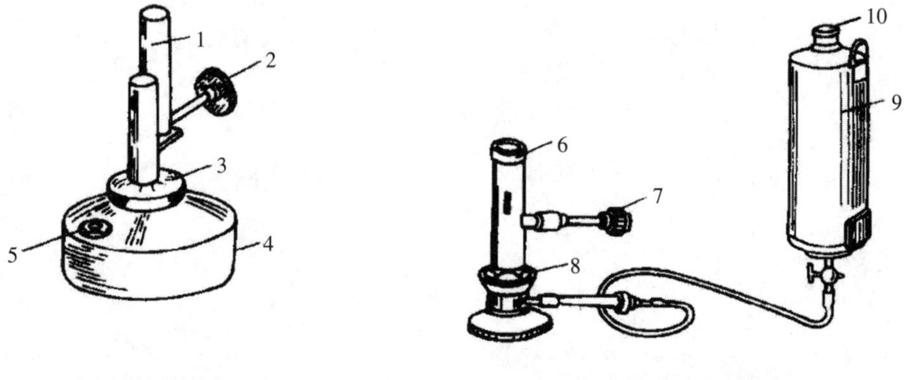

（a）座式酒精喷灯　　（b）挂式酒精喷灯

1，6.灯管；2，7.空气调节器；3，8.预热盘；4.酒精壶，5.铜帽；9.酒精储罐；10.盖子

图2-1-1　酒精喷灯的构造

2. 挂式酒精喷灯的使用方法

(1)先用乳胶管将喷灯和酒精储罐接好。

(2)再向酒精储罐中添加约2/3体积的酒精,打开酒精储罐下面的旋钮,检查是否畅通或是否有滴漏现象。

(3)预热:往预热盘里加入适量酒精,用火柴点燃,必须充分预热。

(4)点燃:待预热盘内酒精即将燃尽时(此时火焰不能熄灭),打开空气调节器即可点燃喷灯并调整稳定火焰。调节空气调节器阀门可以控制火焰的大小(温度可达700~1000 ℃)。若预热盘内火焰熄灭,则可以用火柴在风口处引燃,但若两次都不产生酒精蒸气,则需要用探针疏通酒精蒸气出口后,再重新预热。

(5)酒精喷灯用完以后先关闭空气调节器,再关闭酒精储罐下面的旋钮,将酒精倒回瓶内。

3. 座式酒精喷灯的使用方法

座式酒精喷灯使用方法基本与挂式相同,仅少了开关酒精储罐一道程序。座式酒精喷灯火焰不易熄灭时可用盖板将火焰盖灭。

4. 使用注意事项

(1)预热必须充分,否则酒精不能全部汽化可能导致“火雨”(尤其是挂式酒精喷灯)。每个人必须预备一块湿抹布,放在右手一侧,以备急用。

(2)座式酒精喷灯内酒精储量不能超过壶体积的2/3,连续使用时间不能超过30 min,否则有爆炸的危险。若要超过半小时,必须每隔30 min熄火冷却,添加酒精后再继续使用。

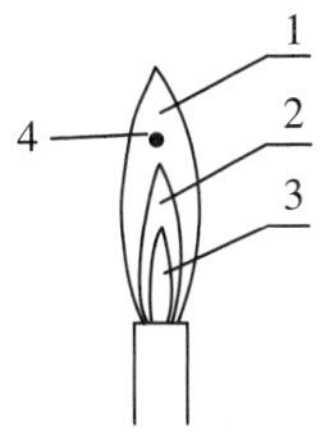

(a)正常火焰
1.氧化焰[①];2.还原焰;3.焰心;
4.最高温度点

(b)临空火焰
(酒精蒸气、空气量
都过大)

(c)侵入火焰
(酒精蒸气量小、
空气量大)

图2-1-2　火焰的几种情况

① 温度700~1000 ℃。

二、玻璃管(棒)的简单加工

1. 玻璃管(棒)的截断和熔光

将玻璃管(棒)平放在桌面上，左手按住要切割的地方，右手用锉刀的棱边在切割部位用力向前或向后锉一下(要求向一个方向锉，不能来回锉)，锉出一道深的凹痕，见图2-1-3(a)。锉出的凹痕应与玻璃管(棒)垂直，以保证截断后的玻璃管(棒)截面是平整的。然后凹痕向外，双手持玻璃管，用两个拇指在切痕背面轻轻往外推折，同时食指和拇指将玻璃管(棒)向外拉，以折断玻璃管(棒)，见图2-1-3(b)。

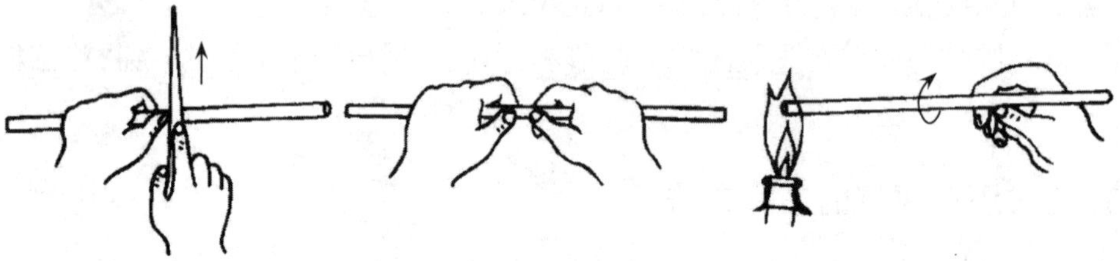

(a)锉痕玻璃管(棒)　(b)截断玻璃管(棒)　(c)熔光玻璃管(棒)截面

图2-1-3　玻璃管(棒)的截割和熔光

切割后的玻璃管(棒)，其截断面的边缘很锋利，容易割破皮肤、橡皮管或塞子，所以必须放在火焰中熔烧，使之平滑，这个操作称为熔光(或圆口)。将刚切割的玻璃管(棒)的一头插入火焰中熔烧。熔烧时，角度一般为45°，并不断来回转动玻璃管(棒)，直至管口变得红热平滑为止，见图2-1-3(c)。熔烧时，加热时间过长或过短都不好，过短，管(棒)口不平滑；过长，管径会变小。转动不匀，会使管口不圆。灼热的玻璃管(棒)，应放在石棉网上冷却，切不可直接放在实验台上，以免烧焦台面，也不要用手去摸，以免被烫伤。

2. 弯曲玻璃管

(1)烧管。先将玻璃管用小火预热一下，然后用双手托持玻璃管，把要弯曲的部位斜插入喷灯火焰中，以增大玻璃管的受热面积(也可在喷灯管上罩以鱼尾灯头扩展火焰)，若灯焰较宽，也可将玻璃管平放于火焰中，同时缓慢而均匀地转动玻璃管，使之受热均匀，如图2-1-4。注意两手用力均匀，转速一致，以免玻璃管在火焰中扭曲。稍微向中间渐推，加热至玻璃管发黄变软。

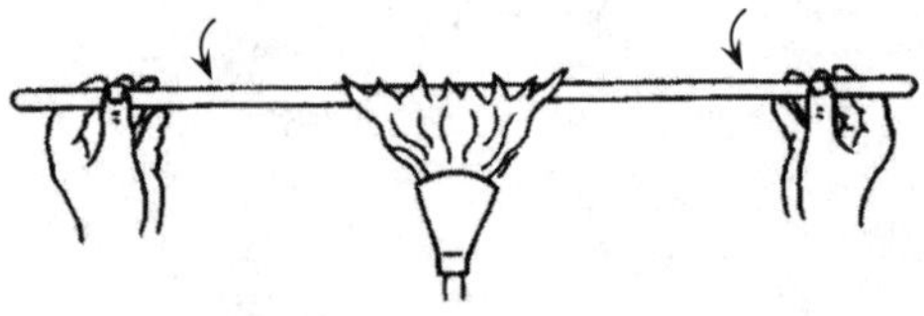

图2-1-4　烧管

（2）弯管。

①吹气法。将烧好的玻璃管取离火焰，将一端封住，从另一端吹气，同时迅速弯管，见图2-1-5。

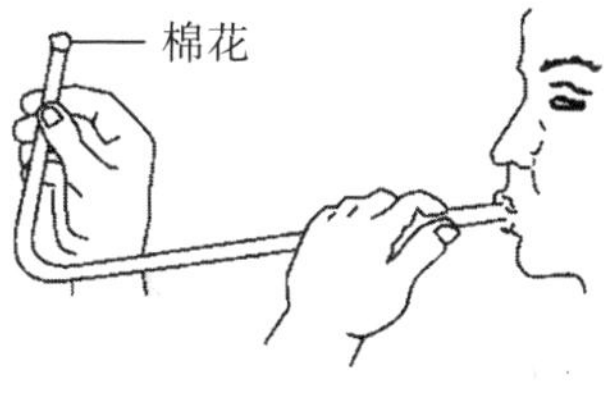

图2-1-5　吹气法

②直接弯曲法。从火焰中取出玻璃管后，稍等一两秒钟，使各部温度均匀，用"V"字形手法弯管：两手在上边，玻璃管的弯曲部分在两手中间的正下方，缓慢而准确地将其弯成所需的角度，见图2-1-6。弯好后冷却变硬再撒手，放在石棉网上继续冷却。120°以上的角度可一次弯成，较小的角度可以分几次进行弯曲。先弯成一个较大的角度，然后在第一次受热部位稍偏左或稍偏右处，如图2-1-6中的M和N处，进行第二次加热弯曲，如此第三次、第四次加热弯曲，直至弯成所需的角度为止。弯管好坏的比较和分析见图2-1-7。

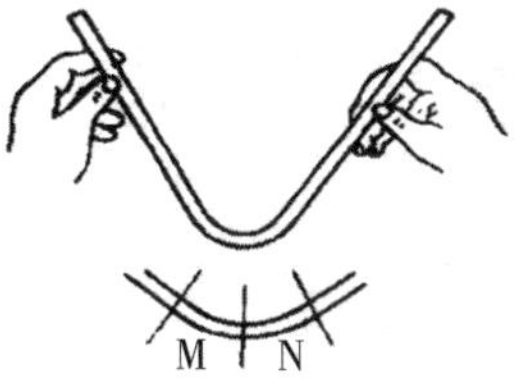

图2-1-6　直接弯曲法

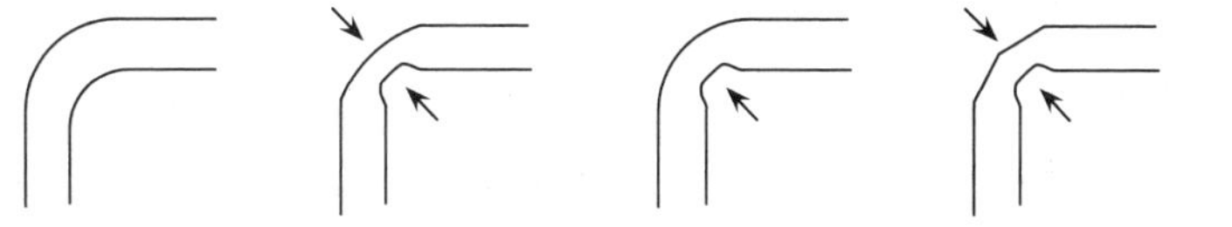

图2-1-7　弯管好坏的比较和分析

3. 玻璃管（棒）的拉制（制备毛细管和滴管）

（1）烧管：同上，但烧的时间要长一些，玻璃软化程度大一些，受热面积也可小些，烧至玻璃管（棒）红黄变软。

（2）拉管：从火焰中取出玻璃管，两手沿水平方向边拉动边旋转，见图2-1-8，拉到所需要的细度时，一手持玻璃管向下垂一会儿。冷却后，将玻璃管按需要截断，成为毛细管或滴管料。

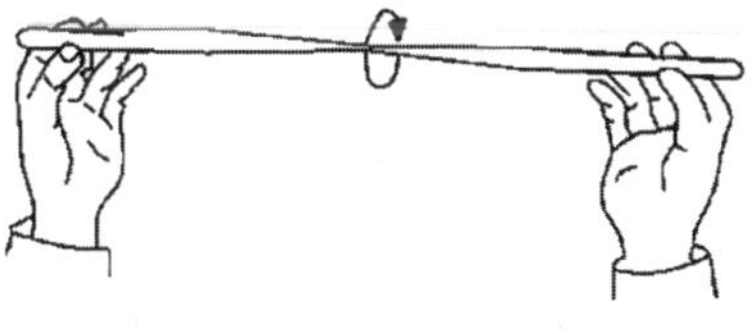

图2-1-8　玻璃管的拉细

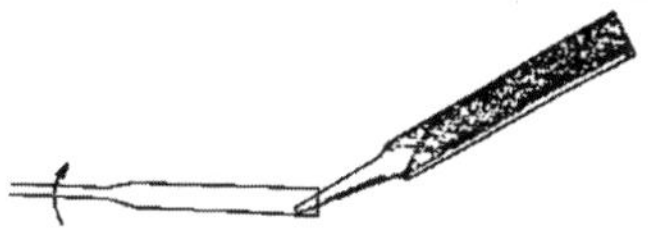

图2-1-9　玻璃管扩口

（3）扩口：将粗端管口烧至红热后，将金属锉刀柄斜放在管口内迅速而均匀地旋转，见图2-1-9，将其管口扩开。或者等管口烧至稍软化后，将玻璃管口垂直放在石棉网上，轻轻向下按一下，将其管口扩开。冷却后，安上胶头即成滴管。

三、塞子钻孔与玻璃导管的连接

1. 塞子与钻孔器的选择

实验室常用的塞子有软木塞、橡皮塞，以及玻璃磨口塞。软木塞质地松软，严密性较差，易被酸碱所腐蚀，但不易与有机物作用，故常用于盛装有机物(溶剂)的容器。橡皮塞弹性好，可把瓶子塞得很严密，并耐碱侵蚀，但对装有机溶剂和强酸的容器并不适用，故常用于盛装碱性物质的容器。玻璃磨口塞能把容器塞得紧密，可作为盛装除氢氟酸和碱性物质以外的一切液体或固体的容器的塞子。

常将软木塞和橡皮塞进行钻孔，以插配温度计和玻璃导管等。选用塞子时，除了要选择材质外，还要根据容器口径大小选择大小合适的塞子。塞子的大小一般以能塞进容器瓶口1/3~1/2为宜，塞进过多、过少都是不合适的。

塞子选好后，还需选择口径大小适宜的钻孔器。它由一组直径不同的金属管组成，一端有柄，另一端的管口很锋利，用来钻孔，见图2-1-10。另外每组还配有一个带柄的细铁棒(捅条)，用来捅出钻孔时进入钻孔器中的橡皮或软木。钻孔前，根据所要插入塞子的玻璃导管(或温度计)的直径来选择钻孔器。因为橡皮塞有弹性，所以应选择一个比要插入橡皮塞的导管外径稍大的钻孔器，而对软木塞应该选择比要插入的导管外径稍小的钻孔器，这样可保证导管插入塞子后的严密性。

图2-1-10　钻孔器

2. 钻孔的方法

(1)见图2-1-11，将橡皮塞小的一端朝上，平放在桌面上的一块木板上(避免钻坏桌面)，左手持塞，右手握住钻孔器的柄，并在钻孔器前端涂点甘油或水，将钻孔器按在选定的位置上，以顺时针的方向，一边旋转，一边用力向下压和转动。钻孔器要垂直于塞子的面上，不能左右摆动，更不能倾斜，以免把孔钻斜。钻至深度约达塞子高度一半时，以逆时针的方向旋转并拔出钻孔器。

图2-1-11　钻孔方法

(2)按同法从塞子大的一端钻孔。注意对准小的那端的孔位。直到两端的圆孔贯穿为止。也可以从小的那端直接钻通到垫板上为止。

(3)拔出钻孔器，用捅条捅出钻孔器内嵌入的橡皮。

(4)钻孔后，检查孔道是否合用，如果玻璃导管可以毫不费力地插入圆塞孔，说明塞孔太大，塞孔和玻璃导管之间不够严密，塞子不能使用；若塞孔稍小或不光滑时，可用圆锉适当修整。

(5)软木塞钻孔的方法与橡皮塞相同。但钻孔前,要先用压塞机(见图2-1-12)把软木塞压紧实一些,以免钻孔时钻裂。

图2-1-12　压塞机

3. **玻璃导管与塞子的连接**

将玻璃导管插入钻好孔的塞子的操作可分解为润湿管口、插入塞孔、旋入塞孔三个步骤。用甘油或水把玻璃导管的前端湿润后,用左手拿住塞子,将导管口略插入塞子(或用布包住玻璃导管),然后手握玻璃导管的前半部,把玻璃导管插入并慢慢旋入塞孔内合适的位置。如果用力过猛或者手离塞子太远,都可能把玻璃导管折断,刺伤手掌,务必注意。温度计插入塞孔的操作方法与上述一样,但开始插入时要特别小心,以防温度计的水银球破裂。

第二节　玻璃仪器的洗涤与干燥

一、玻璃仪器的洗涤

化学实验中使用的玻璃仪器必须清洁干燥,否则会影响实验结果的准确性。

清洗玻璃仪器的方法很多,主要根据实验的要求、污物的性质和沾污的程度来选用。附着在仪器上的污物一般分为三类:尘土和其他不溶性物质、可溶性物质,以及油污和其他有机物质。针对这些情况可分别用下列清洗的方法。

1. **自来水刷洗**

一般可溶性物质、尘土和其他不溶性物质可采用这种方法清洗,但对于油污和其他有机物质就很难洗去。

2. **去污粉或合成洗涤剂刷洗**

先用自来水将仪器润湿,然后用试管刷蘸上去污粉或合成洗涤剂,刷洗润湿的器壁,直至玻璃表面的污物除去为止,最后再用自来水清洗干净。如果油污和其他有机物质用此法仍洗不干净,可用热的碱液清洗。

3. **复杂情况的清洗**

若用以上常规方法仍清洗不干净,可视污物的性质采用适当的方法清洗。如黏附的固体残留物可用不锈钢勺刮掉；酸性残留物可用5%~10%碳酸钠溶液中和洗涤；碱性残留物可用5%~10%盐酸溶液洗涤；氧化物可用还原性溶液洗涤，如二氧化锰褐色斑迹，可用1%~5%草酸溶液洗涤；有机残留物可根据“相似相溶”原则，选择适当的有机溶剂进行清洗。另外，使用过的有机溶剂必须进行回收处理，以免污染环境。

4. 铬酸洗液洗

在进行精确的定量实验时，对仪器的洁净程度要求很高，所用仪器形状也比较特殊，例如口径较小、管细的仪器不易刷洗，这时需要用铬酸洗液清洗。铬酸洗液具有很强的氧化性、酸性，能将仪器清洗干净，但同时对衣服、皮肤、桌面等有较强的腐蚀性，在使用过程中一定要特别小心。

清洗方法：往仪器内小心加入少量铬酸洗液，然后将仪器倾斜，慢慢转动，使仪器内壁全部为铬酸洗液所润湿。再小心转动仪器，使铬酸洗液在仪器内壁多流动几次，将洗液倒回原来的容器中，最后用自来水洗去残留的洗液。

使用铬酸洗液进行洗涤时应注意：

(1)被清洗的器皿不宜有水，以免铬酸洗液被稀释而失效。

(2)铬酸洗液如果呈绿色表明失效而不能使用，需要倒入废液缸内，不可随意倒入下水道内。

(3)用铬酸洗液洗涤后的仪器，应先用自来水冲洗，再用蒸馏水或去离子水淋洗2~3次。将洗净的仪器倒置，器壁应留有均匀的水膜，水在器壁上会无阻地流动。

二、玻璃仪器的干燥

实验室使用的仪器除了要求洗净外，还要求仪器干燥，不附有水膜。仪器常用的干燥方法如下：

1. 晾干

将洗净的仪器倒置在实验柜内或仪器晾晒架上，让水分自然挥发而干燥，缺点是耗时长，如果不急用仪器，可采用此法。

2. 烘干

将洗净的仪器尽量倒尽水后，放进烘箱内加热烘干，温度控制在105 ℃左右。(如果刚用乙醇或丙酮淋洗过的仪器，不能放进烘箱中，以免发生爆炸)放进烘箱时仪器口应该朝下，并在烘箱的最下层放一个瓷盘，承接从仪器上滴下的水，以免水滴在电热丝上造成电热丝受损。软木塞或橡皮塞不能与仪器一同放在烘箱里干燥，玻璃塞虽然可以同时干燥，但也应该从仪器上取下，以免烘干后卡住，拿不下来。

3. 烤干

烧杯、蒸发皿等可放在石棉网上，用小火烤干。试管可用试管夹夹住后，在火焰上来回移动，直至烤干，但试管口必须低于管底，以免水珠倒流到受热部位，引起试管炸裂。待烤到不见水珠后，将管口朝上赶尽水汽。

4. 有机溶剂干燥

加一些易挥发的有机溶剂（常用乙醇和丙酮）于干净的仪器中，将仪器淋洗一下，然后将淋洗液倒出，用吹风机按冷风→热风→冷风的顺序吹干或直接放在气流干燥器中进行干燥。

第三节　加热、冷却和干燥

一、加热方法

加热是化学实验中常用的实验手段，酒精灯、酒精喷灯、电热套、水浴锅、电炉、马弗炉等是化学实验中常用的加热仪器。从加热方式来看有直接加热和间接加热。为了保证加热均匀，一般使用热浴间接加热的方式，传热的介质有空气、水、有机液体、熔融的盐和金属等。

直接加热。直接加热是将被加热物质直接放在热源上进行加热的一种操作，例如在酒精灯上加热试管或垫着石棉网加热烧杯、坩埚等。

间接加热。间接加热是先将传热介质加热，然后再由介质将热量传递给被加热物质，该方法也称为热浴。当直接加热造成被加热仪器或物质受热不均匀或温度难以控制时，常采用间接加热。间接加热包括水浴、油浴、沙浴、空气浴等。

水浴。水浴是以水作为传热介质的间接加热方法。水浴操作中，将需水浴的容器浸没在盛有水的较大容器中，需水浴的容器不得与较大容器直接接触，再将较大容器置于热源上加热，至适当温度时停止加热，待冷却后取出水浴容器即可。水浴加热通常在水浴锅中进行，水的沸点为100 ℃，该方法适用于100 ℃以下的加热温度。

油浴。油浴就是使用油作为热浴物质的热浴方法，常用的油有豆油、棉籽油、硅油等。油浴最高温度比水浴高，一般在100~250 ℃。油浴操作方法与水浴相同，不过进行油浴尤其要谨慎操作，油量不能过多，防止油外溢或油升温过高，引起失火。加热完毕取出反应容器时，仍用铁夹夹住反应容器使其离开液面悬置片刻，待容器外壁上附着的油滴完后，用纸和干布揩干。

沙浴。沙浴一般是用铁盆或铁锅装入干燥的细沙，将被加热的反应容器半埋于沙中加热。加热沸点在80 ℃以上的液体时可以采用，特别适用于加热温度在220 ℃以上者，但沙浴的缺点是传热慢，温度上升慢，且不易控制，因此，沙层要薄一些。沙浴时应插入温度计，温度计水银球要靠近反应器但不要触及铁盆底。

空气浴。空气浴是利用热空气间接加热，对于沸点在80 ℃以上的液体均可采用。使用半球形的电热套是属于比较好的空气浴方法，因为电热套中的电热丝是玻璃纤维包裹着的，较安全，一般可加热至400 ℃。电热套主要用于回流加热。为了便于控制温度，要谨慎调节变压器。

二、冷却方法

在化学实验中，往往需要采用降温冷却的方法来结束化学反应，降温冷却法通常是将装有待冷却物质的容器浸入制冷剂中，通过器壁的传热作用达到冷却的目的。特殊情况下也可将制冷剂直接加入待冷却物质中。降温冷却的操作比较简单，一般不会发生爆炸、爆燃、着火等危险。

(1)流水冷却。对于需冷却至室温的溶液，可采用此方法，即将需冷却的物质直接用流动的自来水冷却。

(2)冰水冷却。将需冷却的物质放入冰水混合物中。

(3)冰盐浴冷却。当冷却温度需要在0 ℃以下时，可用向冰水中加盐的方式进行冷却。所达到的温度由冰与盐的比例和盐的种类决定。干冰和有机溶剂混合时，其温度更低。为了保持冰盐浴的效率，要选择绝热性较好的容器，如杜瓦瓶等。

三、干燥方法

除去固体、液体或气体内少量水分或其他溶剂的方法称为干燥。如果试剂和产品不进行干燥或干燥不完全，将直接影响有机反应、定性分析、定量分析、波谱鉴定和物理常数测定的结果，所以干燥是化学实验中最普通但最重要的一项操作。

干燥方法可分为物理方法与化学方法两种。物理方法有吸附(包括离子交换树脂法和分子筛吸附法)、共沸蒸馏、分馏、冷冻、加热和真空干燥等。化学方法按去水的方式又可分为两类：一类与水能可逆地结合生成水合物，如氯化钙、硫酸钠等；一类与水会发生剧烈的化学反应，如金属钠、五氧化二磷等。下面按物质的物理状态介绍各种干燥的方法和实验操作。

1. 固体的干燥

(1)晾干。将待干燥的固体放在表面皿上或培养皿中,尽量平铺成薄层,再用滤纸或培养皿覆盖上,以免灰尘污染。然后在室温下放置直到干燥为止,这对于除去低沸点溶剂是既经济又方便的方法。

(2)红外灯干燥。固体中如含有不易挥发的溶剂时,为了加速干燥,常用红外灯干燥。干燥的温度应低于晶体的熔点,干燥时旁边可放一支温度计,以便控制温度。要随时翻动固体,防止结块。但对于常压下易升华或热稳定性差的结晶不能用红外灯干燥。红外灯可用可调变压器来调节温度,使用时温度不要调得过高,严防水滴溅在灯泡上而发生炸裂。

(3)烘箱烘干。实验室内常用带有自动温度控制系统的电热鼓风干燥箱,其使用温度一般为50~300 ℃,通常使用温度应控制在100~200 ℃的范围内。烘箱用来干燥无腐蚀、无挥发性、加热不分解的物品。切忌将易挥发、易燃、易爆物放在烘箱内烘烤,以免发生危险。

(4)干燥器干燥。普通干燥器一般适用于保存易潮解或升华的样品,但干燥效率不高,所费时间较长。干燥剂通常放在多孔瓷板下面,待干燥的样品用表面皿或培养皿盛装,置于瓷板上面,所用干燥剂由需除去溶剂的性质而定。

变色硅胶是使用较普遍的干燥剂,其制备方法是:将无色硅胶平铺在盘中,在大气中放置几天,任其吸收水分,以减少内应力。如果部分干燥的硅胶有内应力,浸入溶液中即会发生炸裂,变成更小的颗粒状。当吸收的水分使它质量增了原质量的1/5时,浸入20%氯化钴的乙醇溶液中,15~30 min后取出晾干,再置于250~300 ℃的烘箱中活化至恒重,即得变色硅胶。它干燥时为蓝色,吸水后变成红色,烘干后可再使用。

分子筛是一种硅铝酸盐晶体,内部有许多孔径均一的孔道,可允许比孔径小的分子如水分子进入,大的分子被排除在外,从而达到将大小不同的分子分离的目的。分子筛通常按孔径大小进行分类,如“5Å 分子筛”,即表示它可吸附直径为5Å 的分子,因此也能吸附直径为3Å 的水分子。当加热至350 ℃以上时,吸附后的分子筛又可以解吸活化,所以它能反复使用[市售的分子筛应放在马弗炉内加热至(550±10) ℃活化2 h,待温度降到200 ℃左右取出,小心地存放在干燥器内备用]。

真空干燥器比普通干燥器干燥效率高,但这种干燥器不适用于易升华物质的干燥。用水泵抽气时,要接上安全瓶,以免在水压变化时使水倒吸入干燥器内。放气取样时,要用滤纸片挡住入气口,防止冲散样品。干燥对空气敏感的物质,可通入氮气保护。

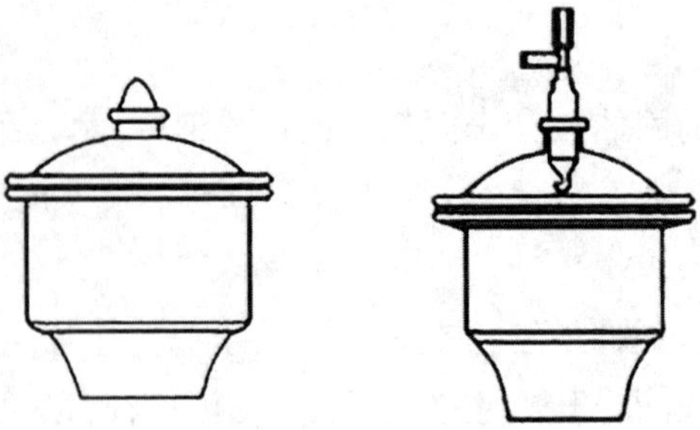

(a)普通干燥器　　(b)真空干燥器

图2-3-1 干燥器

2. 液体的干燥

从水溶液中分离出的液体有机物，常含有许多水分，如不干燥脱水，直接蒸馏将会增加前馏分，产品也可能与水形成共沸混合物。此外，水分如不除去，还可能与有机物发生化学反应，影响产品纯度。所以，蒸馏前一般都要用干燥剂干燥，有些溶剂的干燥也可采用共沸干燥法。

(1)干燥剂去水。

首先，在选用干燥剂时首先应注意其适用范围，见表2-3-1，即选用的干燥剂不能与待干燥的液体发生化学反应，或溶解其中，如无水氯化钙与醇、胺类易形成配合物，因而它不能用来干燥这两类化合物。其次，要充分考虑干燥剂的干燥能力，即吸水容量、干燥效能和干燥速度。吸水容量是指单位质量干燥剂所吸收的水量，而干燥效能是指达到平衡时仍旧留在溶液中的水量。

对于形成水合物的干燥剂，常用吸水后结晶水的蒸气压表示干燥效能，蒸气压越小，干燥效能越强。例如，无水硫酸钠可形成10个结晶水的水合物，在25 ℃时结晶水的蒸气压为256 Pa，吸水容量为1.25。而无水氯化钙最多能形成6个结晶水的水合物，25 ℃时结晶水的蒸气压为40 Pa，吸水容量为0.97，因此氯化钙的干燥效能比硫酸钠强，但吸水容量小。对于含水较多的溶液，为了使干燥的效果更好，常先用吸水容量大的干燥剂除去大部分水分，然后用干燥效能强的干燥剂。

影响干燥效能的因素很多，如干燥时的温度、干燥剂用量和颗粒大小、干燥剂与待干燥液体接触的时间等。加热虽然可以加快干燥速度，但由于蒸气压随之增大，使干燥效能减弱，而且生成的水合物在30 ℃以上易失去水，所以液体的干燥通常在室温下进行，在蒸馏之前应将干燥剂滤去。

根据水在液体中的溶解度和干燥剂的吸水容量，虽然可以计算出干燥剂的理论用量，但实际用量远远超过理论用量。一般操作中很难确定具体的用量，多数是凭经验加入。通常以加入后液体由混浊变澄清，或每10 mL液体中加入0.5~1 g干燥剂，作为加入量的大致标准。显然加入的干燥剂不能太多，否则将吸附液体，引起更大的损失。

表2-3-1 常用干燥剂的性能与应用范围

干燥剂	吸水产物	吸水容量	干燥效能	干燥速度	应用范围
五氧化二磷	H_3PO_4	—	强	快	醚、烃、卤代烃、腈中痕量水分，不适用于醇、酸、胺、酮的干燥
金属钠	$NaOH+H_2$	—	强	快	醚、烃类中痕量水分，切成小块或压成钠丝使用
分子筛	物理吸附	约0.25	强	快	适于各类有机化合物的干燥
硫酸钙	$2CaSO_4 \cdot H_2O$	0.06	强	快	常与硫酸镁配合，用于最后干燥
氯化钙	$CaCl_2 \cdot nH_2O$	0.97	中等	较快	不能用来干燥醇、酚、胺、酰胺、某些醛、酮及酸
氢氧化钾	溶于水	—	中等	快	弱碱性，用于干燥胺及杂环等碱性化合物，不能干燥醇、醛、酮、酯、酸、酚等
碳酸钾	$K_2CO_3 \cdot 0.5H_2O$	0.2	较弱	慢	弱碱性，用于干燥醇、酮、酯、胺等碱性化合物，不适用酸、酚及其他酸性化合物的干燥
硫酸镁	$MgSO_4 \cdot nH_2O$	1.05	较弱	较快	中性，可代替氯化钙，也可用于酯、醛、酮、腈、酰胺等化合物的干燥

应当注意，金属钠通常以钠片或钠丝的形式使用，并限于醚类（如乙醚）、烃类（如苯）的干燥。在干燥过程中，钠与水发生反应有氢气产生，为了使氢气逸出，防止潮气侵入，在容器上应装配氧化钙干燥管。

加入干燥剂前必须尽可能将待干燥液体中的水分分离干净，不应有任何可见的水层及悬浮的水珠，并置于锥形瓶中。加入颗粒大小合适的干燥剂，用塞子塞紧，不时旋转摇动，促使水合平衡的建立。干燥时间应根据液体量及含水情况而定，一般需0.5 h以上。如时间许可的话，最好放置过夜。然后将干燥后的液体滤入蒸馏瓶中蒸馏。

干燥时如出现下列情况，要进行相应处理：容器下面出现水层，须将水层分出后再加入新的干燥剂；干燥剂互相黏结，附在器壁上，说明用量不够，应补加干燥剂；黏稠液体的干燥应先用溶剂稀释后再加干燥剂；未知物溶液的干燥，常用中性干燥剂干燥，例如，硫酸钠或硫酸镁。

（2）共沸干燥法。

许多溶剂能与水形成共沸混合物，共沸点低于溶剂本身的沸点，因此当共沸混合物蒸馏完，剩下的就是无水溶剂。显然，这些溶剂不需要加干燥剂干燥。如将工业乙醇通过简单蒸馏只能得到95.5%的乙醇，即使用最好的分馏柱，也无法得到无水乙醇。为了将乙醇中的水分完全除去，可在乙醇中加入适量苯进行共沸蒸馏。先蒸出的是苯-水-乙醇共沸混合物（沸点65 ℃），然后是苯-乙醇共沸混合物（沸点68 ℃），残余物继续蒸出即为无水乙醇。

共沸干燥法也可用来除去反应时生成的水。如羧酸与乙醇的酯化过程中，为了使酯的产率提高，可加入苯，使反应所生成的水与苯-乙醇形成三元共沸混合物而蒸馏出来。

3. 气体的干燥

有气体参加反应时，常常将气体发生器或钢瓶中的气体通过干燥剂干燥。固体干燥剂一般装在干燥管、干燥塔或大的U形管内。液体干燥剂则装在各种形式的洗气瓶内。要根据被干燥气体的性质、用量、潮湿程度以及反应条件，选择不同的干燥剂和仪器。氧化钙、氢氧化钠等碱性干燥剂常用来干燥甲胺、氨气等碱性气体，氯化钙常用来干燥氯化氢、烃类、氢气、氧气、氮气、二氧化碳、二氧化硫等，浓硫酸常用来干燥氯化氢、烃类、氯气、氮气、氢气、二氧化碳等。

用无水氯化钙干燥气体时，切勿用细粉末，以免吸潮后结块堵塞。如用浓硫酸干燥，用量要适当，并控制好通入气体的速度。为了防止发生倒吸，在洗气瓶与反应瓶之间应连接安全瓶。

用干燥塔进行干燥时，为了防止干燥剂在干燥过程中结块，那些不能保持其固有形态的干燥剂(如五氧化二磷)应与载体(如石棉绳、玻璃纤维、浮石等)混合使用。低沸点的气体可通过冷阱将其中的水或其他可凝性杂质冷冻而除去，从而获得干燥的气体。固体二氧化碳与甲醇组成的体系或液态空气都可用作冷阱的冷冻液。

为了防止大气中的水汽侵入，有特殊干燥要求的开口反应装置可加干燥管，进行空气的干燥。

第四节　天平的使用

一、托盘天平

托盘天平，是一种灵敏度较低的天平，构造比较简单，由托盘、平衡螺母、标尺、分度盘、指针、底座、游码、砝码等组成。精确度一般为0.1 g或0.2 g，荷载有100 g、200 g、500 g、1000 g等规格。

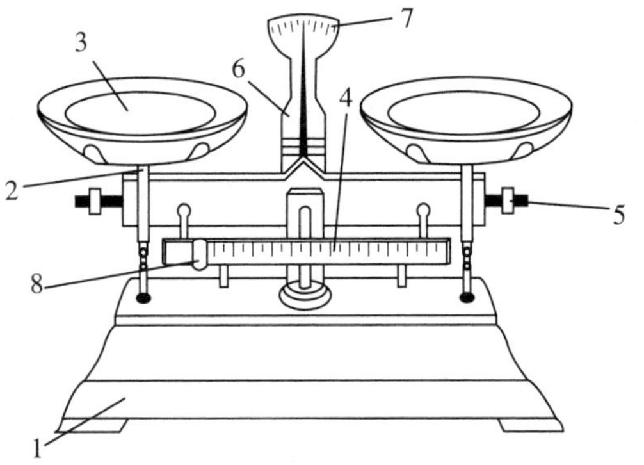

1.底座;2.托盘架;3.托盘;4.标尺;5.平衡螺母;6.指针;7.分度盘;8.游码

图2-4-1　托盘天平的构造

使用托盘天平称量时,要注意以下几方面:

(1)将托盘天平水平放在实验桌上,然后把游码移至标尺左端"0"位处,调节平衡螺母,使指针对准分度盘中线,或者指针左右摆动相同的角度。如果左右旋转平衡螺母到尽头仍然无法平衡,则应检查:①天平的托盘位置是否放错(注:"1"号托盘应放在左边托盘架上,"2"号托盘则应放在右边托盘架上);②天平刀口是否确实落在刀槽正中;③指针及活动部分有无摩擦阻碍,尤其是刀槽必须清除尘垢,切忌涂抹润滑油脂。

(2)称量物体时,应将被测物体放在左盘,砝码放在右盘,并尽量把物体及砝码放在盘的中心。取放砝码应该用镊子夹取(有的托盘天平的砝码盒里没有镊子,可用软纸垫在手指上去拿取),否则砝码极易被手上的汗水等锈蚀。取放物体和砝码都要小心轻放,以免损坏天平。

(3)待称物体的质量不得超过天平最大称量,以免损坏梁架及影响感量。所加砝码的总质量应略小于物体的质量,然后移动游码使天平达到平衡。天平平衡时砝码的总质量加上标尺上游码所在位置表示的质量,就是被测物体的质量。

(4)称量干燥的固体药品时,应在两个托盘上各放一张相同质量的纸,然后把药品放在纸上称量;易潮解的药品,必须放在玻璃器皿(如小烧杯、表面皿)里称量。取用砝码必须用镊子,取下的砝码应放在砝码盒中,称量完毕,应把游码移回零点。

二、电子分析天平

电子分析天平称量快捷,使用方法简便,是目前最好的称量仪器。

电子分析天平示意图见图2-4-2。

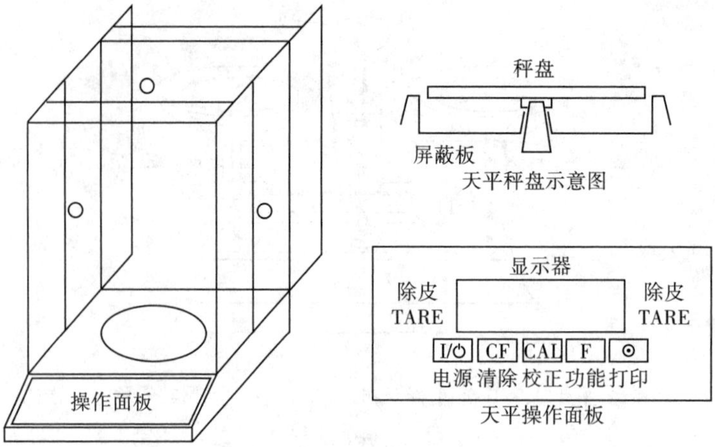

图2-4-2　BP221S电子分析天平示意图

使用电子分析天平称量时，要注意：

(1)打开天平罩，检查水平，如水平仪水泡不在中央，调水平，并清扫天平秤盘。

(2)打开电源，预热，电子显示屏上出现0.0000 g闪动，待数字稳定下来，表示天平已稳定，进入准备称量状态。

(3)打开天平侧门，将样品放到秤盘上(化学试剂不能直接接触秤盘)，关闭天平侧门。待电子显示屏上闪动的数字稳定下来，读取数字，即为样品的称量值。如需"去皮"称量，则按下TARE键，使其显示0.0000 g。

(4)连续称量功能。当称量了第一个样品以后，若再轻按TARE键，电子显示屏上又重新显示0.0000 g，表示天平准备称量第二个样品。重复操作(3)，即可直接读取第二个样品的质量。如此重复，可连续称量，累加质量。

(5)天平应放在牢固的台面上以避免震动。天平应避免阳光照射，保持干燥，防止腐蚀性气体的侵袭。天平箱内应保持清洁，要定期放置和更换吸湿变色干燥剂(硅胶)，以保持干燥。

(6)称量物体不得超过天平的载荷，不得在天平上称量热的或散发腐蚀性气体的物质。需要称量的样品，必须放在适当的容器中，不得直接放在天平秤盘上。称量完毕后要关机，关好天平门，罩上天平罩，切断电源。

三、称量方法

常用的称量方法有直接称量法、固定质量称量法和递减称量法。

1. 直接称量法

此法是将称量物直接放在天平称盘上称量物体的质量。例如，称量小烧杯的质量，容量器皿校正中称量某容量瓶的质量，重量分析实验中称量某坩埚的质量等，都使用这种称量法。

2. 固定质量称量法

此法又称为增量法。此法用于称量某固定质量的试剂(如基准物质)或试样。这种称量方法的操作速度很慢,适用于称量没有吸湿性、在空气中能稳定存在的粉末状或小颗粒(小颗粒应小于0.1 mg,以便调节其质量)样品。

3. 递减称量法

递减称量法又称为减量法。此法用于称量一定质量范围的试样或试剂。称量易吸水、易氧化或易与CO_2等反应的样品时,可选择此法。由于试样的质量是由两次称量之差求得的,故也称为差减法。采用该方法有时很难一次就得到合乎质量范围要求的试样,可重复上述称量方法操作1~2次。

第五节　溶解、结晶和固-液分离

一、溶解、结晶

1. 固体的溶解

溶解固体时,常用加热、搅拌等方法加快溶解速度。如固体颗粒太大,可在溶解前在研钵中研细。对于一些溶解度随温度升高而增加的物质来说,加热对溶解过程有利。搅拌可加速溶质的扩散,从而加快溶解速度。在试管中溶解固体时,可用振荡试管的方法加速溶解,振荡时不能上下振荡,也不能用手指堵住管口来回振荡。

2. 结晶

(1)蒸发(浓缩)。当溶液很稀而所需制备的物质的溶解度又较大时,为了能从中析出该物质的晶体,必须通过加热使水分不断蒸发,溶液不断浓缩。溶液蒸发到一定程度时冷却,就可析出晶体。当物质的溶解度随温度变化不大时,必须蒸发到溶液表面出现晶膜时才停止,如氯化钠溶液的蒸发。当物质的溶解度随温度变化较大时,蒸发到液面出现少量晶膜或有晶粒出现即可停止加热进行冷却,如硫酸铜溶液的蒸发浓缩。蒸发一般在蒸发皿中进行,蒸发的面积较大,有利于快速浓缩。若无机物对热是稳定的,可以直接加热(应先预热),否则用水浴间接加热。

(2)结晶与重结晶。大多数物质的溶液蒸发到一定浓度后冷却,就会析出溶质的晶体。析出晶体的颗粒大小与结晶条件有关。如果溶液的浓度较高,溶质在水中的溶解度随温度下降而显著减小时，冷却得越快，析出的晶体就越细小，否则就得到较大颗粒的晶体。搅拌溶液和静置溶液，可以得到不同的效果，前者有利于细小晶体的生成，后者有利于大晶体的生成。如溶液容易发生过饱和现象，可以用搅拌、摩擦器壁或投入几粒晶体（晶核）等办法，使其形成结晶中心，促进晶体快速析出。如果第一次结晶所得物质的纯度不符合要求，可进行重结晶进一步纯化。重结晶是提纯固体物质常用的方法之一，适用于溶解度随温度显著变化的化合物，对溶解度受温度影响很小的化合物则不适用。其方法是在加热情况下将待纯化的物质溶于一定量的水中，形成饱和溶液，趁热过滤，除去不溶性杂质，然后冷却滤液，被纯化物质即可以结晶析出，而杂质则留在母液中，过滤便得到较纯净的物质。若一次重结晶达不到要求，可再次重结晶。

二、固-液分离及沉淀洗涤

固-液分离及沉淀洗涤的方法有三种：倾析法、过滤法、离心分离法。

1. 倾析法

当沉淀的密度或颗粒较大，静止后能很快沉降至容器的底部时，常用倾析法进行分离和洗涤。

待沉淀（或晶体）沉积至容器底部后，小心地将沉淀上部的溶液沿玻璃棒倒入另一个容器，见图2-5-1，从而实现沉淀与溶液分离。如需洗涤沉淀时，只要向盛沉淀的容器内加入少量洗涤液，将沉淀和洗涤液充分搅拌均匀，待沉淀沉降到容器的底部后，再用倾析法倒出溶液。如此反复操作两三次，即能将沉淀洗净。为了把沉淀转移到滤纸上，先将沉淀搅起，将悬浮液立即按上述方法转移到滤纸上，然后用洗瓶中的水冲下杯壁和玻璃棒上的沉淀，再行转移。

图2-5-1　倾析法

2. 过滤法

过滤法是固-液分离中较常用的方法之一。溶液和沉淀的混合物通过过滤器（如滤纸）时，沉淀留在过滤器上，溶液则通过过滤器，过滤后所得到的溶液叫滤液。溶液的黏度、温度，过滤时的压力，沉淀物的性质、状态及过滤器孔径大小等都会影响过滤速度。热溶液比冷溶液容易过滤。溶液的黏度越大，过滤越慢。减压过滤相对于常压过滤速度更快。如果沉淀呈胶体状态，易透过一般的滤纸，则先设法将胶体破坏（如用加热法）再过滤。总之，要考虑各个方面的因素来选择不同的过滤方法。在滤纸的选择上首先考虑沉淀量和沉淀的性质，选用大小和致密程度不同的快速、中速和慢速滤纸。晶形沉淀多用致密滤纸过滤，蓬松的无定形沉淀要用较大的疏松的滤纸。此外还要根据过滤的目的选择定性或者定量滤纸。根据滤纸的大小选择合适的漏斗，放入的滤纸应比漏斗沿低0.5~

1 cm。常用的过滤方法有常压过滤、减压过滤和热过滤三种。

(1)常压过滤。先把一张圆形(或方形)滤纸对折两次呈扇形,展开后呈锥形,恰能与60°的漏斗相密合,如果漏斗的角度大于或小于60°,应适当改变滤纸折叠的角度使之与漏斗相密合,然后在三层滤纸的那边将外两层撕去一小角,见图2-5-2,用食指把滤纸按在漏斗内壁上,用少量蒸馏水润湿滤纸,再用玻璃棒轻压滤纸边沿,赶去滤纸与漏斗壁间的气泡,使滤纸紧贴漏斗壁。

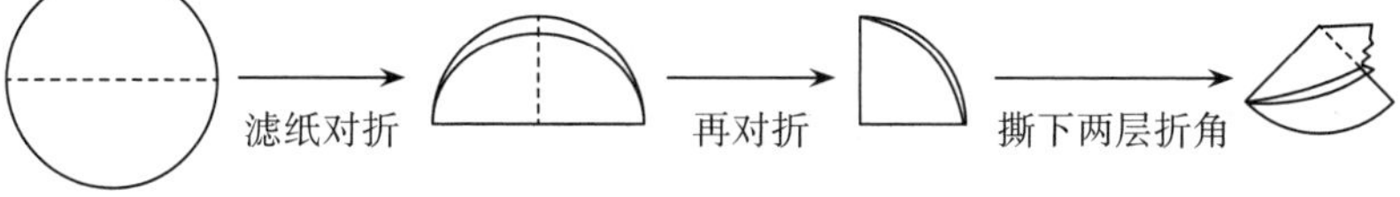

图2-5-2　滤纸的折法

常压过滤的注意事项:

·漏斗要放在漏斗架上,调整漏斗架的高度,使漏斗颈尾部的尖端紧靠接收器的内壁。

·过滤时先用倾析法将清液转移到滤纸上,然后将沉淀转移到滤纸上。倾倒溶液时,应使玻璃棒接触三层滤纸处,漏斗中的液面应略低于滤纸边缘,见图2-5-3。

·如需洗涤沉淀,待溶液转移完后,往盛有沉淀的容器中加入少量洗涤液,充分搅拌,静置,待沉淀下沉后,再把上层溶液倾入漏斗中。直至滤液中无杂质,证明沉淀已洗净,再把沉淀转移到滤纸上过滤。

图2-5-3　常压过滤

·粗晶状沉淀可在滤纸上进行洗涤,洗涤时遵守“少量多次”的原则,先冲洗滤纸上方,然后螺旋向下移动,要等洗涤液流尽,再进行下一次的洗涤,以提高洗涤效率。

(2)减压过滤(简称“抽滤”)。减压过滤是利用抽气装置不断将空气带走,使溶液接收器内的压力减小,在漏斗内的液面与溶液接收器之间造成一个压力差,从而加快过滤速度的一种快速抽滤方法。常见的抽气装置有抽气管、循环水真空泵(见图2-5-4)或油泵等,溶液接收器称为抽滤瓶(或吸滤瓶),而抽滤瓶上的漏斗称为布氏漏斗。布氏漏斗通过橡皮塞装在抽滤瓶上,抽滤瓶的支管与安全瓶或泵的橡皮管相接,见图2-5-5。将被滤物转入铺有滤纸的布氏漏斗中,由于泵在抽滤瓶内造成负压,促使液体较快通过滤纸进入瓶内,沉淀留在布氏漏斗中。在水泵和抽滤瓶之间通常会安装一个安全瓶,用以防止因关闭水阀或泵以后流速改变引起自来水倒吸进入抽滤瓶将滤液污染。

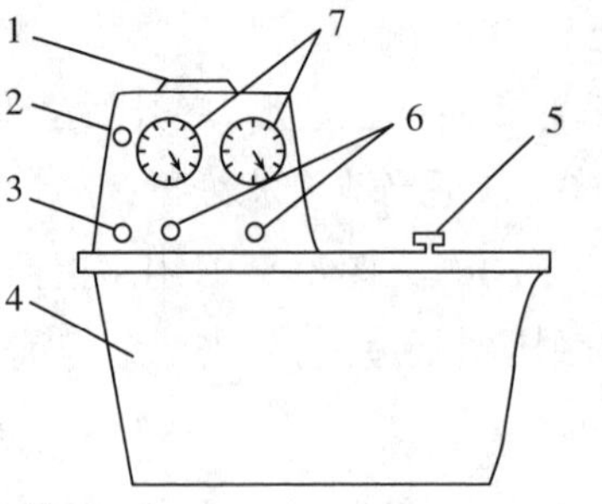

1.电动机;2.指示灯;3.电源开关;4.水箱
5.水箱盖;6.抽气管接口;7.真空表

图2-5-4　循环水真空泵

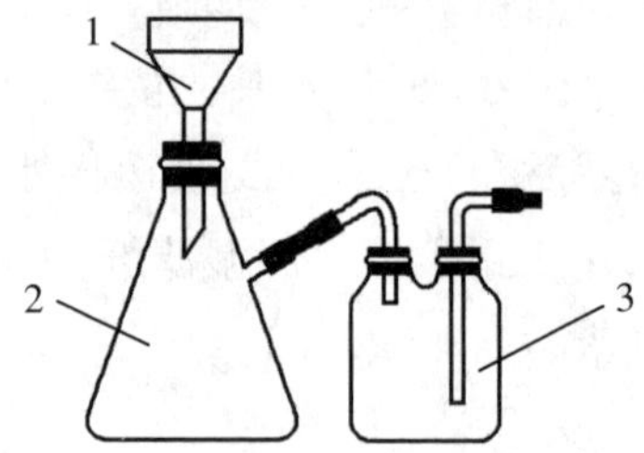

1.布氏漏斗;2.抽滤瓶;3.安全瓶

图2-5-5　减压过滤装置

减压可以加快过滤速度,还可以把沉淀抽得比较干。当过滤大量液体且其中沉淀颗粒较大时,常采用减压过滤。但它不适用于胶状沉淀和颗粒太细的沉淀的过滤,因为在有压力差的情况下上述类沉淀易透过滤纸。

减压过滤时应注意:

·抽滤用的滤纸应比布氏漏斗的内径略小一些,但又能将瓷孔全部覆盖。

·布氏漏斗底端的斜口尖端应该正对(不是背对)抽滤瓶的支管。

·将滤纸放入布氏漏斗并用蒸馏水润湿后,慢慢打开水泵,待滤纸贴紧后,才能往漏斗内转移溶液;所加溶液的量不得超过布氏漏斗容积的2/3。待溶液完全流完后,把沉淀向滤纸中间转移(若转移至滤纸边缘,容易发生渗漏,且滤纸不宜取下)。

·在停止过滤时,应先拔去连接抽滤瓶的橡皮管,再关掉循环水真空泵的开关。

·为使沉淀抽得更干,可用玻璃棒或药匙紧压漏斗内的沉淀物。如沉淀需洗涤应将先拔下橡皮管放空后再加入洗涤液洗涤。

·滤液应从抽滤瓶上口倒出,不能从支口倒出,以免污染橡皮管和循环水真空泵。

③热过滤。如果溶质在温度下降时容易析出大量结晶,又不希望在过滤过程中留在滤纸上,这时就要趁热进行过滤。热过滤有普通热过滤和减压热过滤两种。普通热过滤是将普通的短颈漏斗放在铜质的热漏斗内(见图2-5-6),铜质热漏斗内装有热水,以维持必要的温度。减压热过滤是将布氏漏斗放在水浴上以热水或蒸汽加热(见图2-5-7),然后快速完成过滤操作。

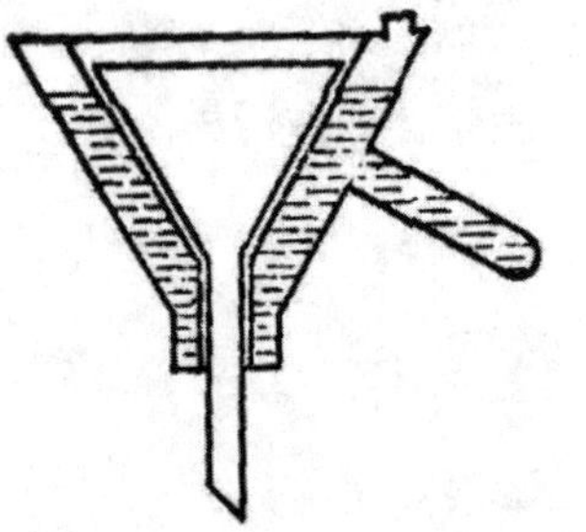

图2-5-6　普通热过滤漏斗装置

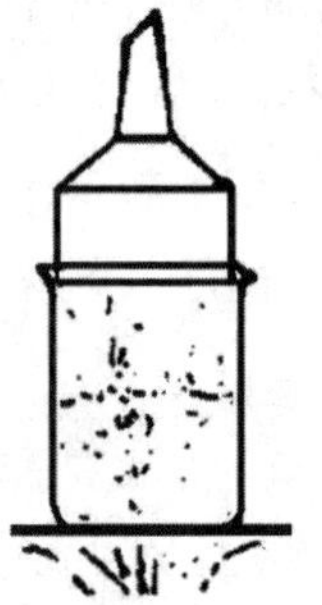

图2-5-7　加热布氏漏斗

3. 离心分离法

当被分离的沉淀量很少时，若使用一般的过滤方法，沉淀会沾在滤纸上难以取下，这时可采用离心分离。本法分离速度快，利于迅速判断沉淀是否完全。

实验室内常用电动离心机（见图2-5-8）进行分离。使用电动离心机时，将装有试样的离心管放在离心机的套管中，套管底部先垫些棉花。为了使离心机旋转时保持平稳，离心管应对称放置。如果只有一个试样，则在对称的位置上放一支内装等量水的离心管。放好离心管后，应盖好盖子。先慢速后加速，停止时应逐步减速，任其自行停下后方可取样。电动离心机转速极快，要注意安全；绝不能用手强制停止离心机。

离心沉降后，要将沉淀和溶液分离时，左手斜持离心管，右手拿毛细滴管，把毛细滴管伸入离心管，使其末端恰好进入液面，取出清液，见图2-5-9。在毛细滴管末端接近沉淀时，要特别小心，以免沉淀也被取出。沉淀和溶液分离后，沉淀表面仍含有少量溶液，必须经过洗涤才能得到较纯净的沉淀。为此，往盛装沉淀的离心管中加入适量的蒸馏水或洗涤用的溶液，用玻璃棒充分搅拌后，进行离心分离，用毛细滴管将上层清液取出，再用上述方法操作2~3遍。如需将沉淀分成几份，可对洗净后的沉淀加少许蒸馏水并用玻璃棒搅拌后，再用滴管吸出混浊液，转移到另一个洁净的容器中。

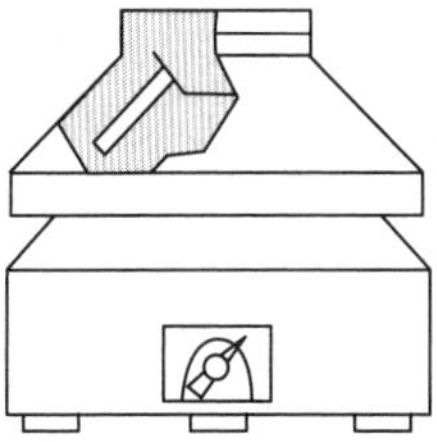

图2-5-8　电动离心机

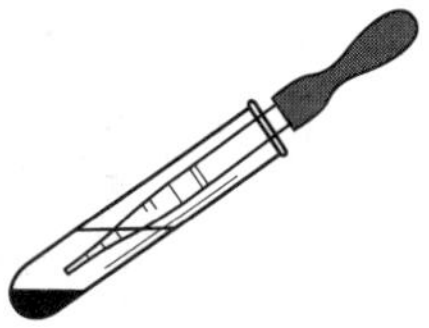

图2-5-9　溶液与沉淀的分离

第六节　溶液的配制

在实验室里常常因为化学反应的性质和要求的不同而需配制不同溶液。如果实验对溶液浓度的精确性要求不高，台秤、量筒等低精确度的仪器就能满足配制需求。但在定量测定实验中，往往需要配制准确浓度的溶液，此时就需要用精确度高的仪器如分析天平、容量瓶、移液管等来配制溶液。

一、溶液浓度的表示方法

1. 质量分数

质量分数(mass fraction):溶质B的质量m_B与溶液的质量m之比,称为溶质B的质量分数,用符号ω_B表示。

$$\omega_B = \frac{m_B}{m}$$

2. 质量摩尔浓度

质量摩尔浓度(molality):设溶液中各物质为A、B、C……,通常视量较多的A为溶剂,若溶质B的物质的量以n_B表示,则溶质B的物质的量n_B(mol)与溶剂的质量m_A(kg)之比,称为溶质B的质量摩尔浓度,用符号b_B表示。

$$b_B = \frac{n_B}{m_A}$$

质量摩尔浓度的SI单位为$mol \cdot kg^{-1}$。

3. 物质的量浓度

物质的量浓度(amount of substance concentration),简称浓度,又叫摩尔浓度,其定义为溶质B的物质的量n_B(mol)与溶液的体积V之比,用符号c_B表示。

$$c_B = \frac{n_B}{V}$$

物质的量浓度的SI单位为$mol \cdot m^{-3}$。由于立方米的单位太大,不太适用,化学计算中常用的单位为$mol \cdot L^{-1}$或$mol \cdot dm^{-3}$。

4. 摩尔分数

摩尔分数(molar fraction):混合物中物质B的物质的量n_B(mol)与混合物的总物质的量$n_{总}$之比,用符号x_B表示。

$$x_B = \frac{n_B}{n_{总}}$$

摩尔分数的SI单位为1。

显然,溶液中各组分摩尔分数之和等于1,即$\sum_i x_i = 1$。

5. 体积分数

体积分数(volume fraction):在与混合气体相同温度和压强的条件下,混合气体中组分B单独占有的体积V_B与混合气体总体积$V_{总}$之比,叫作组分B的体积分数,用符号φ_B表示。

$$\varphi_B = \frac{V_B}{V_{总}}$$

体积分数、质量分数和摩尔分数一样,SI单位均为1。

6. 质量浓度

溶质B的质量浓度(mass concentration):溶质B的质量m_B与混合物的体积V之比,以ρ_B表示。

$$\rho_B = \frac{m_B}{V}$$

质量浓度的SI单位为$kg \cdot m^{-3}$,常用单位为$g \cdot L^{-1}$或$g \cdot mL^{-1}$。

二、溶液的配制

(一)由固体试剂配制溶液

1. 一定质量分数溶液的配制

先算出配制一定质量溶液所需的固体试剂的用量。用台秤称取所需质量的固体,倒入烧杯中,再用量筒量取所需体积蒸馏水,注入烧杯中,搅拌,待固体全部溶解后,即得所需溶液。将溶液倒入试剂瓶,贴上标签,备用。

2. 一定摩尔浓度溶液的配制

(1)粗略配制。

先算出配制一定体积溶液所需的固体试剂的用量。用台秤称取所需质量的固体试剂,倒入带有刻度的烧杯中,加入少量蒸馏水不断搅拌,待固体全部溶解后,用蒸馏水稀释至刻度,即得所需溶液。将溶液倒入试剂瓶,贴上标签,备用。

(2)准确配制。

先算出配制给定体积的准确摩尔浓度溶液所需固体试剂的用量,并在分析天平上准确称出所需质量的固体试剂,放入干净的烧杯中,加入适量的蒸馏水,搅拌使其完全溶解。将溶液和洗涤液转移到容量瓶中,再加蒸馏水至标线处,盖上塞子,将溶液摇匀即可。将溶液倒入试剂瓶,贴上标签,备用。

(二)由液体试剂配制溶液

1. 一定体积比溶液的配制

按体积比,用量筒量取一定浓度的液体试剂和溶剂,在烧杯中将两者混合,不断搅拌,使其均匀,即成所需的体积比溶液。将溶液转移到试剂瓶,贴上标签,备用。

2. 一定摩尔浓度溶液的配制

(1)粗略配制。

先用密度计测量液体试剂的密度,从有关的表中查出其相应的质量分数,算出配制一定摩尔浓度溶液所需液体试剂或浓溶液的用量。用量筒量取所需的液体试剂或浓溶液，注入带有刻度装有少量蒸馏水的烧杯中，混合，如果放热，需冷却至室温后，再用水稀释至刻度。搅动使其均匀，然后移入试剂瓶，贴上标签，备用。

(2)准确配制。

先算出配制准确摩尔浓度溶液所需的已知浓度(准确浓度)溶液的用量，然后用移液管移取所需溶液于给定体积的容量瓶中，再加蒸馏水至标线处，摇匀后，倒入试剂瓶，贴上标签，备用。

在配制溶液时，除注意准确度外，还要考虑试剂在水中的溶解度、热稳定性、挥发性、水解性等因素。

(三)配制溶液注意事项

(1)溶液应用蒸馏水配制，容器应用蒸馏水洗涤三次以上。溶液要用带塞子的试剂瓶盛装，见光易分解的溶液要装在棕色瓶内，盛装挥发性试剂的试剂瓶的瓶塞要严密，装遇空气变质且有腐蚀性气体的溶液的试剂瓶的塞子也要严密。浓碱液要用塑料瓶盛装，如盛装在玻璃瓶中，要用橡皮塞塞紧。

(2)试剂瓶上必须贴上写有配制试剂的名称、浓度、规格和配制时间的标签。

(3)配制硫酸、磷酸、硝酸、盐酸等溶液时，都应把酸倒入水中。对于溶解时放热量大的试剂，不可以在试剂瓶中配制，以免发生炸裂。配制硫酸溶液时，应将浓硫酸沿烧杯壁慢慢注入水中，边加边搅拌，必要时可用冷水冷却烧杯外壁。

(4)用有机溶剂配制溶液(如配制指示剂溶液)，有时有机物溶解较慢，应不时搅拌，可以在热水浴中加热溶液，不可直接加热。使用易燃溶剂时要远离明火。几乎所有的有机溶剂都有毒，应在通风橱内操作。为了避免有机溶剂的蒸发，烧杯应加盖。

(5)要熟悉一些常用溶液的配制方法。如配制碘溶液时，应将碘溶于较浓的碘化钾水溶液中，才可稀释。配制易水解的盐类的水溶液时，应先加酸溶解后，再以一定浓度的稀酸稀释(如配制$SnCl_2$溶液)。如果操作不当已经发生水解，加大量的酸仍很难溶解沉淀。

(6)不能用手接触具有腐蚀性及有剧毒的溶液。剧毒废液应做解毒处理，不可直接倒入下水道。

(7)溶液储存时可能以下因素会使溶液发生变质：

①玻璃与水合试剂作用或多或少会被侵蚀(特别是碱液)，使溶液中含有钠盐、钙盐、硅酸盐等杂质。某些离子吸附于玻璃表面，这对于低浓度的离子标准液不可忽略。故浓度低于1 $mg \cdot mL^{-1}$的离子溶液不能长期储存。

②由于试剂瓶密封不好，空气中的CO_2、O_2、NH_3或酸雾侵入使溶液发生变化。如氨水吸收CO_2生成NH_4HCO_3；KI溶液见光易被空气中的O_2氧化生成I_2而变为黄色；$FeSO_4$、Na_2SO_3等还原剂溶液易被氧化。

③某些溶液见光分解，如硝酸银、汞盐等溶液；有些溶液放置时间较长后逐渐水解，如铋盐、锑盐等溶液；$Na_2S_2O_3$溶液受微生物作用浓度变低。

④某些络合滴定指示剂溶液放置时间较长后会发生聚合和氧化反应等，不能敏锐指示终点，如铬黑T、二甲酚橙等。

⑤易挥发组分的挥发会使溶液浓度降低，导致实验出现异常现象。

第七节　试管反应的基本操作

试管是用作盛装少量试剂的反应容器，便于操作和观察实验现象，因而是基础化学实验中用得最多的仪器。要求熟练掌握，操作自如。

一、试管的振荡

用拇指、食指和中指持住试管的中上部，试管略倾斜，手腕用力振荡试管。这样试管中的液体就不会被振荡出来。如采用五根手指握住试管，上下或左右振荡，既观察不到实验现象，也容易将试管中的液体振荡出来，影响实验效果。如果试液量过多或者属于多相反应难以振荡时，必须使用玻璃棒搅动使其混合均匀。对于离心管中的反应，必须用玻璃棒搅动。

二、试管中液体的加热

加热试管中的液体一般可直接将试管放在火焰中加热。加热时，不要用手拿，应该用试管夹夹住试管的中上部，使试管相对于实验台倾斜一定的角度。试管口不能对着别人或自己的脸部，以免发生意外。应使液体各部分均匀受热，先加热液体的中上部，再慢慢向下移动，然后不时地上下移动或振荡试管。不要在某一部位集中加热，这样做容易引起液体的暴沸，使液体冲出管外，引起烫伤。

三、试管中固体的加热

将固体试剂装入试管底部，铺平，管口略向下倾斜，以免管口冷凝的水珠倒流到灼热的试管部位而引起试管炸裂。应该先用火焰来回加热试管进行预热，待试管受热均匀后，再在有固体物质的部位加强热。

第八节　常压蒸馏

蒸馏是将液体加热至沸点使其沸腾变为气体，然后使蒸气冷凝为液体的联合操作过程。它是提纯液体有机化合物和分离混合物的一种常用方法。

一、原理

液态物质受热时，其蒸气压随着温度的升高而增大，当其蒸气压增大到与外界施加于液面的总压力（通常指大气压）相等时，液体内部开始汽化并有气泡冒出，液体沸腾，此时的温度称为该液体的沸点。

纯液体有机化合物在一定压力下具有固定的沸点。通常纯化合物的沸程（沸点范围）较小，混合物的沸程较大，因而可利用蒸馏法测定物质的沸点，检验其纯度。蒸馏也可将沸点不同的液体混合物分离开来，蒸馏时沸点较低的组分先蒸出来，沸点较高的组分后蒸出来，不挥发的组分留在蒸馏瓶中，从而达到分离提纯的目的。但各组分的沸点必须相差30 ℃以上才能达到较好的分离效果，如混合物中各组分的沸点接近或差值小于30 ℃时，不能用常压蒸馏进行分离提纯，需改用分馏操作。

但具有恒定沸点的液体不一定是纯化合物，一些有机化合物能和其他组分形成具有恒定沸点的二元或三元共沸混合物，共沸混合物不能通过蒸馏进行分离。

蒸馏一般用于以下几方面：

（1）分离沸点相差30 ℃以上且无共沸的液体混合物。

（2）测定液体有机化合物的沸点，用于鉴别或估计其纯度。

（3）提纯液体有机化合物，除去其中的不溶性杂质。

（4）回收溶剂，或蒸出部分溶剂浓缩溶液。

二、操作步骤

1. 安装蒸馏装置

蒸馏装置由蒸馏瓶、蒸馏头、温度计、冷凝管、接液管和接收器组成。

（1）蒸馏瓶。待蒸馏液体的体积为蒸馏瓶体积的1/3~2/3。

（2）温度计。温度计水银球的上限应和蒸馏头支管的下限在同一水平线上。

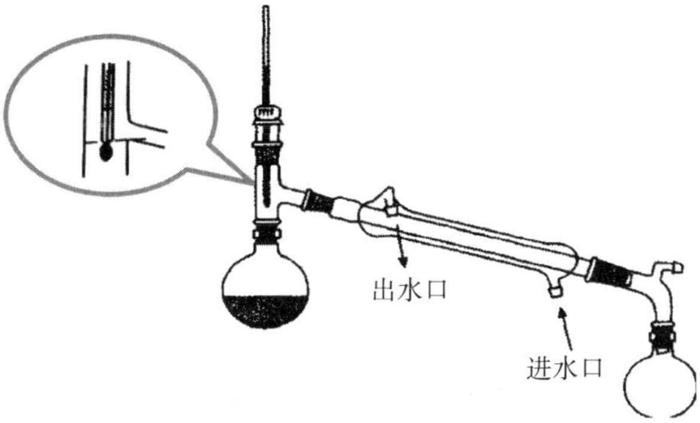

图2-8-1　蒸馏装置

(3)冷凝管。待蒸馏液体的沸点在140 ℃以下时,选用直形冷凝管;沸点在140 ℃以上时,则选用空气冷凝管,若仍用直形冷凝管,接头处易爆裂。

冷凝水应从冷凝管的下口流入,上口流出,以保证冷凝管的套管中始终充满水。

(4)接液管与接收器。蒸馏装置不能为封闭系统,必须与大气相通。不带侧管的接液管与接收器之间不可用塞子连接。常压蒸馏时常以锥形瓶为接收器,减压蒸馏时则选用圆底烧瓶。

如馏出物为易挥发的低沸点有机化合物(如乙醚),则在接液管上接一根橡皮管通入水槽下水管,并将接收器浸入冰水浴中。

仪器安装:由左到右,由下而上。热源→蒸馏瓶→蒸馏头→温度计→冷凝管→接液管→接收器。(注意:不能装成封闭系统)

2. 加料、加沸石

经漏斗加入待蒸馏液体,加入1~2粒沸石。

为防止过热(液体温度已超过其沸点但未沸腾)产生暴沸现象,在加热前应加入助沸物,引入汽化中心,保证沸腾平稳。助沸物一般表面疏松多孔,如沸石、碎瓷片,液体受热沸腾时,沸石内的小气泡成为汽化中心,使液体保持平稳沸腾。如果蒸馏已开始但忘了加沸石,需先停止加热,待液体稍冷片刻后再补加沸石。

3. 加热

先通水后加热,调节电热套电压,控制加热温度,使馏出液以每秒1~2滴的速度自接液管滴下。

4. 收集馏分

记录第一滴馏出液流出时的温度,如温度低于预期馏出物的沸点,继续加热至预期物质沸点,将接收器更换为另一个事先称重的洁净干燥的接收器。

5. 拆除装置

先关电热套电源停止加热，稍后再停止通水，拆下仪器。拆除仪器的顺序和装配的顺序相反。

第九节　分馏

利用分馏柱将几种沸点相近的混合物进行分离的操作称为分馏，可有效分离沸点相差不大的液体混合物。简单来说，分馏就是多次蒸馏，利用分馏技术已能将沸点相差1~2 ℃的混合物分离开来，但不能分离共沸混合物。

一、原理

将几种具有不同沸点又可以完全互溶的液体的混合物加热，其总蒸气压等于外界压力时，液体混合物开始沸腾，产生的混合蒸气中易挥发的组分较多。蒸气沿分馏柱上升的过程中，在柱外空气的冷却作用下部分蒸气冷凝下降并与上升的蒸气进行热交换，冷凝液中沸点低且易挥发组分呈蒸气上升，高沸点组分呈液体下降，相当于一次简单蒸馏。在分馏柱中进行反复多次的气液两相热交换，低沸点组分不断上升最终被蒸出，高沸点组分不断下降流回蒸馏瓶中，从而将沸点不同的物质分离开来。因此分馏是将多次汽化及冷凝的过程在分馏柱中一次完成的操作方法。

由于共沸混合物具有恒定的沸点，因而分馏操作也不能分离共沸混合物。

分馏装置主要由圆底烧瓶、分馏柱、冷凝管及接收器四部分组成。

二、操作步骤

将待分馏液体加入圆底烧瓶，放入1~2粒沸石，然后依次安装分馏柱、温度计、冷凝管、接液管及接收器。接通冷凝水后开始加热，使液体平稳沸腾。当蒸气缓缓上升时，注意控制温度使馏出速度为2~3 s一滴。根据要求收集一定温度范围的馏分，记录各馏分的沸点范围。

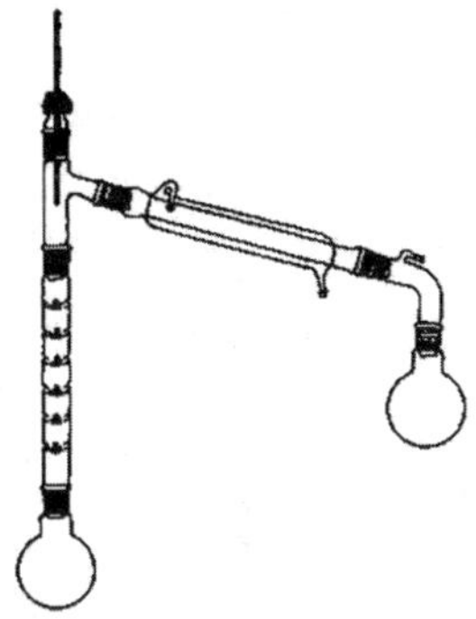

图2-9-1　分馏装置

注意事项：

（1）一般而言分馏柱越高，上升蒸气与冷凝液之间的热交换次数越多，分离效果就越好。但分馏柱过高会影响馏出速度。

（2）液体沸点较高时，如果分馏柱绝热性能差、散热快，则难以维持柱内气液两相间的热平衡，影响分离效果，可用保温材料将分馏柱包起来。

（3）分馏过程中注意调节加热温度，使馏出速度适中。

第十节　减压蒸馏

减压蒸馏是分离和提纯有机化合物的常用方法之一。它特别适用于那些在常压蒸馏时未达沸点即已受热分解、氧化或聚合的物质。

一、原理

液体的沸点是指它的蒸气压等于外界压力时的温度，因此液体的沸点是随外界压力变化而变化的，如果借助于真空泵降低系统内压力，就可以降低液体的沸点，这是减压蒸馏操作的理论依据。

液体有机化合物的沸点随外界压力的降低而降低，温度、蒸气压与沸点的关系见图2-10-1、2-10-2。

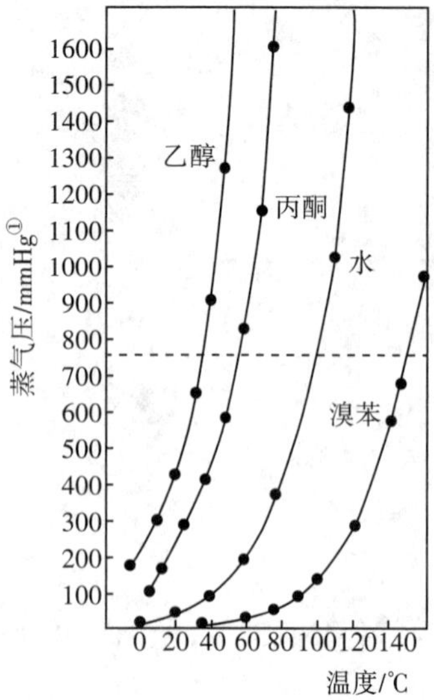

图2-10-1　温度与蒸气压关系图

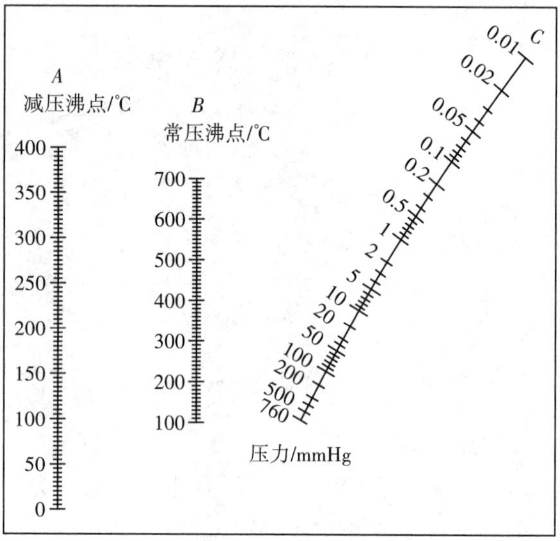

图2-10-2　液体在常压、减压下的沸点近似关系图

因此降低外界压力时可以降低液体的沸点。沸点与压力的关系可近似地用下式求出：

$$\lg P = A + \frac{B}{T}$$

其中P为蒸气压；T为沸点（热力学温度）；A，B为常数。如以$\lg P$为纵坐标，$\frac{1}{T}$为横坐标，可以近似地得到一直线，见图2-10-2。

二、应用范围

（1）纯化高沸点液体。

（2）分离提纯在常压沸点下易分解、氧化、聚合或发生其他化学反应的液体。

（3）分离常压下因沸点相近而难以分离，但减压条件下可有效分离的液体。

（4）分离纯化低熔点固体。

减压蒸馏装置主要由蒸馏、抽气（减压）、安全保护和测压四部分结构组成。蒸馏部分由蒸馏瓶、克氏蒸馏头、毛细管、温度计、冷凝管、接收器等组成（见图2-10-3）。实验室通常用水泵或油泵进行减压。

① 1 mmHg≈133 Pa

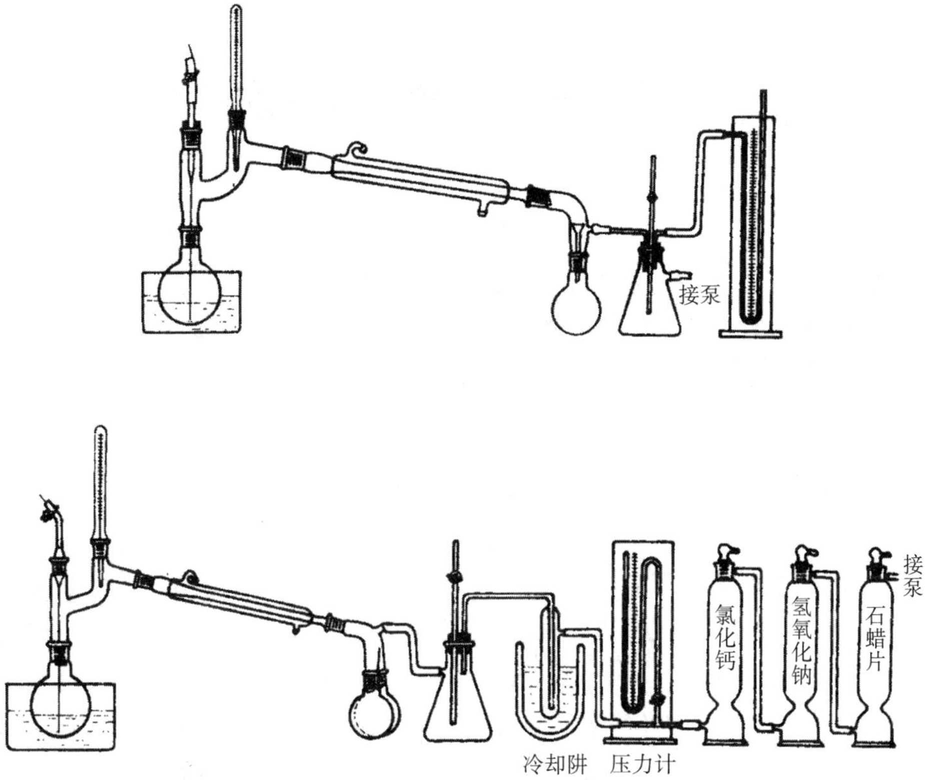

图2-10-3　减压蒸馏装置

三、操作步骤

(1)安装实验装置,检查气密性。仪器安装好后,先检查系统是否漏气,方法是:关闭毛细管,减压至压力稳定后,夹住连接系统的橡皮管,观察压力计水银柱有否变化,无变化说明不漏气,有变化即表示漏气。为使系统密闭性好,磨口仪器的所有接口部分都必须用真空油脂润涂。

(2)加料、开泵。检查仪器不漏气后,加入待蒸的液体,量不要超过蒸馏瓶的一半。关好安全瓶上的活塞,开动泵,调节毛细管导入的空气量,以能冒出一连串小气泡为宜。

(3)当压力稳定后,开始加热。液体沸腾后,应注意控制温度,并观察沸点变化情况。待沸点稳定时,转动多尾接液管接受馏分,蒸馏速度以每秒0.5~1滴为宜。

(4)分别调节负压至0.03 MPa、0.02 MPa、0.01 MPa,计算系统内压力:$P_{系}=P_{气}-P_{负}$。

(5)蒸馏完毕,除去热源,慢慢旋开夹在毛细管上的橡皮管的螺旋夹,待蒸馏瓶稍冷后再慢慢开启安全瓶上的活塞,平衡内外压力,(若开得太快,水银柱很快上升,有冲破压力计的可能),然后才关闭抽气泵。

第十一节　水蒸气蒸馏

水蒸气蒸馏是将水蒸气通入不溶或难溶于水，但有一定挥发性的有机物中，使该有机物在低于100 ℃的温度下与水共沸，随着水蒸气一起蒸馏出来。水蒸气蒸馏是分离和提纯液态或固态有机物的一种方法。

一、原理

互不混溶挥发性物质混合时，每一组分在一定温度下的分压与同一温度下纯化合物的蒸气压相等。如将水蒸气通入被分离或提纯的有机物A中使其沸腾，根据分压定律此时整个系统的蒸气压$P=P_A+P_{水}$。显然混合体系总蒸气压始终大于其中任一组分的蒸气压，当各混合组分蒸气压之和等于外部大气压时，液体开始沸腾，此时的温度低于沸点最低的组分单独存在时的沸腾温度。因此水和有机物A混合体系的沸腾温度低于水的沸点。

可以应用水蒸气蒸馏分离或提纯的物质须具备以下条件：

(1)不溶或难溶于水。

(2)长时间沸腾不与水发生化学反应。

(3)在100 ℃左右具有一定的蒸气压，一般不小于665~1333 Pa(5~10 mmHg)。

水蒸气蒸馏适用于以下几种情况：

(1)高沸点且易分解的有机物。

(2)混合物中含有大量树脂状杂质或不挥发性杂质。

(3)一般蒸馏、萃取操作难分离的有机物。

(4)吸附于大量固体物质的液体有机物。

二、操作步骤

依次安装水蒸气发生器、蒸馏瓶、克氏蒸馏头、温度计、冷凝管、接液管和接收器。

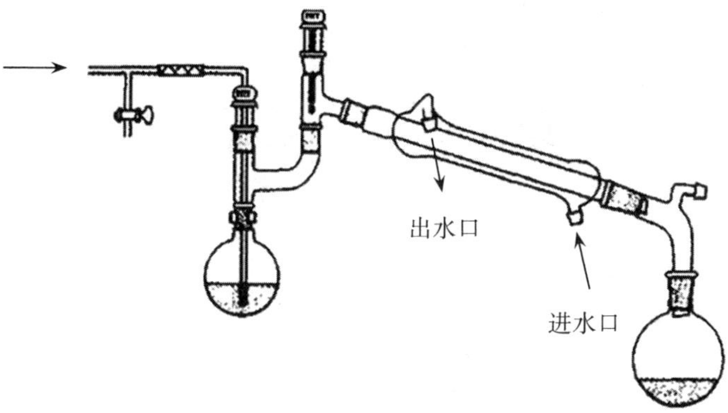

图2-11-1　常见水蒸气蒸馏装置

也可将圆底蒸馏瓶换成三颈烧瓶，同时将克氏蒸馏头换为蒸馏头。如加入少量水蒸气就可将有机物蒸出，可直接在反应体系中加入蒸馏水，加热产生水蒸气进行蒸馏。

（1）依序安装好实验装置。

（2）在蒸馏瓶中加入待分离提纯物质。

（3）加热前先打开T形管活塞或螺旋夹，加热水蒸气发生器使水沸腾。直到T形管口产生蒸汽后关闭活塞或螺旋夹，使水蒸气通入蒸馏瓶。必要时可加热蒸馏瓶促使液体快速蒸馏，避免过多水蒸气冷凝后留在蒸馏瓶中。

（4）使混合蒸气能在冷凝管中迅速冷凝流入接收器，馏出速度以每秒2滴为宜。

（5）当馏出液清亮透明，不再含有油状物时，即可停止蒸馏。先打开T形管口停止通入水蒸气，然后停止加热。

三、注意事项

（1）水蒸气发生器中一定要配置安全管。可选用一根长玻璃管作为安全管，管子下端靠近水蒸气发生器底部。发生器中注入的水一般不要超过其容积的2/3。

（2）水蒸气发生器与蒸馏瓶之间的连接管尽可能短一些，以减少导入过程中水蒸气的冷凝。导入水蒸气的玻璃管应尽量接近蒸馏瓶底部，以提高蒸馏效率。

（3）实验中应注意经常观察安全管。如果其中的水柱不正常上升，应立即打开T形管，停止加热，排除故障后再重新蒸馏。

（4）加热前先旋开T形管上的活塞或螺旋夹，直到有水蒸气产生时再关上；停止蒸馏时先打开T形管，再停止加热，避免因冷却使水蒸气发生器中产生负压，让蒸馏瓶内的混合液发生倒吸现象。

第十二节　恒温仪

物理化学中测定的许多数据，如液体的表面张力、折射率、黏度、密度、蒸气压、平衡常数、反应速率常数、电导率等都与温度有关，所以很多实验必须在恒温的条件下进行。物理化学实验中常用恒温水浴等装置来控制温度。现介绍几种常用的恒温装置。

一、玻璃恒温水槽

玻璃恒温水槽（见图2-12-1），集智能化控温、玻璃恒温水槽、电动搅拌器于一体，具有控温精度高、体积小、使用方便等优点。

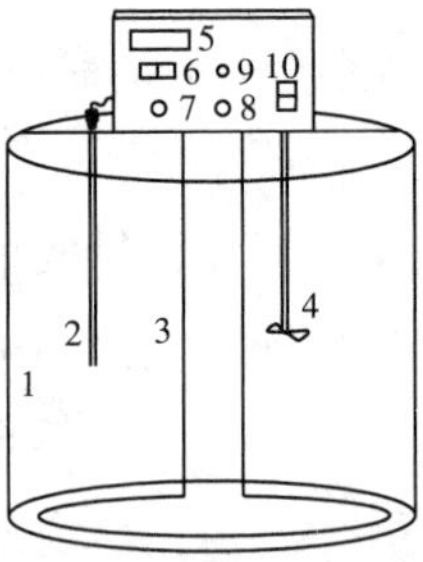

1.玻璃缸；2.温度传感器；3.加热器；4.电动搅拌器；5.显示框；6.“测量/设定”选择开关；
7.温度设定旋钮；8.调速旋钮；9.加热指示灯；10.电源开关

图2-12-1　玻璃恒温水槽

1. 组成和性能

玻璃恒温水槽主要由圆形玻璃缸（直径300 mm，深300 mm）、加热器（电源220 V/50 Hz，加热功率1 kW）、电动搅拌器（功率35 W，无级调速，转速0~400 r/min、可调）、智能化控温单元（电源220 V/50 Hz，可控功率0~1 kW，控温范围为20~99 ℃，控温精度±0.05 ℃，控温稳定度±0.01 ℃）组成。

2. 使用方法

（1）在玻璃缸中加入去离子水至加热器上方，约至玻璃缸4/5深度，水位不能过低，以防烧坏加热管。

（2）恒温水槽必须接地。先将“测量/设定”开关置于“设定”，电动搅拌器的调速旋钮逆时针调到底（转速为零），然后打开电源开关。

（3）通过调速旋钮调节合适的搅拌速度。

(4)将“测量/设定”开关置于“设定”位置,通过温度设定旋钮设定温度值,然后将“测量/设定”开关置于“测量”位置,控制系统将自动加热水浴并控制在设定温度。

二、超级恒温槽

超级恒温槽,采用单片机智能控制,控温精度高,抗腐蚀性强,结构紧凑。控制箱直接安装在水箱上,控制箱后板有两个循环水管进出水嘴,水箱前侧板有一个出水嘴,采用优质水泵进行槽外循环。仪器的控温精度能达到较高要求。

1. 组成和性能

超级恒温槽(见图2-12-2)的具体技术参数为:

电源,220 V/50 Hz;功率,1200 W;温度范围,5~95 ℃;分辨率,0.01 ℃;控温精度,±0.05 ℃;水泵流速,> 4 $L\cdot m^{-1}$。

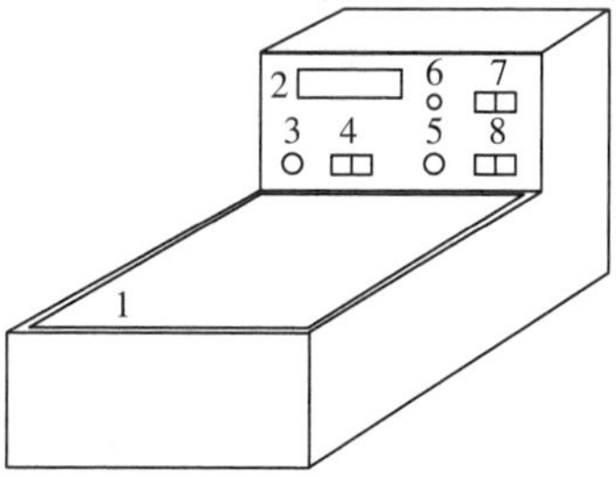

1.缸体;2.显示框;3.循环量调节旋钮;4.“测量/设定”选择开关;
5.温度设定旋钮;6.加热指示灯;7.循环开关;8.电源开关

图2-12-2　超级恒温槽

2. 使用方法

(1)关闭水箱前侧板出水嘴。在缸体内加入去离子水,不能使用自来水,水位线离上盖板不低于8 cm。将控制箱后板上循环水管进出水嘴连接到需要恒温的装置,或将进出水嘴直接连接。循环水管进出水嘴必须连接,否则搅拌时恒温水会喷出。

(2)接通电源。必须先加好水才能接通电源,仪器必须接地。

(3)打开循环开关,开启循环水泵,调节循环量旋钮至适当位置。

(4)将“测量/设定”开关置于“设定”位置,调节温度设定旋钮至需要的温度,再将“测量/设定”开关置于“测量”位置,仪器进入控温状态。如果水浴温度低于设定温度,仪器开始加热,此时加热指示灯亮。接近设定温度时,加热指示灯闪烁。

三、精密恒温浴槽

精密恒温浴槽是一种高低温循环式高精度恒温器,采用PID算法和PLC智能集成控制。精密恒温浴槽具有稳定性高、温度可调范围广、操作简便等优点，广泛应用于科学研究、医学检验和制药生产等领域。

1. 组成和性能

精密恒温浴槽见图2-12-3。主要性能指标为：

控温范围，-15~95 ℃；控温精度，±0.02 ℃；加热功率，1 kW；浴槽容积，5 L；水泵流量，6 L·m^{-1}；要求环境温度，5~35 ℃；电源，220 V/50 Hz。

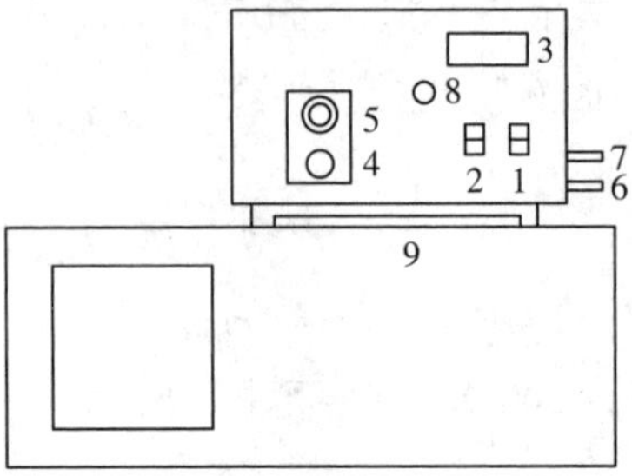

1.电源开关；2.制冷机开关；3.显示器；4.温度设定开关；5.温度调节旋钮；
6.恒温水出水管；7.恒温水回水管；8.加热指示灯；9.浴槽盖

图2-12-3 精密恒温浴槽

2. 使用方法

(1)往浴槽中灌入恒温介质。当工作温度为5~95 ℃时，可用水作为恒温介质，为避免形成水垢，必须用去离子水或纯净水。当工作温度低于5 ℃时，可用乙二醇与水的混合液，比例为1∶1。液面离浴槽盖平面的距离应为2~3 cm，液面过高容易溢出，过低则可能烧毁加热管。

(2)将浴槽的出水管及回水管用两根橡皮管与需恒温的设备相连接。通常出水管应与恒温设备的下部水嘴连接，回水管应与所需恒温设备的上部水嘴连接。如果恒温仅需在浴槽内部进行，则应该用一根短橡皮管将浴槽的出水管与回水管连接。

(3)将浴槽电线插到具有接地线的三芯插座上，电源波动不得超过额定电压的±10%。按下电源开关，仪器开始工作，显示器显示出浴槽内的实际液温。

(4)设定温度，一只手按住温度设定开关(不要放开)，另一只手调节温度调节旋钮，直至显示器显示出所需要的温度，设定完成。

(5)使用制冷机，当设定的温度不高于环境温度15 ℃，且设定的温度低于40 ℃时，应打开制冷机开关，制冷机即开始正常工作。注意：制冷机仅允许在恒温温度低于40 ℃时使用。当浴槽内水温高于40 ℃时，不允许开启制冷机，否则制冷机容易烧毁。当设定温度高于环境温度15 ℃时，不开制冷机，仪器也可以保证精度，故设定温度较高时不要开制冷机。

(6)如果槽内水温要由高于40 ℃变到低于40 ℃的温度时，应先将槽内水换成低于40 ℃的水，再开制冷机。

(7)不允许频繁开关制冷机，一旦停机后，应间隔5 min再开制冷机，以免损坏压缩机。

(8)应经常检查槽内液面位置是否符合要求。浴槽内没有水时，绝对不准开机，以免烧坏加热管。

第十三节　酸度计

在化学中，酸碱值(pH)是溶液中氢离子活度的一种标度，即水溶液酸碱度的一种表示方法。溶液中氢离子活度的负对数值，pH=-lg[H^+]。常用酸度计(pH计)快捷地测量酸碱值。以PHS-3C型酸度计为例，该酸度计是一台四位十进制数字显示的酸度计。仪器附有电子搅拌器及电极支架，供测量时搅拌溶液和安装电极之用。仪器有0~10 mV的直流电流输出，如配上适当的记录式电子电位差计，可自动记录电极电位。仪器的测量范围：pH挡0~14，mV挡(0~±1999) mV(自动极性显示)。精度：pH挡±0.01，mV挡±1 mV；零点漂移pH≤0.01/2 h。

PHS-3C型酸度计是以玻璃电极为指示电极，甘汞电极为外参比电极，与待测溶液组成如下原电池：Ag|AgCl|内缓冲溶液|内水化层|玻璃膜|外水化层|待测溶液|饱和甘汞电极，此电池的电动势的表达式为：

$$E = E^{\theta} + 2.303\frac{RT}{F}\text{pH}$$

式中E^{θ}为常数。当待测溶液的pH值发生变化时，电池的电动势E也随之而变。在一定温度范围内，pH与E呈线性关系。为了方便操作，现在pH计普遍使用由两种以上电极组合而成的单支复合电极。PHS-3C型酸度计见图2-13-1。

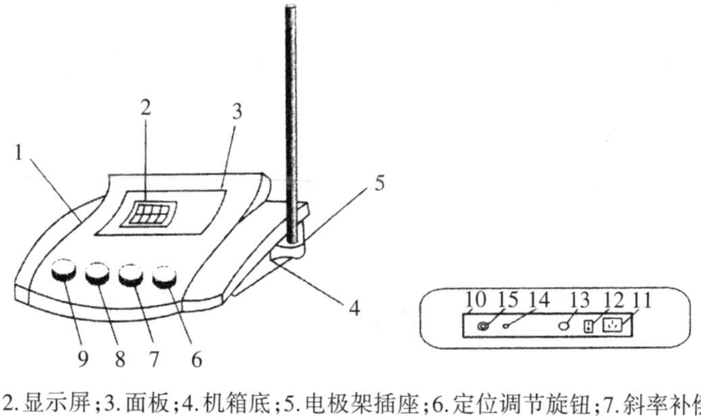

1.机箱外壳；2.显示屏；3.面板；4.机箱底；5.电极架插座；6.定位调节旋钮；7.斜率补偿调节旋钮；8.温度补偿调节旋钮；9.选择开关旋钮；10.仪器后面板；11.电源插座；12.电源开关；13.保险丝；14.参比电极接口；15.测量电极插座

图2-13-1　PHS-3C型酸度计

一、仪器的操作步骤

(1)开机前的准备。

①将复合电极插入测量电极插座,调节电极夹至适当的位置。

②小心取下复合电极前端的电极套,用去离子水清洗电极后用滤纸吸干。

(2)打开电源开关,仪器通电预热半小时以上。

(3)仪器的标定。

①将选择开关旋钮旋至pH挡。调节温度补偿调节旋钮,使旋钮上的白线对准溶液温度值。把斜率补偿调节旋钮顺时针旋到底(旋到100%位置)。

②将清洗过的电极插入pH=6.86的缓冲溶液中,调节定位调节旋钮,使仪器显示读数与该缓冲溶液在当时温度下的pH值一致。

③用去离子水清洗电极后再插入pH=4.00(或pH=9.18)的标准缓冲溶液中,调节斜率补偿调节旋钮,使仪器的显示读数与该缓冲溶液在当时温度下的pH值一致。

④重复(2)、(3)操作,直至不用再调节定位调节旋钮或斜率补偿调节旋钮为止。

注意:仪器经以上标定后,定位调节旋钮和斜率补偿调节旋钮不可再变动。

(4)测定:用去离子水清洗电极并用滤纸吸干。将电极浸入待测溶液,显示屏上的读数即为待测溶液的pH值。

二、注意事项

(1)玻璃电极的插座口必须保持清洁,不使用时应将接触器插入,以防灰尘污染和湿气浸入。

(2)新玻璃电极在使用前需要用蒸馏水浸泡24小时。若发现玻璃电极球泡有裂纹或老化,应更换新电极。

(3)测量时,电极的引入导线须保持静止,否则会引起测量不稳定。

(4)用缓冲溶液标定仪器时,要保证缓冲溶液的可靠性,否则会导致误差。

第十四节　旋光仪

某些物质在平面偏振光线通过它们时能将偏振光的振动面旋转一个角度,物质的这种性质称为旋光性,转过的角度称为旋光度,记作α。使偏振光的振动面向左旋的物质称为左旋物质，使偏振光的振动面向右旋的物质称为右旋物质。因此通过测定物质旋光度的方向和大小，可以鉴定物质。许多物质具有旋光性，如石英晶体、酒石酸晶体，蔗糖、葡萄糖、果糖的溶液等。旋光物质的旋光度与旋光物质的性质、测定温度、光经过物质的厚度、光源波长等因素有关，若待测物质是溶液，当光源波长、温度、厚度恒定时，其旋光度与溶液的浓度成正比。通常用旋光仪测定旋光度。

一、旋光仪的构造和测试原理

普通光源发出的光称为自然光，其光波在垂直于传播方向的一切方向上振动。如果我们借助某种方法而获得只在一个方向上振动的光，这种光线称为偏振光。旋光仪的主体尼科尔棱镜就能起到这样的作用。

尼科尔棱镜是由两块方解石直角棱镜组成。棱镜两个锐角为68°和22°，两棱镜的直角边用加拿大树胶黏合起来，见图2-14-1。当一束自然光S沿平行于*AC*的方向射入端面*AB*后，由于方解石晶体的双折射特性，这束自然光就被折射成两束振动方向互相垂直的偏振光。其中一束偏振光O遵守折射定律，称为寻常光线。另一束偏振光e不遵守折射定律，称为非寻常光线。由于寻常光线O在直角棱镜中的折射率(1.658)大于在加拿大树胶中的折射率(1.550)，因此寻常光线O在第一块直角棱镜与加拿大树胶交界面上发生全反射，被棱镜的涂黑的表面所吸收。非寻常光线e在直角棱镜中的折射率小于在加拿大树胶中的折射率，不产生全反射现象，故能透过加拿大树胶和第二块棱镜，从端面*CD*射出，而获得一束单一的平面偏振光。在旋光仪中，产生偏振光的棱镜被称为起偏镜。

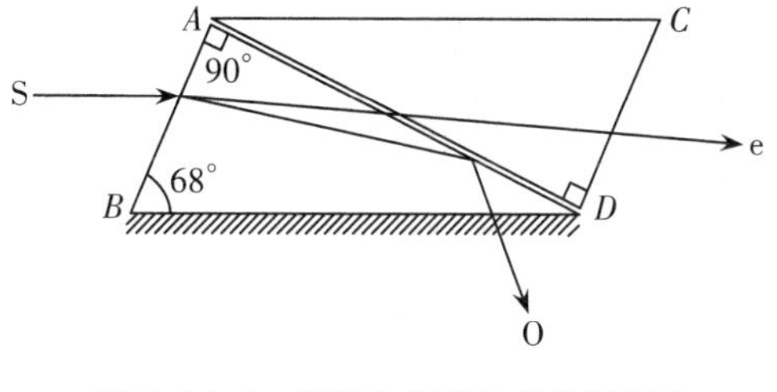

图2-14-1 尼科尔棱镜的起偏原理图

在旋光仪中还设计了第二个尼科尔棱镜，其作用是检查偏振光经过旋光物质后，其振动方向偏转角度的大小，称为检偏镜。它和旋光仪的刻度盘装在同一轴上，能随之一起转动。假设一束光线经过起偏镜后，所得到的偏振光沿*OA*方向振动(见图2-14-2)。由于检偏镜只允许沿某一方向振动的偏振光通过，设图2-14-2中的*OB*为检偏镜所允许通过的偏振光的振动方向。*OA*和*OB*间的夹角为θ，振幅为E的沿*OA*方向振动的偏振光可分解为相互垂直的两束平面偏振光，振幅分别为$E\cos\theta$和$E\sin\theta$，其中只有与*OB*相重合的分量$E\cos\theta$可以通过检偏镜，而与*OB*垂直的分量$E\sin\theta$则不能通过。由于光的强度I正比于光的振幅的平方，显然，当$\theta=0°$时，$E\cos\theta=E$，透过检偏镜的光最强，当$\theta=90°$时$E\cos\theta=0$，此时没有偏振光通过检偏镜。旋光仪就是利用透光的强弱来测定旋光物质的旋光度的。

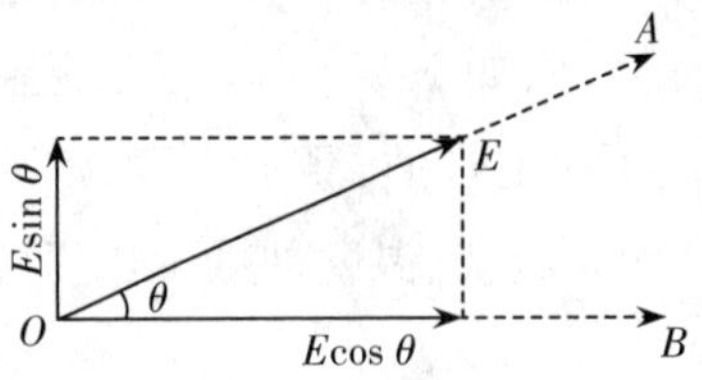

图2-14-2　检偏镜原理图

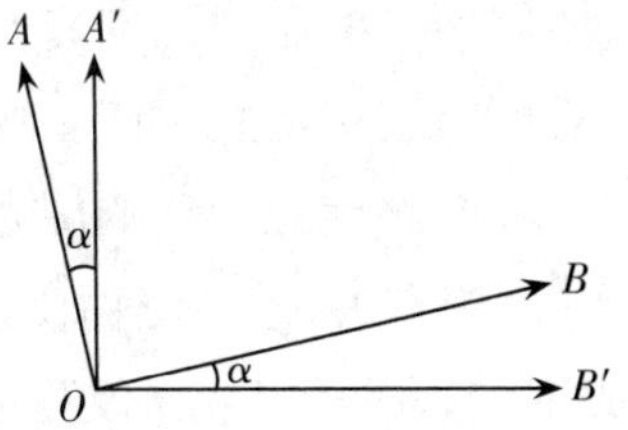

图2-14-3　物质的旋光作用

在旋光仪中,起偏镜是固定的,如果调节检偏镜使得θ=90°,则检偏镜前观察到的视场呈黑暗。如果在起偏镜和检偏镜之间放一根盛有旋光性物质的样品管,由于物质的旋光作用,使OA偏转一个角度α(见图2-14-3),这样在OB方向上就有一个分量,所以视场不呈黑暗。当旋转检偏镜时,刻度盘随同转动,其旋转的角度可从刻度盘上读出。

由于人的视力对鉴别二次全黑的误差较大(可差4°~6°),因此设计了一种三分视野(也有二分视野)装置来提高测量的精密度。三分视野的装置和原理如下:在起偏镜后的中部装一个狭长的石英片,其宽度约为视野的1/3。由于石英片具有旋光性,从石英片中透过的那一部分偏振光被旋转了一个角度ϕ,称为“半暗角”。如果OA和OB开始是重合的,此时从望远镜视野中将看到透过石英的那部分光稍暗,两旁的光很强。见图2-14-4(a),图中OA'是透过石英片后偏振光的振动方向。旋转检偏镜使OB与OA'垂直,则OA'方向上振动的偏振光不能透过检偏镜,因此,视野中央是黑暗的,而石英片两边的偏振光OA由于在OB方向上有一个分量ON,因而视野两边稍亮,见图2-14-4(b)。同理,调节OB与OA垂直,则视野两边黑暗,中间稍亮,见图2-14-4(c)。如果调节OB与半暗角的分角线PP'垂直或重合,则OA与OA'在OB上的分量ON和ON'相等,因此,视野中三个区明暗程度相同,此时三分视野消失,见图2-14-4(d)、(e)。根据三分视野的概念,可用如下方法来测定物质的旋光度:在样品管中充满无旋光性的蒸馏水,调节检偏镜的角度(OB与PP'垂直)使三分视野消失,将此时的角度读数作为零点,再在样品管中换待测试样,由于OA与OA'方向的偏振光都被转了一个角度α,必须使检偏镜也相应地旋转一个角度α,才能使OB与PP'重新垂直,三分视野再次消失,这个α即为待测物质的旋光度。

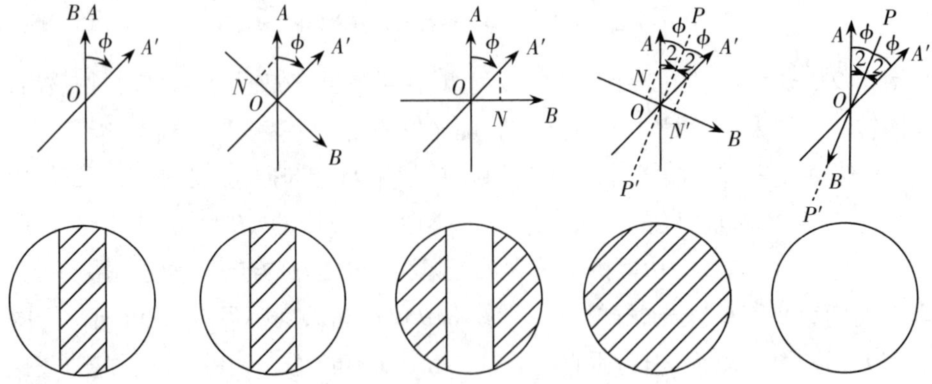

图2-14-4　旋光仪的测量原理图

应当指出，如将 OB 再顺时针转过 $90°$，使 OB 与 PP' 重合，此时三分视野虽然也消失，但因整个视野太亮，不利于判断三分视野是否消失，所以总是选取 OB 与 PP' 垂直的情况作为测量旋光度的标准。

旋光度与温度有关，若在旋光仪的样品管外配置一恒温夹套，通以恒温水，则可测量指定温度下的旋光度。

光源的波长通常采用钠灯D线（589 nm）。

旋光仪的纵断面图见图2-14-5。

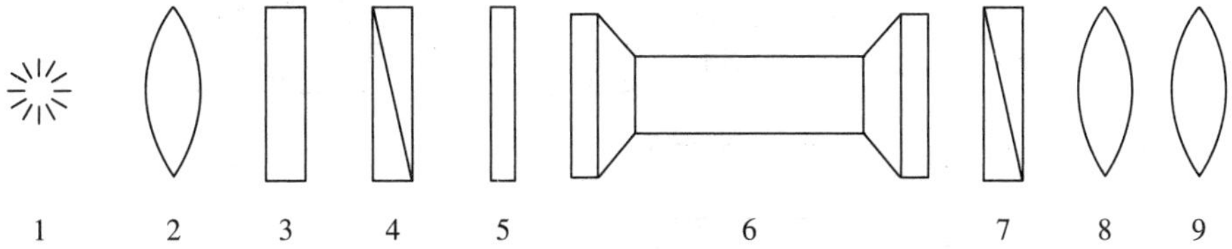

1. 钠灯；2. 透镜；3. 滤光片；4. 起偏镜；5. 石英片；6. 样品管；7. 检偏镜；8，9. 望远镜

图2-14-5　旋光仪的纵断面图

二、使用方法

（1）接通电源（220 V），打开钠灯，待2~3 min光源稳定后，调节目镜焦距，使三分视野清晰。

（2）校正仪器零点，待样品管中充满蒸馏水（无气泡）后，旋转检偏镜，使三分视野消失，记下角度值，即为仪器零点，用以校正系统误差。

（3）在样品管中装入试样，旋转检偏镜，使三分视野消失，读取角度值，将其减去仪器零点值，即为待测物质的旋光度。

（4）测定完毕后，关闭电源，将样品管洗净擦干，放入盒内。

第十五节　分光光度计

分光光度计是利用分光附件（如棱镜或光栅等）进行分光，通过测量在特定波长处或一定波长范围内光的吸收度，对物质进行定性或定量分析的仪器。测量范围一般包括波长范围为400~760 nm的可见光区和波长范围为200~400 nm的紫外光区。不同的光源都有其特有的发射光谱，因此可采用不同的发光体作为仪器的光源。

一、721W型可见分光光度计性能和结构

721W型可见分光光度计是在可见光谱区域内使用的一种单光束型仪器，其工作波长范围是360~800 nm，以钨丝白炽灯为光源。其仪器的结构示意图、面板功能图和光学系统图分别见图2-15-1、2-15-2和2-15-3。

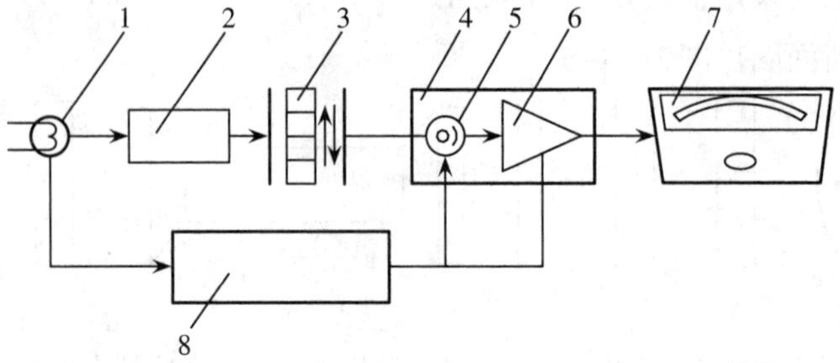

1.光源；2.单色器；3.吸收池；4.光电管暗盒；5.光电管；6.放大器；7.微安表；8.稳压器

图2-15-1　721 W型分光光度计结构示意图

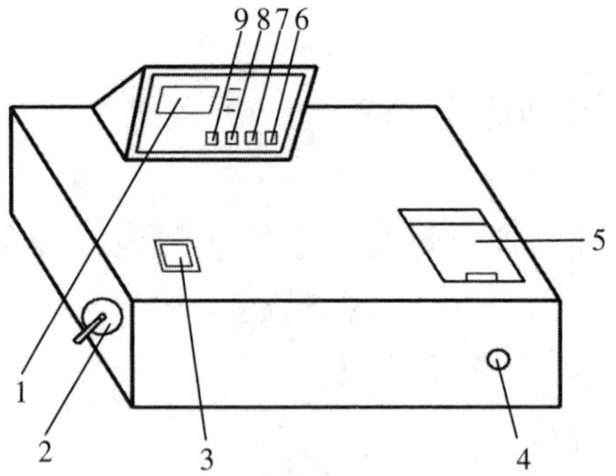

1.数显窗；2.波长手轮；3.波长指示窗；4.试样槽拉杆；5.试样室盖；6.TAC键；7.正向置数键；8.反向置数键；9.复位键

图2-15-2　721 W型分光光度计面板功能图

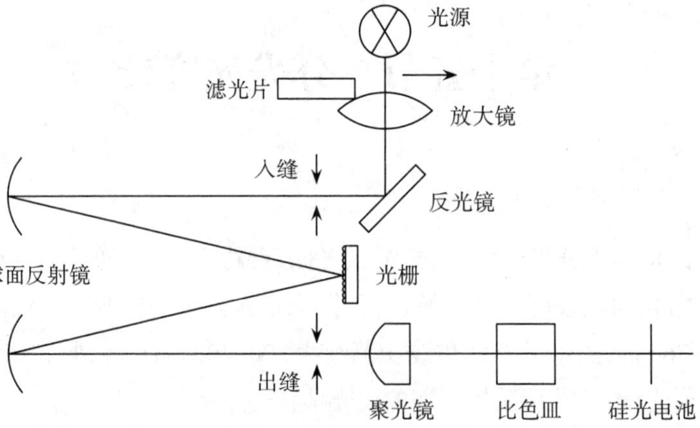

图2-15-3　721 W型分光光度计的光学系统图

二、仪器的操作步骤

1. 准备工作

(1)转动波长手轮,使波长指示窗显示所需波长数。

(2)打开试样室盖。

(3)开启电源,仪器自动调暗电流旋钮,使电表指零。

(4)关闭试样室盖,推动试样槽拉杆使1号试样槽进入光路,仪器自动调透光度100%。

(5)预热30 min。

2. 透光度 T 的测定

(1)按TAC键,使"T"指示灯亮。

(2)打开试样室盖,仪器自动调暗电流旋钮,使电表指零。

(3)将参比溶液放入1号试样槽,将待测溶液放入其他试样槽。

(4)关闭试样室盖,使1号试样槽进入光路,仪器自动调透光度100%。

(5)拉动拉杆,使待测溶液进入光路,数显窗读数为待测溶液透光度值。

3. 吸光度 A 的测量

(1)按透光度测定步骤(1)~(5)操作。

(2)按TAC键使"A"指示灯亮,数显窗读数即为待测溶液吸光度值。

4. 浓度 c 的测量

(1)按TAC键,使"T"指示灯亮。

(2)打开试样室盖,仪器自动调暗电流为零。

(3)将参比溶液放入1号试样槽,将自己配制的标准样品溶液和待测溶液放入其他试样槽(建议标准样品溶液的吸光度在0.2~0.7范围内选取)。

(4)关闭试样室盖,使1号试样槽进入光路,仪器自动调透光度100%,数显窗读数为"100.0"。

(5)拉动试样槽拉杆使标准样品溶液进入光路,按TAC键,使"c"指示灯亮。

(6)按正向置数键(+)、反向置数键(-)键输入标准样品溶液浓度值,同时按此二键可改变小数点位置,再按TAC键。

(7)拉动试样槽拉杆使待测溶液进入光路,数显窗读数为待测溶液的浓度值。

三、注意事项

(1)如果改变测量波长或调换参比溶液,必须重新调暗电流,调透光度100%。

(2)改变波长后,如发现仪器在该波长处的光能量大于150.0或数显窗显示“3”,可调节光强旋钮。

(3)连续测定时间过长,会造成读数漂移,因此每次读数后应随手打开试样室盖。

第十六节　电极和盐桥

电化学中通常会用到电极和盐桥。电极一般指与电解质溶液发生氧化还原反应的位置,电极有正负之分,一般正极为阴极,获得电子,发生还原反应,负极则为阳极,失去电子,发生氧化反应。电极可以是金属或非金属,只要能够与电解质溶液交换电子,即可成为电极。盐桥常出现在原电池中,是为了减小液接电位、转移离子而连接在两种溶液之间的高浓度电解质溶液,大多是由琼脂和饱和氯化钾或饱和硝酸钾溶液构成的。

一、玻璃电极

玻璃电极是对氢离子活度有选择性响应的电极,其结构见图2-16-1。它的主要部分是一个玻璃泡,泡的下半部分为特殊材料组成的玻璃膜(摩尔分数约为 $x_{Na_2O}=22\%$,$x_{CaO}=6\%$,$x_{SiO_2}=72\%$)。膜厚为30~100 μm。在玻璃泡中装有pH一定的溶液(内参比溶液,或称为内部溶液,通常为0.1 mol·L^{-1} HCl溶液),插入一根银-氯化银电极作为内参比电极。

使用前,干玻璃电极要在水中浸泡24小时,使用时将玻璃电极插入待测溶液中。若用已知pH值的溶液标定有关常数,则可由测得的玻璃电极电位求得待测溶液的pH值。

玻璃电极的高电阻易受到周围交流电场的干扰,如发生静电感应。为消除干扰,一般在电极引线外装网状金属屏蔽线。玻璃电极不易中毒,不易受溶液中氧化剂、还原剂及毛细管活性物质(如蛋白质)的影响,可以在浑浊、有色或胶体溶液中使用。缺点是易碎和电阻高。

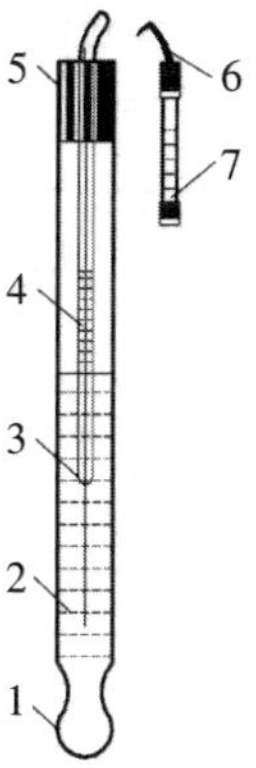

1.玻璃膜；2.玻璃外壳；3.0.1 mol·L^{-1} HCl溶液；4.银-氯化银电极；5.绝缘套；6.电极引线；7.电极插头

图2-16-1　pH计玻璃电极

二、甘汞电极

甘汞电极结构简单、性能比较稳定，是实验室中常用的参比电极。目前，作为商品出售的有单液接和双液接两种，它们的结构见图2-16-2。

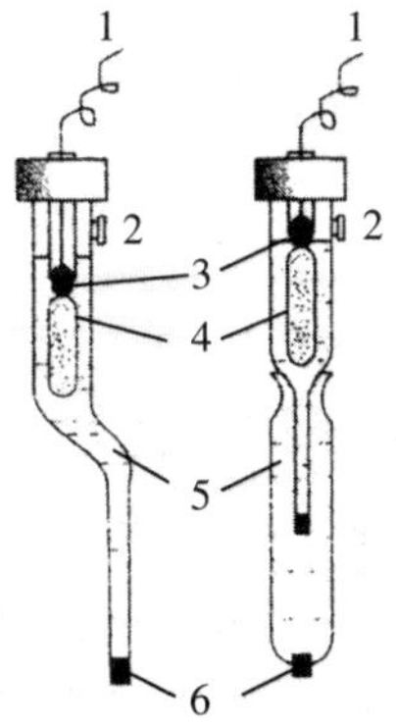

1.导线；2.加液口；3.汞；4.甘汞；5.KCl溶液；6.素瓷塞

图2-16-2　甘汞电极

甘汞电极是用甘汞(Hg_2Cl_2)、金属汞、KCl溶液制备而成的，其电极反应为：

$$Hg_2Cl_2(s)+2e^- = 2Hg(l)+2Cl^-(aq)。$$

甘汞电极的电极电位随温度和KCl溶液的浓度变化而变化，表2-16-1列出了不同浓度KCl溶液下甘汞电极的电极电位与温度的关系。其中，在25 ℃饱和KCl溶液中的甘汞电极是最常用的，此时的电极称为饱和甘汞电极(SCE)，其尾端的素瓷塞或多孔玻璃与指示电极相连。

表2-16-1　不同浓度KCl溶液下的甘汞电极电极电位与温度的关系

KCl溶液浓度/($mol·L^{-1}$)	电极电位/V
0.1	$0.3337-7.0\times10^{-4}(t-25)$
1.0	$0.2801-2.4\times10^{-4}(t-25)$
饱和溶液	$0.2412-7.6\times10^{-4}(t-25)$

三、银-氯化银电极

银-氯化银电极与甘汞电极相似，都属于金属-金属难溶盐的电极。电极反应为：

$$AgCl(s)+e^-=Ag(s)+Cl^-$$

银-氯化银电极的电极电位取决于温度与氯离子活度。表2-16-2列出了25 ℃不同浓度KCl溶液中的银-氯化银电极的电极电位。

表2-16-2　25 ℃银-氯化银电极的电极电位(对SHE)

KCl溶液浓度/($mol·L^{-1}$)	电极电位/V
0.1	0.2880
1.0	0.2223
饱和溶液	0.2000

标准银-氯化银电极在温度t的电极电位为：$[0.2223-6.0\times10^{-4}(t-25)]$V。

制备银-氯化银电极的方法很多。较简便的方法是取一根洁净的银丝与一根铂丝，插入0.1 $mol·L^{-1}$的盐酸溶液中，外接直流电源和可调电阻进行电镀。控制电流密度为5 $mA·cm^{-2}$，通电时间约5 min，在作为阳极的银丝表面即镀上一层AgCl。用去离子水洗净，为防止AgCl层因干燥而剥落，可将其浸在适当浓度的KCl溶液中，保存待用。

银-氯化银电极的电极电位在高温下比甘汞电极稳定。但AgCl是光敏性物质，见光易分解，故应避免强光照射。当黑色微粒银析出时，氯化银将略呈紫黑色。

四、盐桥

盐桥的作用是减小原电池的液体接界电势。常用盐桥的制备方法如下：

在烧杯中配制一定量的KCl饱和溶液，再按溶液质量的1%称取琼脂粉浸入溶液中，用水浴加热并不断搅拌，直至琼脂全部溶解。随后用吸管将其灌入U形管中(注意：U形管中不可有气泡)，待冷却后凝成冻胶即制备完成。将此盐桥浸于饱和KCl溶液中，保存待用。

盐桥内除用KCl溶液外，也可用其他正负离子的电迁移率接近的盐类溶液，如KNO_3、NH_4NO_3等溶液。具体选择时应防止盐桥中离子与原电池溶液中的物质发生反应。

第三章

基础实验

实验一　粗盐的提纯

粗盐为海水或盐井、盐池、盐泉中的盐水经煎晒而成的结晶，即天然盐，是未经加工的大粒盐。在氯碱工业中，粗盐中含有的杂质会降低电解槽隔膜的使用寿命、增加能耗、存在安全隐患。因此，需要除去粗盐中的杂质，得到精制食盐。精制食盐在医药领域、工业、农业以及人类的生命活动中都有重要作用。

一、实验目的

1. 学习利用沉淀法进行物质分离与提纯的思路和方法，掌握粗盐提纯的基本原理。
2. 掌握溶解、过滤、蒸发、结晶等基本操作。
3. 了解Ca^{2+}、Mg^{2+}、SO_4^{2-}的定性检验。

二、预习要点

1. 粗盐中的主要杂质。
2. 利用化学沉淀法除杂时，选择沉淀剂的原则。

三、实验原理

工业或医药领域用于配制生理盐水的NaCl都是以粗盐为原料提纯的。粗盐中常含有K^+、Ca^{2+}、Mg^{2+}、SO_4^{2-}等可溶性杂质离子，还含有泥沙等不溶性杂质。

不溶性的杂质可用溶解、过滤方法除去。可溶性的Ca^{2+}、Mg^{2+}、SO_4^{2-}杂质离子，可采用化学法，选用合适的化学试剂，使之转化为沉淀除去。通常是先在粗盐溶液中加入稍过量的$BaCl_2$溶液，生成$BaSO_4$沉淀。

$$SO_4^{2-}+BaCl_2=BaSO_4\downarrow+2Cl^-$$

过滤除去$BaSO_4$沉淀后，在滤液中加入NaOH溶液和Na_2CO_3溶液。Ca^{2+}、Mg^{2+}和过量的Ba^{2+}离子转化为沉淀。

$$Ca^{2+}+CO_3^{2-}=CaCO_3\downarrow$$

$$2Mg^{2+}+2OH^-+CO_3^{2-}=Mg_2(OH)_2CO_3\downarrow$$

$$Ba^{2+}+CO_3^{2-}=BaCO_3\downarrow$$

过滤除去沉淀后，再向所得滤液中加入盐酸除去过量的Na_2CO_3。粗盐中所含的K^+离子与上述沉淀剂不起作用，仍留在滤液中。由于KCl的溶解度比NaCl的大，在蒸发浓缩粗盐滤液时，NaCl结晶析出，KCl仍留在母液中而被除掉。

四、实验用品

1. 实验试剂

粗盐(s)、HCl溶液($6\ mol\cdot L^{-1}$)、$BaCl_2$溶液($1\ mol\cdot L^{-1}$)、NaOH溶液($2\ mol\cdot L^{-1}$)、Na_2CO_3溶液(饱和)。

2. 实验材料和仪器

分析天平、烧杯、量筒、玻璃棒、酒精灯、漏斗、布氏漏斗、抽滤瓶、循环水真空泵、蒸发皿、石棉网、滤纸、pH试纸、洗瓶。

五、实验步骤

1. 粗盐的溶解

称取4.0 g粗盐于100 mL烧杯中，加20 mL去离子水(控制加水量，否则蒸发时间过长)，加热搅拌使粗盐溶解。

2. SO_4^{2-}的去除

加热溶液至近沸，边搅拌边滴加1~2 mL $1\ mol\cdot L^{-1}$的$BaCl_2$溶液，继续加热5 min，使沉淀颗粒增大。为检验沉淀是否完全，将烧杯从石棉网上取下，待沉淀沉降后，沿烧杯壁在上层清液中加2滴$1\ mol\cdot L^{-1}$ $BaCl_2$溶液。如果出现混浊，说明SO_4^{2-}离子尚未除尽，需继续滴加$BaCl_2$溶液以除去剩余的SO_4^{2-}离子，直至上层清液在滴加$BaCl_2$溶液后，不再变混浊为止。过滤，弃去沉淀。

3. Ca^{2+}、Mg^{2+}及过量Ba^{2+}的去除

将所得滤液加热至近沸，边搅拌边滴加1~2 mL NaOH溶液和适量Na_2CO_3溶液，直至不产生沉淀，静置。在上层清液中，加入几滴Na_2CO_3溶液，如果出现混浊，表示Ba^{2+}等杂质未除尽，需在原溶液中继续加Na_2CO_3溶液，直至Ba^{2+}等杂质除尽为止。抽滤，弃去沉淀。

4. 过量CO_3^{2-}和OH^-的去除

在滤液中逐滴加入$6\ mol\cdot L^{-1}$HCl溶液，直至溶液的pH值为3~4(用pH试纸检查)。

5. 蒸发浓缩、干燥

把溶液倒入蒸发皿中，用小火蒸发浓缩到原体积的1/4(至稠粥状)，冷却结晶，减压抽滤，弃去滤液。把NaCl晶体转移到蒸发皿上，在石棉网上用小火烘干。冷却后称量，计算产率。

六、实验记录和数据处理

粗盐质量：__________g

$BaCl_2$溶液的用量：__________mL

Na_2CO_3溶液的用量：__________mL

NaOH溶液的用量：__________mL

HCl溶液的用量：__________mL

精制盐质量：__________g

产率：__________%

七、注意事项

减压抽滤中，需将滤纸剪成比布氏漏斗内径略小；蒸发浓缩过程中切不可将溶液直接蒸干；干燥过程中需不断搅拌。

八、拓展与思考

1. 实验过程中为什么要先加$BaCl_2$溶液，然后再加Na_2CO_3溶液，反之，是否可以？

2. K^+是在哪一步实验中被除去的？简述去除K^+的实验原理。

3. 在除杂质过程中，若加热温度高或时间较长，液面上会有晶体出现，这是什么物质？应如何操作？

九、参考文献

[1]赵新华. 无机化学实验[M].4版. 北京：高等教育出版社，2014.

[2]李华民，蒋福宾，赵云岑. 基础化学实验操作规范[M].2版. 北京：北京师范大学出版社，2010.

实验二　二氧化碳相对分子质量的测定

二氧化碳是空气中常见的化合物，常温下是一种无色无味气体，密度比空气略大，能溶于水，生成碳酸，在食品、卫生、工业、餐饮等领域中有大量应用。利用气体相对密度法测定二氧化碳相对分子质量有利于加深理解理想气体状态方程式和阿伏伽德罗定律。巩固并掌握气体发生、净化、干燥和收集的方法。

一、实验目的

1. 掌握利用气体相对密度法测定气体相对分子质量的原理和方法。
2. 练习使用启普发生器和气体净化、干燥和收集的操作。
3. 进一步练习使用托盘天平和分析天平。

二、预习要点

1. 理想气体状态方程式和阿伏伽德罗定律。
2. 启普发生器的使用方法，气体净化、干燥和收集的方法。

三、实验原理

（1）根据阿伏伽德罗定律，同温同压下，同体积的任何气体含有相同数目的分子。因此，在同温同压下，同体积的两种气体的质量之比等于它们的相对分子质量之比，即 $M_1/M_2=m_1/m_2=d$。

（2）同温同压下，同体积的二氧化碳气体与空气（平均相对分子质量为29.0）质量之比必然等于二氧化碳的相对分子质量与空气的平均相对分子质量之比。二氧化碳的相对分子质量可按下式计算：

$$M_{co_2}=w_{co_2}\times M_{空气}/m_{空气}=d\times29.0$$

（3）空气质量的求算：根据实验时的大气压（P）和温度（T），利用理想气体状态方程式，可计算出同体积的空气的质量：

$$m_{空气}=PV\times29.0/RT$$

其中空气体积V须经实验测出。

(4)二氧化碳的质量m_{CO_2}:可直接用分析天平称出。

经过以上步骤求得二氧化碳气体对空气的相对密度,从而测定二氧化碳气体的相对分子质量。

四、实验用品

1. 实验试剂

HCl溶液(工业级,6 mol·L^{-1})、$CuSO_4$溶液(工业级)、饱和$NaHCO_3$溶液、无水$CaCl_2$、大理石等。

2. 实验材料和仪器

启普发生器、锥形瓶(250 mL)、托盘天平、分析天平、温度计、气压计、橡皮管、橡皮塞等。

五、实验步骤

1. 安装装置(启普发生器及气体净化、干燥装置)

(1)装配。在球形漏斗颈部及活塞处均应涂上凡士林,插好球形漏斗和玻璃旋塞,转动几次,使装配严密。

(2)检查气密性。开启玻璃活塞,从球形漏斗口注水至充满半球体时,关闭玻璃活塞。继续加水,待水从漏斗管上升到漏斗球体内,停止加水。在水面处做一个记号,静置片刻,如水面不下降,证明不漏气,可以使用。

(3)加试剂。在葫芦状容器的狭窄处垫一些玻璃棉,再加入块状或较大颗粒的固体试剂后,装上气体导管。固体量不可太多,以不超过中间球体容积的1/3为宜。液体从球形漏斗中加入,通过调节气体导管上的活塞,可控制气体流速。

(4)发生气体。使用时,打开活塞即可。停止使用时,关闭气体导管的活塞,气体的压力使液体与固体分离,反应停止发生;打开活塞,气体又重新产生。

(5)添加或更换试剂。发生器中的酸液长久使用会变稀。换酸液时,可先用塞子将球形漏斗上口紧塞并关上气体导管口,然后把液体出口的塞子拔下,让废液流出,将葫芦状容器洗净,再塞紧塞子,向球形漏斗中加入酸液。需要更换或添加固体时,可把气体导管的玻璃活塞关好,让酸液压入半球体后,用塞子将球形漏斗上口塞紧,再把装有玻璃活塞的橡皮塞取下,更换或添加固体。

(6)气体的净化和干燥。为了得到较纯净的气体,酸雾可用水和玻璃棉除去;水汽可用浓硫酸、无水 $CaCl_2$ 或硅胶吸收(也可用硫酸铜溶液和碳酸氢钠溶液分别代替水和玻璃棉)。一般情况下使用洗气瓶、干燥塔、U形管或干燥管等仪器进行净化或干燥。液体装在洗气瓶内,无水 $CaCl_2$ 和硅胶装在干燥塔或U形管或干燥管内。

2. 气体产生的装置

按图3-2-1要求连接好二氧化碳气体的发生和净化装置。

取一个洁净而干燥的锥形瓶,选一个合适的橡皮塞塞入瓶口,在塞子上做一个记号,以固定塞子塞入瓶口的位置。在分析天平上称出(空气+瓶+塞子)的质量。从启普发生器产生的二氧化碳气体,通过 $CuSO_4$ 溶液、饱和 $NaHCO_3$ 溶液,以及无水 $CaCl_2$,经过净化和干燥后,导入锥形瓶内。2~3 min后,用燃着的火柴在瓶口检查二氧化碳气体已充满后,慢慢取出导气管,用塞子塞住瓶口(应注意塞子是否在原来塞入瓶口的位置上)。在分析天平上称出(二氧化碳气体+瓶+塞子)的质量。重复通入二氧化碳气体和称量的操作,直到前后两次(二氧化碳气体+瓶+塞子)的质量相符为止(两次质量相差不超过2 mg)。这样做是为了保证瓶内的空气已完全被排出并充满了二氧化碳气体。最后在瓶内装满水,塞好塞子(注意塞子的位置),在托盘天平上称重,精确至0.1 g。

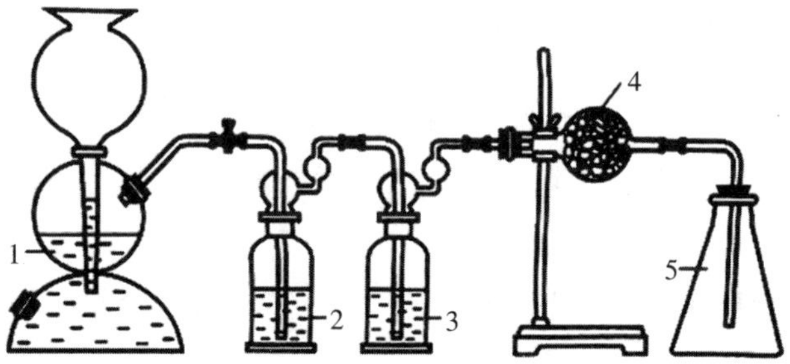

1.石灰石+稀盐酸;2.$CuSO_4$溶液;3.饱和 $NaHCO_3$ 溶液;4.无水 $CaCl_2$;5.锥形瓶

图3-2-1　制取二氧化碳气体装置图

六、数据记录和结果处理

室温 t(℃):__________,T(K):__________

气压 P(Pa):__________

(空气+瓶+塞子)的质量 m_A:__________g

(二氧化碳气体+瓶+塞子)的质量 m_B:__________g

(水+瓶+塞子)的质量 m_C:__________g

瓶的容积 $V=(m_C-m_A)/1.00$:__________mL

瓶内空气的质量 $m_{空气}=29.0\times PV/RT$:__________g

瓶和塞子的质量 $m_D=(m_A-m_{空气})$:__________g

二氧化碳气体的质量 $m_{CO_2}=(m_B-m_D)$:__________g

二氧化碳的相对分子质量$M_{CO_2}=\frac{m_{CO_2}\times M_{空气}}{m_{空气}}$:__________

误差$E_r=\frac{M_{测}-M_{理论}}{M_{理论}}\times 100\%$:__________

七、注意事项

1. 保证锥形瓶的洁净和干燥。

2. 通二氧化碳气体时，导管一定要伸入锥形瓶底，保证二氧化碳气体充满锥形瓶，抽出时应缓慢向上移动，并在瓶口处停留片刻。检验二氧化碳气体是否充满时，火柴应放在瓶口处。

3. 每次塞子塞入瓶口的位置相同。

4. 测量数据的相对误差不允许太大(0.5%)，并进行误差讨论。

八、拓展与思考

1. 本实验可否用纯试剂$CaCO_3$代替工业大理石制备二氧化碳?

2. 为什么称量二氧化碳时必须使用分析天平，而确定二氧化碳体积时却使用托盘天平称量?

3. 为什么计算锥形瓶的容积时可以忽略空气的质量，而计算二氧化碳气体的质量时却不能忽略?

4. 哪些物质可用此方法测定相对分子质量?哪些物质不可以?为什么?

九、参考文献

[1]李华民，蒋福宾，赵云岑．基础化学实验操作规范[M].2版．北京：北京师范大学出版社，2010.

[2]赵新华．无机化学实验[M].4版．北京：高等教育出版社，2014.

[3]赵慧春，申秀民，张永安．大学基础化学实验[M].北京：北京师范大学出版社，2008.

实验三 化学反应速率常数与活化能的测定

反应速率常数是化学反应速率的量化表示方式，表示参加反应的各物质都处于单位浓度时的反应速率，是化学动力学的重要物理量。除反应物的性质外，温度和催化剂将影响反应速率的大小。

活化能是分子从常态转变为容易发生化学反应的活跃状态所需要的能量，是一个化学反应所需克服的能量壁垒。活化能越低，反应速率越快。催化剂能降低反应的活化能，加快化学反应速率。

通过控制实验条件，测定某化学反应的速率，根据反应速率方程，可求得反应速率常数和活化能。

一、实验目的

1. 了解反应物浓度、温度和催化剂对反应速率的影响。
2. 学习反应级数的实验测定方法，测定$(NH_4)_2S_2O_8$与KI反应的反应速率。
3. 通过测定化学反应速率，计算化学反应的活化能。

二、预习要点

1. $(NH_4)_2S_2O_8$氧化KI的反应速率方程；活化能与反应速率常数之间的关系。
2. 影响化学反应速率常数的因素。
3. 测化学反应初始速率的方法。

三、实验原理

在水溶液中$(NH_4)_2S_2O_8$氧化KI的反应如下：

$$(NH_4)_2S_2O_8+3KI=(NH_4)_2SO_4+K_2SO_4+KI_3$$

$$\text{或}\ S_2O_8^{2-}+3I^-=2SO_4^{2-}+I_3^- \qquad (1)$$

在一定温度条件下，其反应的平均速率可以表示为：

$$v=\frac{-\Delta[S_2O_8^{2-}]}{\Delta t}=k[S_2O_8^{2-}]^m[I^-]^n$$

为了测定反应速率，我们必须测定在Δt时间内$S_2O_8^{2-}$浓度的变化。我们用淀粉做指示剂。在过二硫酸铵与碘化钾两种溶液混合前，先加入一定体积已知浓度的硫代硫酸钠溶液和淀粉溶液，由反应(1)释放的I_3^-立即与$Na_2S_2O_3$溶液反应生成无色的$S_4O_6^{2-}$和I^-，反应如下：

$$2S_2O_3^{2-}+I_3^- = S_4O_6^{2-}+3I^- \quad (2)$$

反应(2)的反应速率比反应(1)快得多。当$Na_2S_2O_3$耗尽时，由反应(1)生成的I_2立即与淀粉作用，使溶液呈蓝色。

由反应(1)和(2)可知，$S_2O_8^{2-}$减少的量为$S_2O_3^{2-}$减少量的一半，所以：

$$\Delta[S_2O_8^{2-}]=\frac{\Delta[S_2O_3^{2-}]}{2}$$

由于在Δt内$Na_2S_2O_3$完全耗尽，所以$\Delta[S_2O_3^{2-}]$就是$Na_2S_2O_3$的起始浓度。实验时，记录从反应开始到溶液出现蓝色所用的时间Δt，由$v=\frac{-\Delta[S_2O_8^{2-}]}{\Delta t}$求得反应速率。

实验证明反应(1)的速率为：

$$v=\frac{-\Delta[S_2O_8^{2-}]}{\Delta t}=k[S_2O_8^{2-}]^m[I^-]^n$$

对$v=k[S_2O_8^{2-}]^m[I^-]^n$两边取对数，可得：

$$\lg v=\lg k+m\lg[S_2O_8^{2-}]+n\lg[I^-]$$

当$[I^-]$不变时，以$\lg v$对$\lg[S_2O_8^{2-}]$作图，得一直线，斜率m为相对于$[S_2O_8^{2-}]$的反应级数。同理当$[S_2O_8^{2-}]$不变时，以$\lg v$对$\lg[I^-]$作图，得一条直线，其斜率n为相对于$[I^-]$的反应级数。根据m、n可计算出反应(1)的总级数$(m+n)$。同样根据m和n，由速率方程式$v=k[S_2O_8^{2-}]^m[I^-]^n$可求得一定温度下反应速率常数$k$。

当浓度不变，温度变化时，根据阿伦尼乌斯公式可知：

$$\lg k=A-\frac{E_a}{2.303RT}$$

温度对反应速率的影响可定量描述。根据$\lg k=A-\frac{E_a}{2.303RT}$求得不同温度下的$k$值，以$\lg k$对$\frac{1}{T}$作图，可以得一条直线，由斜率$(-\frac{E_a}{2.303R})$求出反应的活化能$E_a$。式中$A$为本反应的特征常数，$R$为气体常数，$T$为绝对温度，$E_a$为反应的活化能。

四、实验用品

1. 实验试剂

$0.2\ mol\cdot L^{-1}(NH_4)_2S_2O_8$溶液、$0.2\ mol\cdot L^{-1}KI$溶液、$0.01\ mol\cdot L^{-1}Na_2S_2O_3$溶液、$0.2\ mol\cdot L^{-1}$

KNO_3溶液、0.02 mol·$L^{-1}$$Cu(NO_3)_2$溶液、0.2 mol·$L^{-1}$$(NH_4)_2SO_4$溶液、0.2%淀粉溶液。

2. 实验材料和仪器

50 mL锥形瓶、10 mL量筒、10 mL吸量管、试管、烧杯、温度计、秒表、水浴锅。

五、实验步骤

1. 浓度对化学反应速率的影响

取4支10 mL吸量管分别移取10.00 mL 0.2 mol·L^{-1} KI溶液、7.50 mL 0.2 mol·L^{-1} $(NH_4)_2SO_4$溶液、4.00 mL 0.01 mol·L^{-1} $Na_2S_2O_3$溶液和0.2%淀粉溶液2.00 mL置于50 mL锥形瓶中，然后量取2.50 mL 0.2 mol·L^{-1} $(NH_4)_2S_2O_8$溶液，快速加到锥形瓶里，同时开启秒表，并不断摇动溶液，当溶液刚刚开始出现蓝色时，按停秒表，记录反应所需的时间及反应温度。

按上述过程完成表3-3-1中2、3、4、5项的实验。

2. 温度对化学反应速率的影响

按照表3-3-1中实验4的试剂用量，将装有碘化钾、硫代硫酸钠、硝酸钾和淀粉混合溶液的烧杯和装有过二硫酸铵溶液的小烧杯，放入冰水浴中冷却，待冷却到低于10 ℃时，将过二硫酸铵溶液迅速加到碘化钾等溶液中混合，同时计时并不断搅动，当溶液刚出现蓝色时，按停秒表，记录反应所需的时间。

用同样的方法在热水浴中进行高于10 ℃的实验，记录反应所需时间。将相应实验数据记录到表3-3-2中。

3. 催化剂对化学反应速率的影响

按照实验4中的试剂用量，在碘化钾、硫代硫酸钠、硝酸钾和淀粉混合溶液加入2滴0.02 mol·L^{-1} $Cu(NO_3)_2$溶液，搅拌均匀，然后迅速加入过二硫酸铵溶液，搅动，记录反应所需的时间。

六、实验记录和数据处理

当$[I^-]$不变时（实验1、2、3），以$\lg v$对$\lg[S_2O_8^{2-}]$作图，得一条直线，其斜率为m；当$[S_2O_8^{2-}]$不变时（实验3、4、5），以$\lg v$对$\lg[I^-]$作图，得一条直线，其斜率为n，$(NH_4)_2S_2O_8$与KI反应的反应级数为$m+n$，将相应数据填入表3-3-1。

依据反应速率常数与活化能之间的关系，以lg$k$对$\frac{1}{T}$作图，可以得一条直线，由斜率($-\frac{E_a}{2.303R}$)求出反应的活化能E_a，将相应数据填入表3-3-2。

表3-3-1 浓度对化学反应速率的影响

项目		实验1	实验2	实验3	实验4	实验5
试剂用量/mL	0.2 $mol \cdot L^{-1}(NH_4)_2S_2O_8$	2.50	5.00	10.00	10.00	10.00
	0.01 $mol \cdot L^{-1}Na_2S_2O_3$	4.00	4.00	4.00	4.00	4.00
	0.2%淀粉溶液	2.00	2.00	2.00	2.00	2.00
	0.2 $mol \cdot L^{-1}KI$	10.00	10.00	10.00	5.00	2.50
	0.2 $mol \cdot L^{-1}KNO_3$	0	0	0	5.00	7.50
	0.2 $mol \cdot L^{-1}(NH_4)_2SO_4$	7.50	5.00	0	0	0
混合液中反应物的起始浓度/$mol \cdot L^{-1}$	$(NH_4)_2S_2O_8$					
	KI					
	$Na_2S_2O_3$					
Δt/s						
$\Delta[S_2O_8^{2-}]/(mol \cdot L^{-1})$						
$v=\frac{-\Delta[S_2O_8^{2-}]}{\Delta t}/(mol \cdot L^{-1} \cdot s^{-1})$						
$\lg[S_2O_8^{2-}]$						
$\lg[I^-]$						
$\lg v$						
m($S_2O_8^{2-}$反应级数)						
n(I^-反应级数)						
$k=\frac{v}{[S_2O_8^{2-}]^m[I^-]^n}$						

表3-3-2 温度对化学反应速率的影响

项目	实验4	实验6	实验7
温度/℃			
反应时间Δt/s			
反应速率$v/(mol \cdot L^{-1} \cdot s^{-1})$			
$\lg k$			
$\frac{1}{T}/K^{-1}$			
反应活化能$E_a/(kJ \cdot mol^{-1})$			

七、注意事项

在实验过程中，要迅速地将过二硫酸铵溶液加到碘化钾、硫代硫酸钠、硝酸钾和淀粉混合溶液，同时开始计时。

八、拓展与思考

1. 为什么在实验 1、2 中加入$(NH_4)_2SO_4$溶液和在实验 4、5 中加入KNO_3溶液？
2. 实验中反应一开始就有I_3^-生成，为何不与淀粉显蓝色呢？

九、参考文献

[1]李华民，蒋福宾，赵云岑. 基础化学实验操作规范[M].2 版. 北京：北京师范大学出版社，2010.

[2]徐家宁，门瑞芝，张寒琦. 基础化学实验（上册）　无机化学和化学分析实验[M]. 北京：高等教育出版社，2006.

[3]古凤才，肖衍繁，张明杰，等. 基础化学实验教程[M].2 版. 北京：科学出版社，2005.

实验四　理想气体常数的测定

理想气体常数R是表征理想气体性质的常数，是对任何气体都适用的普适常数。实际气体的R与气体种类、气体压力、所处温度等有关，但理想气体常数R对于温度不太低、压力不太大的实际气体仍可近似使用。气体常数可以通过理想气体状态方程和混合理想气体分压定律测定。

一、实验目的

1.掌握气体常数测定的原理和方法。

2.理解理想气体状态方程和混合理想气体分压定律的应用。

3.练习分析天平的使用。

4.学习测定气体体积的实验操作。

二、预习要点

1.理想气体状态方程。

2.混合理想气体分压定律。

三、实验原理

在理想气体状态方程式中:

$$PV=nRT$$

$$R=PV/(nT) \tag{1}$$

本实验通过金属镁和稀硫酸反应置换出氢气的体积来测定气体常数R的数值。反应为:

$$Mg+H_2SO_4 = MgSO_4+H_2\uparrow$$

准确称取一定质量m的镁条,使之与过量的稀硫酸作用,在一定温度和压力下测出氢气的体积。氢气的分压为实验时大气压减去该温度下水的饱和蒸气压:

$$P_{H_2}=P-P_{H_2O}$$

氢气的物质的量n可由镁条质量求得。

将以上各项数据代入(1)式中,可求得气体常数R的数值:

$$R=P_{H_2}V_{H_2}/(n_{H_2}T)$$

四、实验用品

1. 实验试剂

镁条、H_2SO_4溶液(3 mol·L^{-1})、乙醇。

2. 实验材料和仪器

分析天平、长颈漏斗、量气管（或50 mL碱式滴定管）、铁架台、砂纸、气压计、试管、铁夹、铁圈等。

五、实验步骤

1. 镁条处理和称量

取三条重0.03~0.04 g的镁条，用砂纸擦掉表面氧化膜，分别用水和乙醇漂洗，用滤纸擦干，用分析天平准确称出三份已经擦掉表面氧化膜的镁条，每份重约0.03 g。

2. 装置的组装及气密性的检验

将洗涤干净的仪器按图3-4-1进行组装，先不接反应试管，将量气管上口与大气相通，从漏斗加水，使量气管、胶管充满水，量气管水位略低于“0”刻度。上下移动漏斗，以赶尽附在量气管和胶管内壁的气泡。然后，接上反应试管，检查系统的气密性：将漏斗向上或向下移动一段距离后停下，若开始时漏斗液面有变化而后维持不变，说明系统不漏气。如果漏斗内的液面一直在变化，说明与外界相通，系统漏气，应检查接口是否严密，直至不漏气为止。

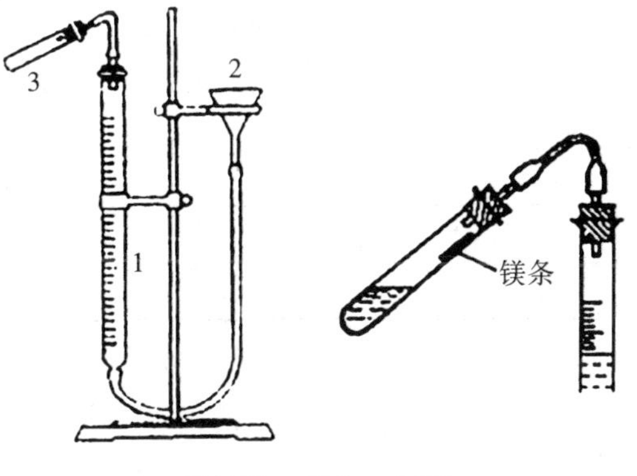

1. 量气管；2. 漏斗；3. 试管

图3-4-1　气体常数测定装置

3. 镁条和稀硫酸的加入

从装置中取下试管，调整漏斗的高度，使量气管中液面略低于“0”刻度。用量筒取3 mol·L^{-1}的H_2SO_4溶液3 mL，倒入试管中。将镁条蘸少量水后贴在没沾酸的试管内壁的上部，将试管安装好。再次检查系统的气密性。若气密性良好，移动漏斗使漏斗中液面和量气管液面处在同一水平面位置，记录液面位置。

4. 测量氢气体积

将试管底部略微抬高，使镁条与稀硫酸接触，开始反应。降低漏斗位置，使其随同量气管液面一起下降，保持量气管中液面与漏斗中液面在同一水平面位置。反应结束后，冷却，调整漏斗位置使漏斗液面和量气管液面处在同一水平面上，记录量气管液面高度，过一段时间再读一次，如果两次读数相同，表明管内温度与室温相同。记下室温和大气压数据。

取下反应试管，取另一片镁条按上述步骤重复实验两次。

六、实验记录和数据处理

表3-4-1　数据记录与结果处理

项目	实验1	实验2	实验3
镁条的质量m/g			
反应前量气管中液面读数/mL			
反应后量气管中液面读数/mL			
室温/℃			
大气压/Pa			
氢气体积/L			
室温时水的饱和蒸气压/Pa			
氢气分压/Pa			
氢气的物质的量/mol			
气体常数R			
相对误差			

七、注意事项

确保将镁条表面的氧化物用砂纸擦净；向反应试管添加稀硫酸时，切勿将酸沾在试管壁上；向反应试管中加入稀硫酸和镁条后，要再次检验装置的气密性。

八、拓展与思考

1. 如果没有擦净镁条表明的氧化膜，对实验结果有什么影响？
2. 为什么测定氢气体积时，量气管内液面要和漏斗内液面在同一水平面上？
3. 如果没有赶尽量气管中的气泡，对实验结果有什么影响？

九、参考文献

[1]赵新华.无机化学实验[M].4版.北京:高等教育出版社,2014.
[2]张梅.基础化学实验[M].北京:科学出版社,2008.
[3]马育.基础化学实验[M].北京:化学工业出版社,2009.

实验五　氧化还原反应与电极电势

氧化还原反应是化学反应前后元素的氧化数有变化的一类反应。在工农业生产、科学研究和日常生活中有着广泛的应用。自然界中的燃烧作用、呼吸作用、光合作用,生产生活中的化学电池、金属冶炼,石油化工中的催化加氢、链烃氧化制羧酸、环氧树脂的合成,火箭发射等都与氧化还原反应息息相关。

一、实验目的

1.理解电极电势与氧化还原反应的关系。

2.掌握电极的本性、反应物的浓度、介质的酸度等因素对氧化还原反应的方向、产物、速率的影响。

3.通过实验了解化学电池电动势,学会装配原电池。

二、预习要点

1.原电池的结构。

2.能斯特方程,以及外界因素改变对电极电势的影响。

三、实验原理

测量某一电对的电极电势是将该电对组成的电极与标准氢电极构成原电池,测量该原电池的电动势E。电动势E与电极电势有如下关系:

$$E=E_{+}-E_{-}$$

根据测量得到的电动势可以求出该电对的电极电势，然后利用能斯特方程，求得该电对的标准电极电势。

$$E = E^{\theta} + \frac{0.0592V}{n} \lg \frac{c(\text{氧化型})}{c(\text{还原型})}$$

由能斯特方程可知，对于任意一个电极反应，溶液中离子浓度的变化将影响电极电势的数值。因此改变电极中还原态物质或氧化态物质的浓度，都可以使电极的电极电势发生变化。而对于有氢离子或者氢氧根离子参加的电极反应，氢离子或者氢氧根离子浓度变化也会影响电极电势的数值。氧化还原反应是物质间发生电子转移的一类重要反应，氧化剂在反应中得到电子，还原剂失去电子，其得、失电子能力的大小，即氧化还原能力的强弱，可用其电极电势的相对高低来衡量。电对的电极电势越高，其氧化型物质的氧化能力越强，而还原型物质的还原能力越弱，反之亦然。当氧化剂所对应电对的电极电势与还原剂所对应电对的电极电势的差值：①大于0时，反应能自发进行；②等于0时，反应处于平衡状态；③小于0时，反应不能进行。通常用标准电极电势进行比较，当代数差值小于0.2时，则考虑反应物浓度、介质酸碱性对电极电势的影响，用能斯特方程来确定氧化还原反应的方向，因此反应物浓度、介质酸碱性对氧化还原反应的方向和反应产物均有重要影响。

四、实验用品

1. 实验试剂

固体药品：琼脂、氟化铵、硫酸亚铁、硫化钠。

液体药品：HCl（浓）、HAc（6 $mol \cdot L^{-1}$）、H_2SO_4（2 $mol \cdot L^{-1}$、3 $mol \cdot L^{-1}$）、NaOH（2 $mol \cdot L^{-1}$、6 $mol \cdot L^{-1}$、40%）、$NH_3 \cdot H_2O$（浓）、$ZnSO_4$（0.5 $mol \cdot L^{-1}$）、$CuSO_4$（0.5 $mol \cdot L^{-1}$）、KI（0.1 $mol \cdot L^{-1}$）、KBr（0.1 $mol \cdot L^{-1}$）、$KMnO_4$（0.01 $mol \cdot L^{-1}$）、$FeCl_3$（0.1 $mol \cdot L^{-1}$）、$FeSO_4 \cdot (NH_4)_2SO_4$（0.1 $mol \cdot L^{-1}$）、H_2O_2（3%）、KIO_3（0.1 $mol \cdot L^{-1}$）、溴水、碘水、KCl（饱和）、CCl_4、$Pb(NO_3)_2$（0.1 $mol \cdot L^{-1}$、0.5 $mol \cdot L^{-1}$）、Na_3AsO_4（0.1 $mol \cdot L^{-1}$）、Na_2SO_3（0.1 $mol \cdot L^{-1}$）。

2. 实验材料和仪器

试管、离心管、烧杯、电压表、表面皿、U形管、电极（锌片、铜片）、铅粒、导线、砂纸、滤纸。

五、实验步骤

(一)电极电势与氧化还原反应关系

(1)比较锌、铅、铜在电位序中的位置:在两支小试管中分别注入 0.5 mol·L^{-1}的 $Pb(NO_3)_2$溶液和0.5 mol·L^{-1}的$CuSO_4$溶液,各放入一块表面擦净的锌片,放置片刻,观察锌片表面有何变化。用表面擦净的铅粒代替锌片,分别与0.5 mol·L^{-1} $ZnSO_4$溶液和0.5 mol·L^{-1} $CuSO_4$溶液反应,观察铅粒表面有何变化。写出反应式,确定锌、铜、铅在电位序中的相对位置。

(2)往试管中加入0.5 mL 0.1 mol·L^{-1}KI溶液和2滴0.1 mol·L^{-1} $FeCl_3$溶液,摇匀后注入0.5 mL CCl_4,充分振荡,观察CCl_4层颜色有无变化。用0.1 mol·L^{-1} KBr溶液代替KI溶液进行相同的实验,反应能否发生,为什么?根据实验结果,定性地比较Br_2/Br^-、I_2/I^-、Fe^{3+}/Fe^{2+} 3个电对电极电势的相对高低,并指出它们中哪种物质作为氧化剂氧化性最强,哪种物质作为还原剂还原性最强。

(3)分别用碘水和溴水同0.1 mol·L^{-1} $FeSO_4$溶液反应,观察CCl_4层有无变化。

根据上面3个实验的结果说明电极电势与氧化还原反应方向的关系。

(二)浓度和酸度对电极电势的影响

1. 浓度的影响

在两只50 mL的小烧杯中,分别注入30 mL 0.5 mol·$L^{-1}$$ZnSO_4$溶液和0.5 mol·$L^{-1}$ $CuSO_4$溶液。在$ZnSO_4$溶液中插入锌片,在$CuSO_4$溶液中插入铜片组成两个电极,中间以盐桥相通。用导线将锌片和铜片分别与电压表的负极和正极相接,测量两电极之间的电压。在$ZnSO_4$溶液中加浓氨水至生成的沉淀完全溶解为止。观察电压有何变化,解释上面的现象。

2. 酸度的影响

在两个盛0.5 mL 0.1 mol·L^{-1} KBr溶液的试管中,分别加入0.5 mL 3 mol·L^{-1} H_2SO_4溶液和6 mol·L^{-1}HAc溶液,然后往两个试管中各加入两滴0.01 mol·$L^{-1}$$KMnO_4$溶液。观察并比较两个试管中的紫色溶液褪色的快慢。写出反应式,并解释所观察到的现象。

(三)酸度对氧化还原产物的影响

(1)在试管中加入0.1 mol·L^{-1} KI溶液10滴和0.1 mol·L^{-1} KIO_3溶液2~3滴,观察有无变化。再加入几滴3.0 mol·L^{-1} H_2SO_4溶液,观察现象。再逐滴加入2.0 mol·L^{-1}NaOH溶液,观察反应的现象,并做出解释。

(2)在3支试管中,各注入0.5 mL的0.1 mol·L^{-1} Na_2SO_3溶液,在第一支试管中注入

0.5 mL 的 2 mol·L^{-1} H_2SO_4溶液，第二支试管中加 0.5 mL 水，第三支试管中注入 0.5 mL 的 6 mol·L^{-1} NaOH溶液，然后往3支试管中各滴几滴0.01 mol·L^{-1} $KMnO_4$溶液，观察反应产物有何不同。写出各自的离子方程式。

(四)浓度和酸度对氧化还原反应方向的影响

1. 浓度的影响

Fe^{3+}与I^-发生如下反应：

$$2Fe^{3+}+2I^-=2Fe^{2+}+I_2$$

(1)往盛有 2 mL 水和 1 mL CCl_4的试管中，注入 2 mL 0.1 mol·$L^{-1}$$FeCl_3$溶液，即$Fe^{3+}$溶液，再注入 2 mL 0.1 mol·$L^{-1}$ KI溶液，振荡后观察CCl_4的变化。如在Fe^{3+}溶液中先加 2 mL 10% NH_4F溶液，再做这样的实验，结果如何？

(2)往盛有 2 mL 0.1 mol·L^{-1} $FeSO_4\cdot(NH_4)_2SO_4$溶液和 1 mL CCl_4的试管中，注入 2 mL 0.1 mol·L^{-1} $FeCl_3$溶液，再注入 2 mL 0.1 mol·L^{-1} KI溶液，振荡后观察CCl_4层的颜色与上面实验中的CCl_4层颜色的区别。用化学平衡移动的观点解释实验现象。

2. 酸度的影响

AsO_4^{3-}与I^-发生如下反应：

$$AsO_4^{3-}+2I^-+2H^+=AsO_3^{3-}+I_2+H_2O$$

往盛有 2 mL 0.1 mol·L^{-1} Na_3AsO_4溶液中加入 1 mL 0.1 mol·L^{-1} KI溶液，逐滴加入浓盐酸，振荡试管，观察现象。再逐滴加入 40% NaOH溶液(pH不得大于9，为什么？)，观察现象。

(五)氧化数居中物质的氧化还原性

(1)在离心管中加入0.1 mol·L^{-1} $Pb(NO_3)_2$溶液 1 mL，滴加 0.1 mol·$L^{-1}$$Na_2S$溶液 1~2 滴，观察PbS沉淀的颜色。离心分离，弃去清液，用水洗涤沉淀 1~2 次，在沉淀中加入 3% H_2O_2溶液，并不断搅拌，观察沉淀颜色的变化。说明H_2O_2在此反应中起的作用，写出离子反应方程式。

(2)用 0.01 mol·$L^{-1}$$KMnO_4$、3 mol·$L^{-1}$ H_2SO_4、3% H_2O_2，设计一个实验，证明在酸性介质中$KMnO_4$能氧化H_2O_2的事实。

六、拓展与思考

1.溶液的酸碱性是否会对高锰酸钾的氧化性产生影响？

2.哪些因素会对电极电势产生影响？

3.氧化数居中的物质具有什么性质？试从电极电势方面予以解释。

七、注意事项

1.$FeSO_4$和Na_2S溶液在实验前配制。

2.作为电极的锌片、铜片、铁片、鳄鱼夹等,在使用前要用砂纸打磨,以免接触不良影响电压表读数。

3.盐桥的制法:将1 g琼脂加入100 mL饱和KCl溶液中浸泡一会儿,加热煮成糊状,趁热倒入U形管中(注意里面不能留气泡),冷却即成。

八、参考文献

[1]赵新华.无机化学实验[M].4版.北京:高等教育出版社,2014.

[2]北京师范大学无机化学教研室,华中师范大学无机化学教研室,南京师范大学无机化学教研室.无机化学上册[M].4版.北京:高等教育出版社,2002.

[3]程国娥,蔡卫卫.无机化学实验[M].武汉:中国地质大学出版社,2021.

实验六　部分常见离子的鉴定与分离

离子鉴定就是确定某种元素或其离子是否存在。它往往是以各个离子对试剂的不同反应为依据的。这种反应常伴随着特殊的现象,如沉淀的生成或溶解、特殊颜色的出现、气体的产生等。各离子对试剂的作用的相似性和差异性都是构成离子分离与鉴定的基础。也就是说,离子的基本性质是进行分离检出的基础,因而要想掌握分离检出的方法就要熟悉离子的基本性质。

一、实验目的

1.掌握常见离子的鉴定条件和方法。

2.掌握运用元素的性质来分离混合离子的方法。

二、预习要点

1. 常见阳离子的特征鉴定反应。
2. 常见阴离子的特征鉴定反应。
3. 设计分离混合离子溶液的定性分析方案。

三、实验仪器和试剂

1. 实验试剂

液体药品：Cu^{2+}、Ag^{+}、Pb^{2+}、Bi^{3+}混合溶液（4种离子溶液均为硝酸盐溶液，浓度都为0.1 mol·L^{-1}）、HCl（2 mol·L^{-1}、6 mol·L^{-1}、浓）、H_2SO_4（1 mol·L^{-1}、浓）、HNO_3（6 mol·L^{-1}）、HAc（2 mol·L^{-1}、6 mol·L^{-1}）、NaOH（2 mol·L^{-1}、6 mol·L^{-1}、40%）、$NH_3·H_2O$（6 mol·L^{-1}）、NaCl（0.1 mol·L^{-1}、1 mol·L^{-1}）、$MgCl_2$（0.5 mol·L^{-1}）、$BaCl_2$（0.1 mol·L^{-1}）、$AlCl_3$（0.5 mol·L^{-1}）、$SnCl_2$（0.5 mol·L^{-1}）、$Pb(NO_3)_2$（0.1 mol·L^{-1}、0.5 mol·L^{-1}）、$HgCl_2$（0.2 mol·L^{-1}）、$CuCl_2$（0.5 mol·L^{-1}）、$AgNO_3$（0.1 mol·L^{-1}）、$ZnSO_4$（0.2 mol·L^{-1}）、Na_2CO_3（1 mol·L^{-1}）、$NaNO_3$（2 mol·L^{-1}）、$Na_2S_2O_3$（0.1 mol·L^{-1}）、Na_2S（0.5 mol·L^{-1}、1 mol·L^{-1}）、$Cd(NO_3)_2$（0.2 mol·L^{-1}）、$KSb(OH)_6$（饱和）、K_2CrO_4（0.1mol·L^{-1}、1 mol·L^{-1}）、Na_2SO_4（0.1 mol·L^{-1}）、Na_2SO_3（0.1 mol·L^{-1}）、Na_3PO_4（0.1 mol·L^{-1}）、$K_4[Fe(CN)_6]$（0.1 mol·L^{-1}、0.25 mol·L^{-1}、0.5 mol·L^{-1}）、$(NH_4)_2MoO_4$（0.1 mol·L^{-1}）、$KMnO_4$（0.01 mol·L^{-1}）、$Ba(OH)_2$溶液或新配制的石灰水、镁试剂、铝试剂（0.1%）、$(NH_4)_2[Hg(SCN)_4]$溶液。

固体药品：硫酸亚铁、氧化锡。

2. 实验材料和仪器

试管、烧杯、离心机、离心管、点滴板、玻璃棒、pH试纸等。

四、实验步骤

（一）常见阳离子的鉴定

1. Na^{+}的鉴定

在盛有0.5 mL 1 mol·L^{-1}NaCl溶液的试管中，加入0.5 mL饱和$KSb(OH)_6$溶液，即有白色沉淀生成。如无沉淀产生，可用玻璃棒摩擦试管内壁，静置片刻。观察现象并写出化学反应方程式。

2. Mg^{2+}的鉴定

在盛有2滴0.5 mol·$L^{-1}MgCl_2$溶液的试管中，滴加6 mol·L^{-1}NaOH溶液，直到生成白色絮状沉淀为止。然后加入一滴镁试剂，搅拌，若生成蓝色沉淀，表示有Mg^{2+}存在。

3. Al^{3+}的鉴定

取5滴0.5 mol·$L^{-1}AlCl_3$溶液于小试管中，加2滴水、2滴2 mol·L^{-1}HAc及2滴0.1%铝试剂，搅拌后，置于水浴上加热片刻，再加入1~2滴6 mol·L^{-1} $NH_3·H_2O$，有红色絮状沉淀生成，示有Al^{3+}存在。

4. Pb^{2+}的鉴定

取5滴0.5 mol·$L^{-1}Pb(NO_3)_2$溶液于小试管中，加2滴1 mol·$L^{-1}K_2CrO_4$，若有黄色的沉淀产生，在沉淀上滴加数滴2 mol·L^{-1}NaOH溶液，沉淀溶解，示有Pb^{2+}存在。

5. Cu^{2+}的鉴定

取1滴0.5 mol·$L^{-1}CuCl_2$溶液于小试管中，加1滴6 mol·L^{-1}HAc溶液酸化，再加1滴0.5 mol·$L^{-1}K_4[Fe(CN)_6]$溶液，若有红棕色的$Cu_2[Fe(CN)_6]$沉淀产生，示有Cu^{2+}存在。

6. Fe^{3+}的鉴定

取1滴试液加在白色点滴板的凹穴，加1滴0.25 mol·$L^{-1}K_4[Fe(CN)_6]$溶液，观察有蓝色沉淀产生，示有Fe^{3+}存在。

7. Zn^{2+}的鉴定

取3滴0.2 mol·$L^{-1}ZnSO_4$溶液于小试管中，加2滴2 mol·L^{-1}HAc溶液酸化，再加3滴$(NH_4)_2[Hg(SCN)_4]$溶液，摩擦试管内壁，若有白色的沉淀产生，示有Zn^{2+}存在。

8. Cd^{2+}的鉴定

取3滴0.2 mol·$L^{-1}Cd(NO_3)_2$溶液于小试管中，加2滴0.5 mol·$L^{-1}Na_2S$溶液，若有亮黄色的沉淀产生，示有Cd^{2+}存在。

9. Hg^{2+}的鉴定

取2滴0.2 mol·$L^{-1}HgCl_2$溶液于小试管中，逐滴加0.5 mol·$L^{-1}SnCl_2$溶液，边加边振荡，观察沉淀颜色的变化过程，若最后变为灰色，示有Hg^{2+}存在。

(二)常见阴离子的鉴定

1. Cl^-的鉴定

取3滴0.1 mol·L^{-1}的Cl^-试液于离心管中,加入1滴6 mol·$L^{-1}HNO_3$溶液酸化,再滴加0.1 mol·$L^{-1}AgNO_3$溶液。如有白色沉淀产生,初步说明试液中可能有Cl^-存在。将离心管置于水浴微热,离心分离,弃去清液,于沉淀上加入3~5滴6 mol·$L^{-1}NH_3·H_2O$,用细玻璃棒搅拌,沉淀立即溶解,再加入5滴6 mol·L^{-1} HNO_3溶液酸化,如重新生成白色沉淀,示有Cl^-存在。

2. CO_3^{2-}的鉴定

取10滴1 mol·L^{-1}的CO_3^{2-}试液于离心管中,用pH试纸测定其pH,然后加10滴6 mol·L^{-1}HCl溶液,并立即将事先蘸有1滴新配制的石灰水或$Ba(OH)_2$溶液的玻璃棒置于试管口上,仔细观察,如玻璃棒上的溶液立刻变浑浊(白色),结合溶液的pH,可以判断有CO_3^{2-}存在。

3. SO_4^{2-}的鉴定

在盛有5滴0.1 mol·L^{-1} SO_4^{2-}试液的试管中,加2滴6 mol·L^{-1} HCl溶液和1滴0.1 mol·L^{-1} Ba^{2+}溶液,如有白色沉淀,示有SO_4^{2-}存在。

4. SO_3^{2-}的鉴定

在盛有5滴0.1 mol·L^{-1} SO_3^{2-}试液的试管中,加入2滴1 mol·L^{-1} H_2SO_4溶液,再迅速加入1滴0.01 mol·$L^{-1}KMnO_4$溶液,如紫色褪去,示有SO_3^{2-}存在。

5. $S_2O_3^{2-}$的鉴定

取0.1 mol·L^{-1}的$S_2O_3^{2-}$试液3滴于试管中,加入10滴0.1 mol·L^{-1} $AgNO_3$溶液,摇动,如有白色沉淀生成并迅速变棕变黑,示有$S_2O_3^{2-}$存在。

6. NO_3^-的鉴定

取2滴2 mol·$L^{-1}NO_3^-$试液于点滴板上,在溶液的中央放一小粒硫酸亚铁晶体,然后在晶体上加1滴浓硫酸。如结晶周围有棕色出现,示有NO_3^-存在。

7. PO_4^{3-}的鉴定

取3滴0.1 mol·L^{-1}的PO_4^{3-}试液滴于离心管中,加5滴6 mol·$L^{-1}HNO_3$溶液,再加8~10滴0.1 mol·$L^{-1}(NH_4)_2MoO_4$溶液,温热之,如有黄色沉淀生成,示有PO_4^{3-}存在。

(三)混合离子的分离

1. Cu^{2+}、Ag^{+}、Pb^{2+}、Bi^{3+}混合离子的分离

将5 mL Cu^{2+}、Ag^{+}、Pb^{2+}、Bi^{3+}混合溶液(先在试管中加入3 mL去离子水,然后依次加入10滴0.1 mol·$L^{-1}$$Cu(NO_3)_2$、0.1 mol·$L^{-1}$$AgNO_3$、0.1 mol·$L^{-1}$$Pb(NO_3)_2$和0.1 mol·$L^{-1}$$Bi(NO_3)_3$溶液)注入离心管中,混合均匀,参照以下步骤进行分离和鉴定。

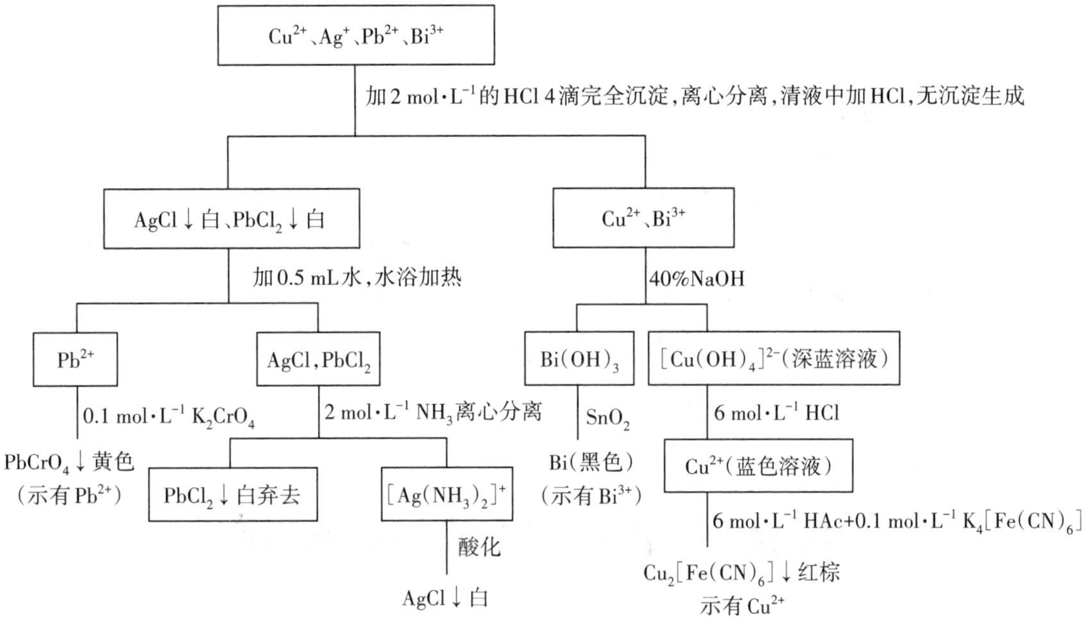

2. CO_3^{2-}、PO_4^{3-}、SO_4^{2-}混合离子的分离

取少量含CO_3^{2-}、PO_4^{3-}、SO_4^{2-}的混合试液,参照以下步骤进行分离和鉴定。

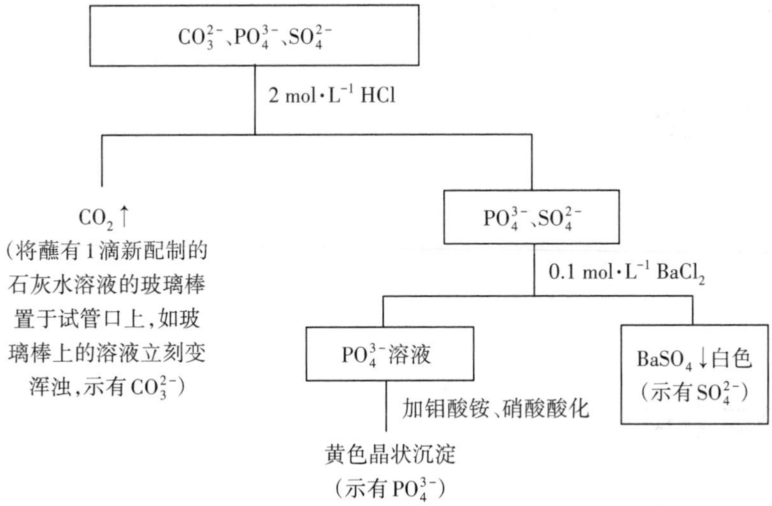

五、拓展与思考

1. 用$K_4[Fe(CN)_6]$溶液检出Cu^{2+}时，为什么要用HAc溶液酸化？

2. 若溶液中混有S^{2-}、SO_3^{2-}、$S_2O_3^{2-}$离子，如何分离和鉴定？

3. 加稀硫酸溶液或者是稀盐酸溶液于固体试样中，如果观察到有气泡产生，则该固体试样中可能存在哪些阴离子？

六、参考文献

[1]赵新华.无机化学实验[M].4版.北京：高等教育出版社，2014.

[2]天津大学无机化学教研室.无机化学[M].4版.北京：高等教育出版社，2010.

[3]孟长功，辛剑.基础化学实验[M].2版.北京：高等教育出版社，2009.

[4]程国娥，蔡卫卫.无机化学实验[M].武汉：中国地质大学出版社，2021.

实验七　沉淀的生成与溶解平衡

沉淀溶解平衡在科学实验及化工生产中具有重要的应用价值。可根据实际需要进行实验设计，实现分离、除杂、提纯、分析测试等目的。

一、实验目的

1. 了解沉淀的生成、溶解和相互转化。

2. 理解沉淀—溶解平衡和溶度积的概念。

3. 掌握离心管和离心机的使用方法。

二、预习要点

1. 溶度积原理。

2. 沉淀的生成、溶解和转化的条件。

三、实验原理

1. 溶度积与沉淀的生成

若向难溶盐BA中加水，当B^+、A^-的浓度之积小于溶度积K_{sp}时，沉淀溶解；当B^+、A^-的浓度之积等于溶度积时，溶解达到饱和。若将含B^+与A^-的溶液混合，其离子浓度的乘积大于溶度积时，超过的部分就生成难溶盐BA沉淀出来。

若在难溶盐BA的饱和溶液中，加入同种离子（B^+或A^-），难溶盐的溶解度由于相同离子的存在而减小的现象称为同离子效应。

若在难溶盐BA的饱和溶液中，加入易溶盐如KNO_3，BA的溶解度增大，这种效应叫作盐效应。

2. 分步沉淀

假定溶液中有几种离子都能与沉淀剂生成沉淀，而且形成的沉淀的溶解度相差较大。这种情况下可以通过控制沉淀条件，仅使混合物中的某一种或者某几种离子的浓度与试剂的浓度乘积超过溶度积生成沉淀，而其他离子不沉淀，这种先后沉淀的过程，叫作分步沉淀。在实验中常利用分步沉淀进行分析和分离。

3. 沉淀的溶解

（1）利用生成弱电解质。

$$Mg(OH)_2+2H^+=Mg^{2+}+2H_2O\text{（生成难解离的水）}$$

$$ZnS+2H^+=Zn^{2+}+H_2S\text{（生成弱酸）}$$

（2）利用氧化还原反应。

$$CuS\text{溶于}HNO_3\text{中：}3CuS+8H^++2NO_3^-=3Cu^{2+}+3S\downarrow+2NO\uparrow+4H_2O$$

（3）利用沉淀转化。

实际生产生活中，常常需要将沉淀从一种形式转化成另一种形式，即沉淀的转化。例如锅炉锅垢是一种难溶强酸盐$BaSO_4$，不能采取加酸的办法使其溶解，可以将其转化为溶解度更小且易溶于酸的$BaCO_3$。

四、实验用品

1. 实验试剂

Na_2SO_4（0.002 mol·L^{-1}）、$CaCl_2$（0.01 mol·L^{-1}）、$BaCl_2$（0.01 mol·L^{-1}、0.1 mol·L^{-1}）、NaCl（0.1 mol·L^{-1}）、K_2CrO_4（0.1 mol·L^{-1}）、$AgNO_3$（0.1 mol·L^{-1}）、Na_2S（0.1 mol·L^{-1}）、$NH_3·H_2O$（2 mol·L^{-1}）、HNO_3（6 mol·L^{-1}）、Na_2CO_3（0.1 mol·L^{-1}）、K_2CrO_4（0.1 mol·L^{-1}）、HCl（2 mol·L^{-1}）、HAc（2 mol·L^{-1}）、$Pb(NO_3)_3$（0.1 mol·L^{-1}）。

2. 实验材料和仪器

低速离心机、离心管、试管、滴管、洗瓶。

五、实验步骤

1. 沉淀的生成

（1）往5滴0.002 mol·L^{-1} Na_2SO_4溶液中加入5滴0.01 mol·L^{-1} $CaCl_2$溶液，观察有无沉淀产生。往5滴0.002 mol·L^{-1} Na_2SO_4溶液中加入5滴0.01 mol·L^{-1} $BaCl_2$溶液，观察有无沉淀产生。

（2）在试管中加入5滴0.1 mol·L^{-1} NaCl溶液和2滴0.1 mol·L^{-1} K_2CrO_4溶液，混合均匀后，边振荡边滴加2滴0.1 mol·L^{-1} $AgNO_3$溶液，观察现象。

（3）在离心管里加入5滴0.1 mol·L^{-1} NaCl 溶液，然后逐滴加入0.1 mol·L^{-1} $AgNO_3$溶液，反应完全后，离心沉淀，用去离子水洗涤沉淀两次，在沉淀上滴加数滴0.1 mol·L^{-1}的Na_2S溶液，观察实验现象。

2. 沉淀的溶解

（1）在离心管里加入5滴0.1 mol·L^{-1} $AgNO_3$溶液，40 ℃水浴加热后，逐滴加入0.1 mol·L^{-1} NaCl溶液，观察沉淀的产生，离心分离后，在沉淀上滴加2 mol·L^{-1} $NH_3 \cdot H_2O$，观察现象，写出反应方程式。

（2）在1.(3)得到的沉淀上滴加几滴6 mol·L^{-1} HNO_3溶液，观察现象，写出反应方程式。

（3）在两支离心管中，分别加入10滴0.1 mol·L^{-1} Na_2CO_3溶液和0.1 mol·L^{-1} K_2CrO_4溶液，再加入10滴0.1 mol·L^{-1} $BaCl_2$溶液，观察沉淀颜色。反应完全后，离心沉淀，用去离子水洗涤两次，将沉淀分为两份，检测两种沉淀在2 mol·L^{-1}HAc和2 mol·L^{-1}HCl中是否溶解，写出反应方程式。

3. 分级沉淀

在1支试管中滴加0.1 mol·L^{-1} Na_2S溶液和0.1 mol·L^{-1} K_2CrO_4溶液各2滴，用去离子水稀释至5 mL，混合均匀后，加入1滴0.1 mol·L^{-1} $Pb(NO_3)_3$溶液，观察溶液变化。离心分离，观察沉淀颜色，然后再向清液中继续滴加$Pb(NO_3)_3$溶液，观察生成沉淀的颜色。

六、实验记录和数据处理

表3-7-1 沉淀的生成与溶解平衡实验记录表

步骤	现象	反应方程式	结论
1.(1)			
1.(2)			
1.(3)			
2.(1)			
2.(2)			
2.(3)			
3			

七、注意事项

使用离心机进行分离前要用天平称量离心管及试样质量,保证离心管的平衡。

八、拓展与思考

1.$BaSO_4$转化为$BaCO_3$与$BaCO_3$转化为$BaSO_4$,哪一种更容易转化?为什么?

2.在含有0.01 $mol \cdot L^{-1}$氯离子和碘离子的混合溶液中,逐滴加入$AgNO_3$溶液,先有黄色沉淀,后有白色沉淀。但是若试管中盛有海水,逐滴加入$AgNO_3$溶液,会发现先有白色沉淀,为什么?

九、参考文献

[1]天津大学无机化学教研室.无机化学[M].4版.北京:高等教育出版社,2010.

[2]南京大学《无机及分析化学实验》编写组.无机及分析化学实验[M].5版.北京:高等教育出版社,2015.

[3]赵新华.无机化学实验[M].4版.北京:高等教育出版社,2014.

实验八　Fe^{3+}、Al^{3+}的分离
——液-液萃取与分离

萃取是利用物质在不同溶剂中的溶解度的差异使其分离。其过程为某物质从其溶解或悬浮的相中转移到另一个相中。液-液萃取分离法让与水不相溶的有机相与含有多种金属离子的水溶液在一起振荡，使某些金属离子由亲水性转为疏水性，同时转移到有机相中，而另一些金属离子仍留在水相中，以达到分离的目的。

一、实验目的

1. 理解萃取分离法的基本原理。
2. 了解Fe^{3+}、Al^{3+}两种离子不同的萃取行为。
3. 掌握萃取分离和蒸馏分离的基本操作方法。

二、预习要点

1. Fe^{3+}、Al^{3+}不同的萃取方法。
2. 分液漏斗的使用方法。
3. 蒸馏操作要点。
4. Fe^{3+}、Al^{3+}的鉴定方法。

三、实验原理

在浓盐酸中，Fe^{3+}与Cl^-生成了$[FeCl_4]^-$配离子。在由强酸和乙醚所组成的萃取体系中，乙醚(Et_2O)与H^+结合，生成离子$Et_2O\cdot H^+$。由于$[FeCl_4]^-$与$Et_2O\cdot H^+$都有较大的体积和较低的电荷，因此，容易形成缔合物$Et_2O\cdot H^+\cdot[FeCl_4]^-$。在这种离子缔合物中，$Cl^-$和$Et_2O$分别取代了$Fe^{3+}$和$H^+$的配位水分子，并且中和了电荷，具有疏水性，能够溶于乙醚中。因此，Fe^{3+}就从水相转移到有机相中了。Al^{3+}在浓盐酸中与Cl^-生成配离子的能力很弱，因此，仍然留在水相中。

将Fe^{3+}从有机相中再转移到水相中去的过程叫作反萃取。将含有Fe^{3+}的乙醚相与水相混合，这时体系中的H^+浓度和Cl^-浓度明显降低。$Et_2O\cdot H^+$和配离子$[FeCl_4]^-$解离趋势增

加，Fe^{3+}又生成水合铁离子，被反萃取到水相中。由于乙醚沸点较低（约34.5 ℃），因此，采用普通蒸馏的方法，就可以实现醚水的分离。这样Fe^{3+}又恢复到初始的状态，达到了Fe^{3+}、Al^{3+}分离的目的。

四、实验用品

1. 实验试剂

液体药品：$FeCl_3$（5%）、$AlCl_3$（5%）、浓盐酸（化学纯）、乙醚（化学纯）、$K_4[Fe(CN)_6]$（5%）、NaOH（2 mol·L^{-1}、6 mol·L^{-1}）、茜素S酒精溶液、冰水、热水。

2. 实验材料和仪器

材料：乳胶管、橡皮管、玻璃弯管、滤纸、pH试纸。

仪器：圆底烧瓶（250 mL）、蒸馏头、直形冷凝管、接液管、抽滤瓶、烧杯、梨形分液漏斗（100 mL）、量筒（100 mL）、铁架台、铁圈。

五、实验步骤

1. 混合溶液的制备

分别量取5%$FeCl_3$溶液和5%$AlCl_3$溶液10 mL置于50 mL的烧杯中。

2. 萃取

先按图3-8-1组装好萃取装置。将15 mL混合溶液和15 mL浓盐酸先后倒入分液漏斗中，再加入30 mL乙醚溶液，按照萃取分离的操作步骤进行萃取。

3. 检查

萃取分离后，如果水相呈黄色，则表明Fe^{3+}、Al^{3+}没有分离完全。可再次用30 mL乙醚进行萃取，重复多次，直至水相呈现无色为止。每次分离后的有机相都合并在一起。

4. 安装

先按照图3-8-2安装好蒸馏装置。向有机相中加入30 mL水，并转移至圆底烧瓶中。首先固定圆底烧瓶的位置，调整铁架台铁夹的位置，使冷凝管的中心线和烧瓶支管的中心线呈一条直线后，将烧瓶与冷凝管连接起来。最后再装上接液管和接收器，接收器要放在水中或冷水中冷却。

5. 蒸馏

通入冷却水，把80 ℃的热水倒入水槽中，按普通蒸馏操作步骤，用热水将乙醚蒸出。蒸出的乙醚要测量体积并且回收。

6. 分离鉴定

调节待测溶液的pH值为4。向滤纸中心滴加一滴5%的$K_4[Fe(CN)_6]$溶液。将滤纸晾干。将待测试液滴到滤纸中心，再向滤纸中心滴一滴水，然后滴一滴茜素S酒精溶液。由于$K_4[Fe(CN)_6]$溶液被滴在滤纸中心，遇到Fe^{3+}会在滤纸中心生成蓝色斑点。Al^{3+}会被水带到蓝色斑点外围与茜素S生成红色沉淀。

利用上述方法可分别鉴定未分离的混合液和分离后的Fe^{3+}、Al^{3+}溶液，并加以比较。

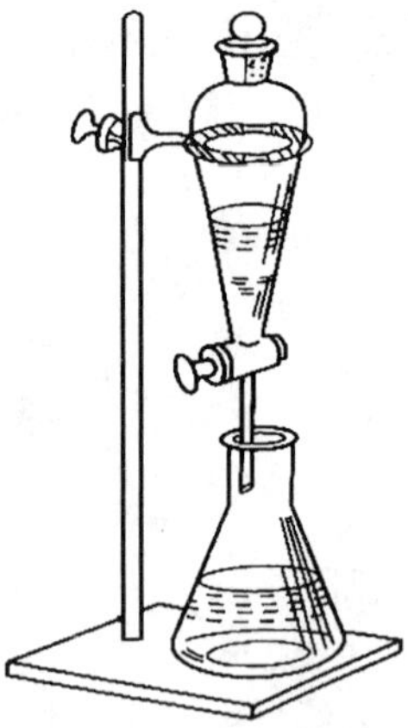

图3-8-1　萃取装置

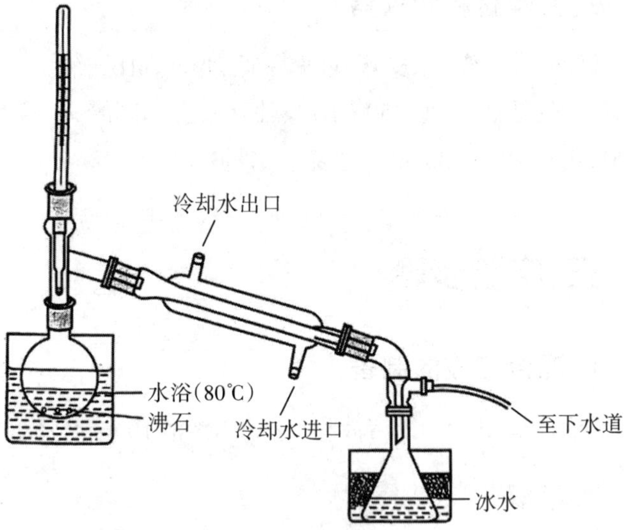

图3-8-2　普通蒸馏装置图

六、实验记录和数据处理

萃取次数:________________

萃取操作中乙醚的用量(mL):________________

蒸馏回收乙醚的体积(mL):________________

七、注意事项

1. 乙醚易燃易爆，实验过程中绝对禁止使用明火加热。
2. 因为乙醚沸点低，易挥发，萃取操作中要不断打开旋塞，解除分液漏斗中的超压。
3. 注意蒸馏装置中冷凝管的接法。

八、拓展与思考

1. 在本实验中做蒸馏操作时，如果密封性能不好会造成什么影响？可以采取哪些措施避免？

2. Fe^{3+}、Al^{3+}的鉴定条件是什么？鉴定Al^{3+}时如何排除Fe^{3+}的干扰？

九、参考文献

[1]赵新华.无机化学实验[M].4版.北京：高等教育出版社，2014.

[2]李华民，蒋福宾，赵云岑.基础化学实验操作规范[M].2版.北京：北京师范大学出版社，2010.

实验九　硫酸亚铁铵的制备及纯度分析

硫酸亚铁铵的化学式为$FeSO_4\cdot(NH_4)_2SO_4\cdot 6H_2O$，商品名为摩尔盐，为浅蓝绿色单斜晶体。硫酸亚铁可与硫酸铵生成硫酸亚铁铵，一般硫酸亚铁盐在空气中易被氧化，而摩尔盐比较稳定。硫酸亚铁铵在定量分析中，常用配制亚铁离子的标准溶液标定重铬酸钾或高锰酸钾溶液。

一、实验目的

1. 掌握复盐$FeSO_4\cdot(NH_4)_2SO_4\cdot 6H_2O$的制备方法和实验条件。

2. 熟练掌握水浴加热、过滤、蒸发、结晶等基本无机制备操作。

3. 掌握测定硫酸亚铁铵中铁含量的原理与方法。

二、预习要点

1. 采用$FeSO_4$和$(NH_4)_2SO_4$制备$FeSO_4\cdot(NH_4)_2SO_4\cdot 6H_2O$的实验原理。

2. 分光光度计的使用。

三、实验原理

1. 硫酸亚铁铵的制备

铁溶于稀 H_2SO_4 生成 $FeSO_4$。$FeSO_4$ 与等摩尔的 $(NH_4)_2SO_4$ 在水溶液中相互作用，生成溶解度较小的浅蓝绿色的硫酸亚铁铵复盐晶体，反应方程式如下：

$$Fe+H_2SO_4 = FeSO_4+H_2\uparrow$$

$$FeSO_4+(NH_4)_2SO_4+6H_2O = FeSO_4\cdot(NH_4)_2SO_4\cdot 6H_2O$$

在一定温度范围内，利用硫酸亚铁铵的溶解度比混合溶液中其他组分的溶解度都小的性质，将硫酸亚铁铵从混合溶液中分离出来。$FeSO_4$、$(NH_4)_2SO_4$ 和 $FeSO_4\cdot(NH_4)_2SO_4\cdot 6H_2O$ 3种盐的溶解度数据列于表3-9-1。

表3-9-1　3种盐的溶解度

温度/℃	溶解度/(g/100 g H_2O)		
	$FeSO_4$	$(NH_4)_2SO_4$	$FeSO_4\cdot(NH_4)_2SO_4\cdot 6H_2O$
10	20.0	73	17.2
20	26.5	75.4	21.6
30	32.9	78	28.1

2. Fe 含量测定

重铬酸钾法测铁，是测定铁矿中全铁量的标准方法。

在酸性溶液中，Fe^{2+} 可以定量地被 $K_2Cr_2O_7$ 氧化成 Fe^{3+}，反应为：

$$6Fe^{2+}+Cr_2O_7^{2-}+14H^+ = 6Fe^{3+}+2Cr^{3+}+7H_2O$$

滴定指示剂为二苯胺磺酸钠，其复原态为无色，氧化态为紫红色。

四、实验用品

1. 实验试剂

液体药品：HCl（2 $mol\cdot L^{-1}$）、H_2SO_4（3 $mol\cdot L^{-1}$、浓）、NaOH（2 $mol\cdot L^{-1}$）、铁屑、KSCN（25%）、H_3PO_4（85%）、二苯胺磺酸钠指示剂。

固体药品：硫酸铵、十二水合硫酸铁铵、重铬酸钾。

2. 实验材料和仪器

分析天平、布氏漏斗、抽滤瓶、蒸发皿、表面皿、pH试纸、滤纸、玻璃棒、烧杯、酒精灯、量筒、比色管（25 mL）、容量瓶（250 mL、1000 mL）、石棉网、酸式滴定管等。

五、实验步骤

1. 铁屑表面油污的除去

称量4.0 g铁屑，放在小烧杯中，加入20 mL 2 mol·L^{-1}NaOH溶液，小火加热10 min，用倾析法除去碱液，用水把铁屑冲洗干净，备用。

2. 硫酸亚铁的制备

在盛有4.0 g铁屑的250 mL烧杯中倒入30 mL 3 mol·L^{-1} H_2SO_4溶液，盖上表面皿，放在石棉网上小火加热，使铁屑和H_2SO_4反应直到不再有气泡产生为止。反应应在通风橱中进行，在加热过程中应不时加入少量水，以补充蒸发掉的水分，这样做可以防止$FeSO_4$结晶析出。趁热抽滤，此时溶液的pH值应在1左右。将滤液立即转移至洁净的蒸发皿中，将留在锥形瓶内和滤纸上的残渣收集在一起，用滤纸片吸干后称重，由已反应的铁屑质量算出溶液中生成的$FeSO_4$的量。

3. 硫酸亚铁铵的制备

根据$FeSO_4$的理论产量，按反应式计算所需固体硫酸铵的质量，在室温下将其配制成饱和溶液，加到$FeSO_4$溶液中去，混合均匀，并用3 mol·L^{-1} H_2SO_4溶液调节pH值为1~2。用小火蒸发浓缩至表面出现晶体膜为止，放置，使溶液慢慢冷却，析出浅绿蓝色硫酸亚铁铵晶体$FeSO_4·(NH_4)_2SO_4·6H_2O$。用抽滤法滤出晶体，用滤纸把晶体上的液体吸干。观察晶体的颜色，称量并计算产率。

4. Fe(Ⅲ)的限量分析

(1)Fe(Ⅲ)标准溶液的配制。称取0.8634 g十二水合硫酸铁铵，溶于少量水中，加2.5 mL浓H_2SO_4，移入1000 mL容量瓶中，用水稀释至刻度。

(2)标准色阶的配制。分别取0.50 mL、1.0 mL和2.00 mL Fe(Ⅲ)标准溶液于25 mL比色管中，加2 mL 3 mol·L^{-1} HCl溶液和1 mL25%的KSCN溶液，用蒸馏水稀释至刻度，摇匀，配制成一级、二级、三级Fe(Ⅲ)标准液(含Fe^{3+}分别为0.05 mg·g^{-1}、0.10 mg·g^{-1}和0.20 mg·g^{-1})。

(3)产品级别确定。称取1.0 g产品于25 mL比色管中，用15 mL去离子水溶解，再加入2 mL 3 mol·L^{-1}HCl和1 mL25%KSCN溶液，加水稀释至25 mL，摇匀。与标准色阶进行目视比色，确定产品级别。

5. Fe含量的测定

(1)干燥。将所制得的$FeSO_4·(NH_4)_2SO_4·6H_2O$晶体于100 ℃干燥2~3 h。冷却至室温后，置于干燥的称量瓶中。

(2)$K_2Cr_2O_7$标准溶液的配制。准确称量约1.2 g $K_2Cr_2O_7$固体，置于100 mL烧杯中，加

少量蒸馏水溶解，定量转移至250 mL容量瓶中，用蒸馏水稀释至刻度，计算$K_2Cr_2O_7$溶液的准确浓度。

（3）铁含量测定。用差减法准确称量两份$FeSO_4\cdot(NH_4)_2SO_4\cdot6H_2O$产品0.6~0.8 g，分别放入250 mL锥形瓶中，分别加入100 mL去离子水、20 mL 3 mol·L^{-1} H_2SO_4和5 mL 85%H_3PO_4，再滴加6~8滴二苯胺磺酸钠指示剂，用$K_2Cr_2O_7$标准溶液滴定至溶液由深绿色变为紫色或蓝紫色即为终点，记录滴定$K_2Cr_2O_7$溶液体积。

六、实验记录和数据处理

表3-9-1　硫酸亚铁铵的制备及纯度分析实验记录表

项目	数据
铁屑质量/g	
与H_2SO_4反应后残渣质量/g	
理论硫酸亚铁质量/g	
$FeSO_4\cdot(NH_4)_2SO_4\cdot6H_2O$晶体质量/g	
产率/%	
产品级别	
$c_{K_2Cr_2O_7}=\dfrac{m_{K_2Cr_2O_7}}{\dfrac{M_{K_2Cr_2O_7}}{1000}\times250.0}$	
$V_{K_2Cr_2O_7}$/mL	
$w_{Fe}=\dfrac{6\times c_{K_2Cr_2O_7}\times V_{K_2Cr_2O_7}\times\dfrac{M_{Fe}}{1000}}{m_{样}}$	

七、注意事项

不必将所有铁屑溶解完，实验时溶解大部分铁屑即可；蒸发浓缩初期要不停搅拌，但要注意观察晶膜，一旦发现晶膜出现即停止搅拌；最后一次抽滤时，注意将滤饼压实，不可用蒸馏水冲洗晶体。

八、拓展与思考

1. 制备过程中混合液为什么要呈微酸性？
2. 在反应过程中，铁和硫酸哪一种应该过量？反应为什么要在通风橱中进行？

九、参考文献

[1]李琳,陈爱霞.无机化学实验[M].北京:化学工业出版社,2019.
[2]赵新华.无机化学实验[M].4版.北京:高等教育出版社,2014.

实验十 有机物的重结晶与过滤

一般来说,有机反应可逆且复杂,副产物较多,因此,高纯度的有机物是性质研究和应用开发的前提。固体有机物是重要的有机化合物类别,如碳数大于17的烃、碳数大于12的醇、饱和程度高的高级脂肪酸、甘油酯、苯酚、苯甲酸、氨基酸等。重结晶是精制固体有机物最常用的方法之一。N-乙酰苯胺(N-Acetylaniline,简称乙酰苯胺),俗称退热冰,是磺胺类药物、橡胶硫化促进剂、染料和合成樟脑等的原料和中间体,还可作为双氧水稳定剂。本实验以乙酰苯胺在热水中的重结晶为例,学习和掌握固体有机物重结晶的基本操作。

一、实验目的

1.掌握重结晶法提纯固体有机化合物的原理和方法,掌握重结晶的基本操作。
2.掌握快速过滤滤纸的折叠方法,练习普通过滤、减压过滤(抽滤)的操作。

二、预习要点

1.苯乙胺的物理化学性质。
2.普通过滤、减压过滤的操作技术。

三、实验原理

一般来说,固体有机物在溶剂中的溶解度一般是随温度升高而增大。重结晶,是选择一个合适的溶剂,将含有杂质的固体有机物溶解在热的溶剂中,形成热饱和溶液,趁热滤去不溶性杂质,将滤液于低温处放置,使主要成分在低温时析出结晶,而可溶性杂质仍留在母液中,进而相对提高产品纯度。多次重复此操作,称为多次重结晶。

重结晶主要用于纯化杂质含量不高(5%及以下)的固体有机物。如果杂质含量过高,需先经过其他方法初步提纯,如萃取、水蒸气蒸馏、柱层析等,然后再用重结晶方法提纯。选择合适的溶剂是重结晶成功的关键。

理想的重结晶溶剂应具备以下条件:(1)不与被提纯物质发生化学反应;(2)被提纯物质在温度高时溶解度大,而在室温或更低温度时,溶解度小;(3)杂质在热溶剂中不溶或难溶,在冷溶剂中易溶;(4)溶剂比较容易挥发,易与结晶体分离;(5)能得到较好形貌的晶体。除上述条件外,结晶好、回收率高、操作简单、毒性小、易燃程度低、商业易得、价格便宜的溶剂更理想。常用溶剂有水、乙醇、乙酸乙酯、石油醚、苯等。

重结晶提纯法的一般过程是:

选择溶剂→固体溶解→除去不溶杂质→结晶析出→晶体收集洗涤→晶体干燥。

四、实验用品

1. 实验试剂

乙酰苯胺、蒸馏水。

2. 实验材料和仪器

锥形瓶或烧杯(150 mL)、量杯、玻璃棒、表面皿、抽滤装置、酒精灯、石棉网、铁架台、铁三角、滤纸、火柴等。

五、实验步骤

(1)将150 mL的干净锥形瓶(可用烧杯替代)置于带石棉网的铁三角上,将2 g乙酰苯胺加入锥形瓶,再加入80 mL蒸馏水。用酒精灯加热,以玻璃棒搅拌溶解,过程中可能出现油状现象。如果近沸腾仍有较多固体物质不溶解,可补充5~10 mL蒸馏水,但总体积尽可能不超过90 mL。

(2)折叠滤纸,安装热过滤装置(翻转滤纸)。移开热源,稍冷后,趁热过滤。

(3)将滤液盖上干净的表面皿,先自然冷却,再在室温或冷水浴中结晶。如果较长时间没有结晶出现,可用玻璃棒轻轻摩擦器壁。

(4)安装抽滤装置,需要用少量蒸馏水湿润滤纸,然后将其贴紧布氏漏斗。在抽气状态下,将晶体连同母液转移到布氏漏斗中抽滤;用过滤后的母液洗涤容器,从而保证晶体全部转移到布氏漏斗中抽滤。在不抽气状态下,用少量冷却的溶剂(蒸馏水)浸泡晶体(溶剂用量以覆盖晶体表面为宜),抽滤。

(5)拔掉抽滤橡皮管,再关闭真空泵,停止抽滤。将抽干溶剂的固体转移至表面皿,干燥(烘箱设置在50~60 ℃为宜),称重。纯乙酰苯胺的熔点为114 ℃,若时间允许,可测定熔点。

注意:

(1)褶皱式滤纸。简易来回折叠法:2次对折(a)→半展开,沿边来回折叠[(b)、(c)]→翻转(d)。

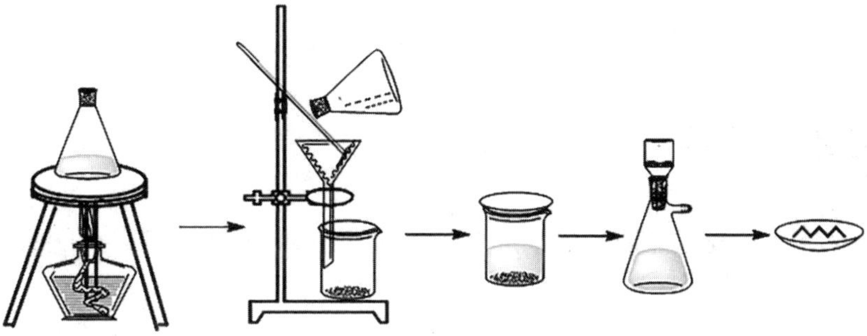

图3-10-1　实验装置和流程

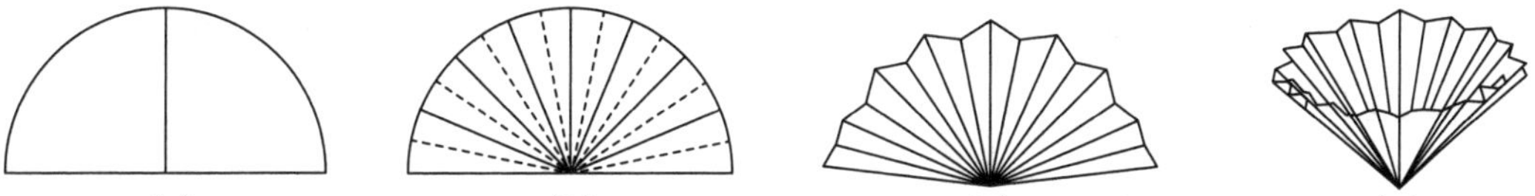

(a)　(b)　(c)　(d)

图3-10-2　褶皱式滤纸折叠方法

(2)用活性炭除有色杂质。被结晶样品需要脱色时,可以在固体物质完全溶解,移除热源,稍冷却后加入活性炭,用量一般为有机物质量的1%~5%。切记:不能在溶液沸腾时加入活性炭,否则容易爆沸。

六、实验记录和数据处理

表3-10-1　重结晶实验记录表

时间	实验过程	实验现象

表3-10-2 实验结果表

产物外观	产量/g	产率/%	熔点/℃

七、拓展与思考

1. 过滤为什么一般选择适当的锥形瓶？热过滤时，如何使溶剂尽可能保持一定温度和减少挥发？

2. 抽滤时，滤纸为何需要预先湿润？转移固体时，如何洗涤原容器？为得到纯净的晶体，为何最后需要用少量冷却的溶剂洗涤？

3. 活性炭结构和理化性质的特点是什么？如果要除色，活性炭为何要在固体物质完全溶解后加入？

八、参考文献

[1]兰州大学.有机化学实验[M].4版.北京：高等教育出版社，2017.
[2]曾昭琼.有机化学实验[M].3版.北京：高等教育出版社，2000.
[3]刘宝殿.化学合成实验[M].北京：高等教育出版社，2005.

实验十一　有机物萃取与蒸馏

萃取是有机化学实验中用来分离或纯化有机物的常用操作之一。可以从固体或液体混合物中提取出所需要的有机化合物。换个角度，萃取也可以用来洗去混合物中的少量杂质。乙醚和乙酸是常用有机物，乙醚微溶于水。本实验用乙醚从水溶液中萃取乙酸，要求掌握萃取原理和实验操作。

一、实验目的

1. 掌握萃取原理和实验操作。
2. 理解一般蒸馏原理,练习蒸馏操作。
3. 掌握水浴蒸馏乙醚等低沸点有机物的方法。

二、预习要点

1. 乙醚和乙酸的物理化学性质。
2. 蒸馏装置和分液漏斗的使用。

三、实验原理

萃取(Extraction)是利用目标有机物在两种互不相溶或微溶的溶剂中溶解度不同(如水和乙醚),将有机物从一种溶剂转移到另一种溶剂的传质分离过程。萃取原理,简单来说,即相似相溶原理。反复多次萃取,能将绝大部分的有机物提取出来。萃取与蒸馏联用操作,是分离液-液或固-液、有机-有机或有机-无机混合物的一种常用方法。普通蒸馏,是有一种易溶、高沸点,并且不挥发的组分存在下的蒸馏,而所用溶剂本身并不与混合物中的其他组分形成恒沸物。

四、实验用品

1. 实验试剂

水-乙酸混合溶液、乙醚、无水硫酸钠或无水硫酸镁。

2. 实验材料和仪器

分液漏斗(60 mL)、锥形瓶或烧杯、圆底烧瓶、温度计等,以及酒精灯、火柴、石棉网、铁架台、棉花球等用品。

五、实验步骤

(1)检验分液漏斗是否漏水。关闭开关,安装在带铁圈的铁架台上。
(2)量取10 mL水-乙酸混合溶液,转移到分液漏斗;再取10 mL乙醚转移到分液漏斗中，盖盖。取出→双手握紧→来回倒转振摇几次→放气→放置在铁架台静置分层。

(3)使分液漏斗与大气相通，将下层溶液下放至开关处，关闭；将上层溶液(乙醚-乙酸层)从上口倒出。

(4)将上层溶液转移到磨口锥形瓶中，加入干燥剂1~2 g，静置5~10 min，溶液澄清。

(5)安装常压水浴蒸馏装置，将清液滤入50 mL圆底烧瓶，水浴蒸馏，测量乙醚沸点，回收乙醚。测量残余馏分体积或称量其质量，置入回收瓶中。

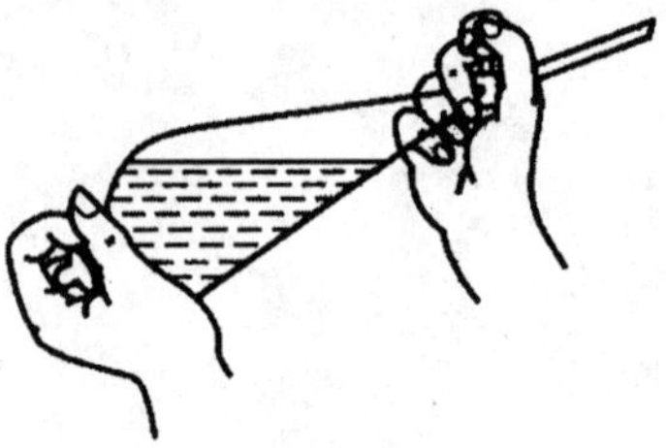

图3-11-1　分液漏斗振荡示意图

六、实验记录和数据处理

表3-11-1　有机物萃取与蒸馏实验记录表

实验操作	实验现象	结论与分析

七、拓展与思考

1. 长久存放的乙醚使用前，为何要检查其是否含有过氧化物？如何除去过氧化物？

2. 一般蒸馏时所用的冷凝管有几种类型？本实验的蒸馏装置为何必须与大气相通？接收器需要用冷水或冰水冷却吗？馏分流出的速度多少为宜？

八、参考文献

[1]兰州大学.有机化学实验[M].4版.北京：高等教育出版社，2017.

[2]曾昭琼.有机化学实验[M].3版.北京：高等教育出版社，2000.

[3]刘宝殿.化学合成实验[M].北京：高等教育出版社，2005.

实验十二　正溴丁烷的制备

醇和卤化氢反应是制备卤代烃的重要方法。正溴丁烷(1-溴丁烷、溴代正丁烷或正丁基溴)是重要的烷基化试剂和化工原料,广泛用于合成有机磷化合物三丁基膦、相转移催化剂和表面活性剂四正丁基溴化铵,也是合成有机反应中间体邻二烷氧基苯的主要原料。本实验用正丁醇和原位产生的溴化氢反应制备正溴丁烷,要求掌握卤代烃制备的原理和实验操作。

一、实验目的

1. 学习以溴化钠、浓硫酸和正丁醇制备正溴丁烷的原理与方法。
2. 练习带有吸收有害气体装置的回流加热操作。

二、预习要点

1. 醇和卤代烃的物理化学性质。
2. 蒸馏装置和分液漏斗的使用方法。

三、实验原理

$$NaBr+H_2SO_4 \longrightarrow HBr+NaHSO_4$$

$$n\text{-}C_4H_9OH+HBr \longrightarrow n\text{-}C_4H_9Br+H_2O$$

可能机理:

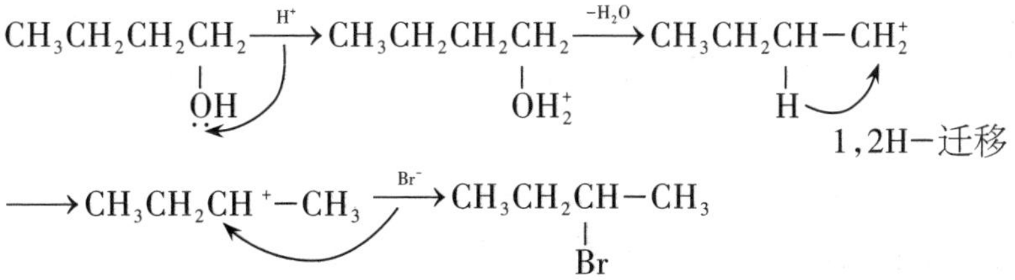

副反应:

$$CH_3CH_2CH_2CH_2OH \xrightarrow[\triangle]{H_2SO_4} CH_2CH_2CH=CH_2+H_2O$$

$$2CH_3CH_2CH_2CH_2OH \xrightarrow[\triangle]{H_2SO_4} (CH_3CH_2CH_2CH_2)_2O + H_2O$$

$$2HBr + H_2SO_4 \longrightarrow Br_2 + SO_2 + 2H_2O$$

四、实验用品

1. 实验试剂

正丁醇、溴化钠、浓硫酸、5%NaOH溶液、饱和碳酸氢钠溶液、无水氯化钙。

2. 实验材料和仪器

圆底烧瓶、球形冷凝管、直形冷凝管等回流和蒸馏装置器材、分液漏斗、尾气吸收装置器材等。

五、实验步骤

(1)在50 mL圆底烧瓶中加入5 mL水,小心分批加入6 mL浓硫酸(注意:浓硫酸遇水剧烈放热),摇动,混合均匀并冷至室温。

(2)再依次加入4 mL正丁醇和5 g溴化钠,充分振荡后加入2粒沸石,安装反应装置和尾气吸收装置。尾气用5%NaOH溶液吸收。

(3)在石棉网上小火加热至微沸,保持平稳回流约30 min,可不时摇动烧瓶,促使反应完成。

(4)待反应液冷却后,改为蒸馏装置(用直形冷凝管冷凝),蒸出粗产物正溴丁烷。

(5)将粗产物转移到分液漏斗中(注意:产物在下层),加入等体积的水洗涤,静置分层。

(6)将产物转入另一个干燥的分液漏斗中,用等体积的浓硫酸洗涤(注意:使用浓硫酸时要小心),尽量分去硫酸层。

(7)有机相依次用等体积的蒸馏水、饱和碳酸氢钠溶液和蒸馏水(除残留的碱)洗涤后,转入干燥的锥形瓶中,加入1 g无水氯化钙干燥5~10 min,直到液体澄清为止。

(8)通过带棉花球的漏斗将干燥好的液体转移至烧瓶中(避免干燥剂进入),加入2粒沸石,蒸馏,去掉前馏分,收集99~102 ℃的馏分。

注意:

(1)投料时严格按顺序;投料后,要混合均匀。

(2)反应时,保持回流平稳进行;防止导气管发生倒吸。

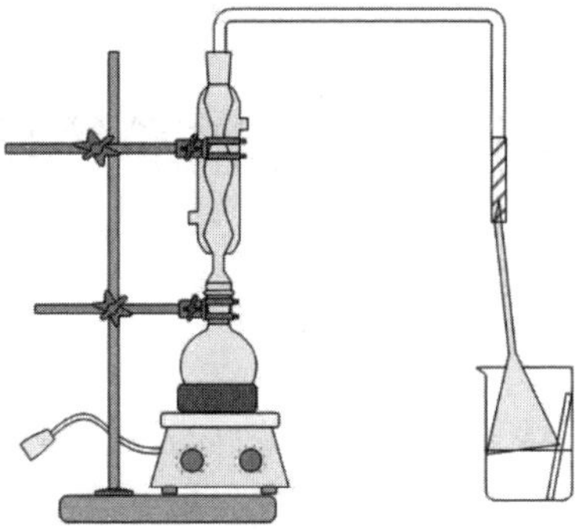

图3-12-1 回流实验装置图

六、实验记录和数据处理

表3-12-1 正溴丁烷的制备实验记录表

产物外观	产量	产率	折射率

七、拓展与思考

1. 分离纯化过程中,加浓硫酸到粗产物中的目的是什么?

2. 正溴丁烷制备实验中,粗产物用75°弯管连接冷凝管和烧瓶进行蒸馏,能否改用一般蒸馏装置进行粗蒸馏?这时如何控制蒸馏终点?

3. 文献[3]报道了先加热至回流(水、丁醇和浓硫酸),稍冷后迅速加入溴化钠,安好装置,振摇,再回流5 min即可完成实验,其可能的机理是什么?

八、参考文献

[1]兰州大学.有机化学实验[M].4版.北京:高等教育出版社,2017.

[2]曾昭琼.有机化学实验[M].3版.北京:高等教育出版社,2000.

[3]蒋历辉,管梦颖,阳华,等.有机化学实验操作失误引导创新——以正溴丁烷制备为例[J].大学化学,2022,37(21).

实验十三　醇和酚的性质

醇和酚是非常重要的有机含氧化合物，二者虽然含有相同的羟基官能团，但化学性质有着显著的差异。本实验学习醇和酚的主要化学性质，比较醇和酚之间化学性质的差异，掌握醇和酚的鉴别方法。

一、实验目的

1. 学习醇和酚的主要化学性质。
2. 比较醇和酚之间化学性质上的差异。

二、预习要点

1. 醇和酚的结构。
2. 醇和酚的化学性质。

三、实验原理

羟基与烃基或苯环侧链上的碳原子相连的化合物称为醇，羟基与苯环直接相连而形成的化合物称为酚。酚中的羟基和苯环直接相连，苯环与羟基之间的相互作用，使酚羟基在性质上与醇羟基有明显差异。

四、实验用品

1. 实验试剂

甲醇、乙醇、丙醇、异丙醇、丁醇、仲丁醇、叔丁醇、辛醇、乙二醇、丙三醇、苯酚的饱和水溶液、饱和溴水、碳酸钠(5%)、金属钠、酚酞指示剂、高锰酸钾(1%、0.5%)、氢氧化钠(5%)、硫酸铜(10%)、三氯化铁(1%)、盐酸(10%)。

2. 实验材料和仪器

烧杯、试管、玻璃棒、滴管、pH试纸、水浴装置等。

五、实验步骤

1. 醇的性质

(1)在水中的溶解度：在5支试管中各加入2 mL水，分别滴加甲醇、乙醇、丙醇、丁醇、辛醇各10滴，振摇并观察溶解情况，如果已经溶解，则再加入10滴样品，观察现象，对观察到的现象进行解释。

(2)醇钠的生成和水解：在干燥的试管中，加入1 mL无水乙醇，然后将光亮的一小粒金属钠投入试管中，观察现象，有什么气体放出？等金属钠完全消失后，向试管中加入2 mL水，滴加酚酞指示剂，对观察到的现象进行解释。

(3)醇的氧化：在3支试管中分别加入乙醇、异丙醇和叔丁醇各1 mL，滴加1%的高锰酸钾溶液2滴，充分振荡试管后将其置于水浴中微热，观察溶液颜色的变化，写出有关的化学反应式。

(4)多元醇和氢氧化铜的作用：用6 mL 5%的氢氧化钠溶剂和10滴10%硫酸铜溶液，生成新鲜的氢氧化铜，然后一分为二，分别取5滴乙二醇和丙三醇滴入新鲜的氢氧化铜中，记录观察到的现象。

2. 酚的性质

(1)苯酚的酸性：在试管中加入6 mL苯酚的饱和水溶液，用pH试纸测试其弱酸性。在上述溶液中逐滴加入5%氢氧化钠溶液，直至溶液清亮为止，再加入10%盐酸溶液使其呈酸性，有何现象发生？写出有关化学反应式。

(2)苯酚与溴水作用：取苯酚的饱和水溶液2滴，用水稀释至2 mL，逐滴加入饱和溴水，当溶液中开始析出的白色沉淀转变为淡黄色时，停止滴加，将混合物煮沸2 min，以除去过量的溴，冷却，观察现象，写出有关化学反应式。

(3)苯酚的氧化：取苯酚的饱和水溶液3 mL置于试管中，加入5 mL 5%碳酸钠和1 mL 0.5%高锰酸钾溶液，边加边振荡，观察现象。

(4)苯酚与三氯化铁作用：取苯酚的饱和水溶液2滴滴入试管中，加入2 mL水，逐渐滴入1%三氯化铁溶液，观察颜色的变化。

六、实验记录和数据处理

表3-13-1　醇的性质实验记录表

实验操作	实验现象	结论与分析

表3-13-2　酚的性质实验记录表

实验操作	实验现象	结论与分析

表3-13-3　醇、酚的性质差异分析表

物质	性质表现	异同分析
醇		
酚		

七、注意事项

1.如果反应停止后溶液中仍有残余的钠，应该先用镊子将钠取出放在乙醇中反应完全，然后加水，否则金属钠遇水，反应剧烈，不安全。

2.苯酚与溴水作用，生成微溶于水的白色沉淀2,4,6-三溴苯酚。滴加过量溴水，白色的三溴苯酚沉淀转化为淡黄色的难溶于水的四溴化物。

3.酚类或含有酚羟基的化合物，大多数能与三氯化铁溶液发生各种特有的颜色反应，发生颜色变化的主要原因是生成了解离度很大的酚铁盐。

八、拓展与思考

1.查阅资料,尝试设计实验进一步验证苯酚比乙醇的酸性强。

2.网络调研、参访企业,收集工业上处理酚类废水的方法。

九、参考文献

[1]曾昭琼.有机化学实验[M].3版.北京:高等教育出版社,2000.

[2]人民教育出版社课程教材研究所化学课程教材研究中心.普通高中课程标准实验教科书　化学(选修5)　有机化学基础[M].2版.北京:人民教育出版社,2007.

[3]邢其毅,裴伟伟,徐瑞秋,等.基础有机化学(上册)[M].4版.北京:北京大学出版社,2016.

[4]邢其毅,裴伟伟,徐瑞秋,等.基础有机化学(下册)[M].4版.北京:北京大学出版社,2017.

实验十四　糖类物质的性质

糖类是自然界中广泛分布的一类重要的有机化合物,在生命活动过程中起着非常重要的作用,是生命体维持生命活动所需能量的主要来源。糖类可分为单糖、低聚糖和多糖,又可分为还原糖和非还原糖。本实验主要用葡萄糖、果糖、麦芽糖、蔗糖、淀粉和纤维素作为试样进行实验,探究糖类物质的化学性质。

一、实验目的

1.学习糖类物质的主要化学性质。

2.熟悉糖类物质的某些鉴定方法。

二、预习要点

1. 糖类物质的结构。
2. 糖类物质的化学性质。

三、实验原理

糖通常分为单糖、低聚糖和多糖，又可分为还原糖和非还原糖。含有半缩醛(酮)结构的糖能使斐林(Fehling)试剂和托伦(Tollen)试剂还原，不含半缩醛(酮)结构的糖不具有还原性，称非还原糖，不能还原Fehling试剂和Tollen试剂。

鉴定糖类物质的定性反应是莫里希(Molish)反应，即在浓硫酸作用下，糖与α-萘酚作用生成紫红色络合物，从而在糖液与浓硫酸的液面间形成紫色环。酮糖能与间苯二酚作用显色，而醛糖不能，可用这一反应区别醛糖和酮糖。淀粉的碘试验是鉴定淀粉的一个很灵敏的方法。

四、实验用品

1. 实验试剂

液体药品：α-萘酚的95%乙醇溶液(10%)、葡萄糖(5%)、果糖(5%)、麦芽糖(5%)、蔗糖(5%)、Fehling试剂A和B、浓硫酸、硝酸银(5%)、氢氧化钠(10%)、稀氨水(1 mL浓氨水用9 mL水稀释)、氨水(2%)、碘-碘化钾溶液、浓盐酸。

固体药品：淀粉、间苯二酚。

2. 实验材料和仪器

烧杯、试管、玻璃棒、滴管、水浴装置等。

五、实验步骤

1. Molish试验

在3支试管中分别加入1 mL 5%葡萄糖、5%蔗糖、5%淀粉，再分别滴入2滴10% α-萘酚的95%乙醇溶液，混匀后，将试管倾斜45°，沿试管壁慢慢加入1 mL浓硫酸(勿摇动)，浓硫酸在下层，试液在上层，若两层交界处出现紫色环，表示溶液含有糖类化合物。若数分钟内无颜色，可在水浴中温热3~5 min，再观察结果。

2. 间苯二酚试验

取2支试管，标号，分别加入间苯二酚溶液2 mL，再分别加入1 mL 5%果糖、5%葡萄糖溶液。混匀，于沸水浴中加热1~2 min，观察颜色的变化情况。

3. Fehling试剂和Tollen试剂检出还原糖

（1）与Fehling试剂的反应。取Fehling试剂A和B各3 mL，混匀后，等分5份，分别置于5支试管中，标明号码。加热煮沸后，分别滴入0.5 mL 5%葡萄糖、5%果糖、5%麦芽糖、5%蔗糖、5%淀粉，观察并比较结果，注意颜色变化及有无沉淀析出。

（2）与Tollen试剂的反应。取一支大试管加入10 mL 5%硝酸银溶液，2~3滴10%氢氧化钠溶液，在振荡下滴加稀氨水（1 mL浓氨水用9 mL水稀释）直到析出的氧化银沉淀恰好溶解为止，即为Tollen试剂。将此Tollen试剂等分5份，分别加入5支试管中，再分别加入0.5 mL 5%葡萄糖、5%果糖、5%麦芽糖、5%蔗糖、5%淀粉。将5支试管放在60~80 ℃热水浴中加热几分钟。观察并比较结果，解释原因。

4. 淀粉的水解和碘试验

（1）胶淀粉溶液的配制。用8 mL冷水和0.5 g淀粉充分混合成均匀的悬浮液，勿使块状物存在。将此悬浮液倒入67 mL沸水中，继续加热几分钟即得到胶淀粉溶液。

（2）碘试验。向1 mL胶淀粉溶液中加入9 mL水，充分混合，再加入2滴碘-碘化钾溶液。淀粉与碘生成分子复合物而使溶液呈蓝色。将此蓝色溶液稀释10倍（用1 mL溶液加9 mL水），重复稀释，直至蓝色溶液变得很浅，粗略地推测此时溶液中淀粉的浓度大约是百万分之几，也就是说，当淀粉的浓度在百万分之几时，仍能出现碘试验的正性结果。

（3）淀粉用酸水解。在100 mL小烧杯中，加30 mL胶淀粉溶液，加入4~5滴浓盐酸。在水浴上加热，每隔5 min从小烧杯中取少量液体做碘试验，直到不再起碘反应为止（约30 min）。先用10%氢氧化钠溶中和，再用Tollen试剂检测，观察有何现象，并解释。

六、实验记录和数据处理

表3-14-1 糖类物质的性质实验记录表

实验操作	实验现象	结论与分析

七、注意事项

1.Molish反应可能是糖类物质先与浓H_2SO_4反应生成糠醛衍生物，后者再与α-萘酚反应生成紫色络合物。

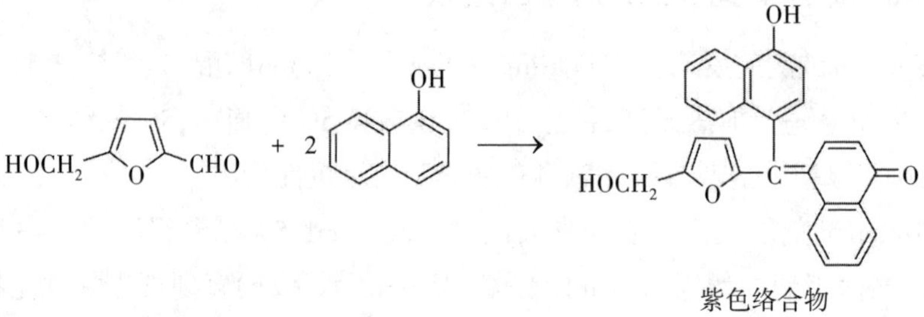

2.酮糖与间苯二酚溶液生成鲜红色沉淀。它溶于酒精，呈鲜红色。本试验应注意的是盐酸和葡萄糖浓度不要超过12%，观察颜色反应时，加热不要超过10 min。

3.间苯二酚溶液的配制。0.01 g间苯二酚溶于10 mL浓盐酸和10 mL水，混匀即成。

4.Fehling试剂的配制。Fehling试剂A：溶解3.5 g硫酸铜晶体($CuSO_4·5H_2O$)于100 mL水中，混浊时过滤。Fehling试剂B：溶解酒石酸钾钠晶体17 g于15~20 mL热水中，加入20 mL 20%的氢氧化钠，稀释至100 mL。此两种溶液要分别贮藏，使用时才取等量试剂A及试剂B混合。

由于氢氧化铜是沉淀，不易与样品作用，因此，有酒石酸钾钠存在时氢氧化铜沉淀溶解，形成深蓝色的溶液。

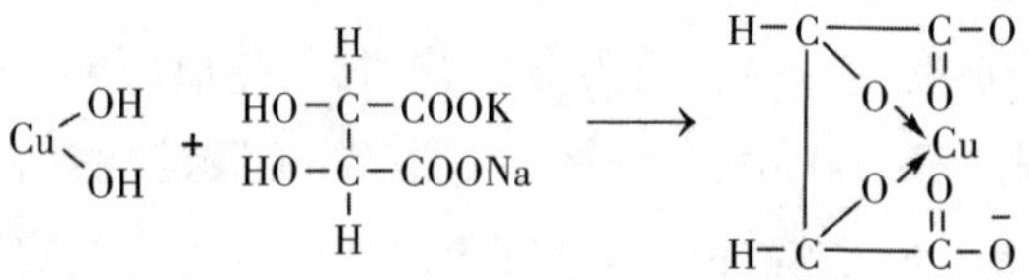

5.Tollen试剂的配制。加20 mL5%硝酸银溶液于一根干净试管内，加入1滴10%氢氧化钠溶液，然后滴加2%氨水，摇动，直至沉淀刚好溶解。

配制Tollen试剂所涉及的化学变化如下：

$$AgNO_3+NaOH \longrightarrow AgOH+NaNO_3$$

$$2AgOH \longrightarrow Ag_2O+H_2O$$

$$AgO+4NH_3+H_2O \longrightarrow 2[Ag(NH_3)_2]^+OH^-$$

配制Tollen试剂时应防止加入过量的氨水，否则将生成雷酸银，受热后将引起爆炸，试剂本身也将失去灵敏性。

Tollen试剂久置后会析出黑色的氮化银(Ag_3N)沉淀，它受震动时分解，发生猛烈爆炸，有时潮湿的氮化银也能引起爆炸。因此Tollen试剂必须现用现配。

八、拓展与思考

1.查阅资料,设计实验进一步验证果糖是还原性糖。

2.海藻糖是自然界分布较广的一种非还原性糖,而纤维二糖具有还原性,用两种不同的方法鉴别它们。

3.了解一下糖尿病以及糖尿病人的饮食,尝试为不同类型的糖尿病人设计参考食谱。

九、参考文献

[1]申金山,于海涛,王秀玲.化学实验(中)[M].2版.北京:化学工业出版社,2016.

[2]邢其毅,裴伟伟,徐瑞秋,等.基础有机化学(下册)[M].4版.北京:北京大学出版社,2017.

实验十五　从橙皮中提取橙油

从天然资源中提取有机物,首先得到的是含有机物的粗品,因此需要经过分离、提纯才能得到纯品。提纯混合有机物的方法很多,本实验利用溶剂萃取和水蒸气蒸馏的方法从橙皮中提取橙油。

一、实验目的

1.了解从天然产物中提取有效成分的方法。

2.练习水蒸气蒸馏操作。

二、预习要点

1.从天然产物中提取有效成分的方法及实际意义。

2.蒸馏的种类及适用范围。

三、实验原理

柑橘类水果的皮中含挥发油2%~4%，橙皮的挥发油为柠檬烯、柠檬醛等萜烯类化合物和黄酮类化合物，含萜烯类化合物90%以上，其主要成分是分子式为$C_{10}H_{16}$的多种物质，它们均为无色液体，沸点、折射率都很相近，多具有旋光性。本实验利用水蒸气蒸馏法从橙皮中提取橙油。

四、实验用品

1. 实验试剂

石油醚(60~90 ℃)、无水硫酸钠。

2. 实验材料和仪器

两块橙皮或橘皮；三颈瓶、锥形瓶、水蒸气蒸馏装置。

五、实验步骤

在250 mL三颈瓶中加入60 g切成碎片的橙皮(或橘皮)。安装好水蒸气蒸馏装置，进行水蒸气蒸馏。控制馏出速度为每秒1滴，收集馏出液。具有浓郁的橙香气味的油滴即为橙油。用30 mL石油醚(60~90 ℃)萃取馏出液3次，合并萃取液于锥形瓶中，用无水硫酸钠干燥。用蒸馏装置蒸去溶剂，称量，计算提取率。

六、实验记录和数据处理

表3-15-1　从橙皮中提取橙油实验结果

产物外观	产量	产率(以所用橙皮质量为基准)	沸点	折射率

七、注意事项

1.蒸馏除去溶剂时加热温度不要过高，以免影响产品质量。

2. 新鲜橙子皮的效果较好，要剪成小碎片。

八、拓展与思考

1. 橙油属于天然产物中的哪一类物质？它的主要结构是什么？这类物质的通性是什么？

2. 为什么可以用水蒸气蒸馏法提取橙油？挥发性油常用的提取方法还有哪些？

九、参考文献

[1]申金山，于海涛，王秀玲．化学实验(中)[M].2版．北京：化学工业出版社，2016.
[2]曾昭琼．有机化学实验[M].3版．北京：高等教育出版社，2000.

实验十六　乙酸乙酯的制备

羧酸酯广泛存在于自然界，低级酯一般是具有芳香气味或特定水果香味的液体，日常生活中的饮料、糖果和糕点等常使用酯类香料。羧酸酯一般是由羧酸和醇在少量浓硫酸的催化作用下制得的，乙酸乙酯的合成是经典反应，在有机合成中占有重要的地位。本实验以乙酸和乙醇为原料，浓硫酸为催化剂制备乙酸乙酯。

一、实验目的

1. 了解用有机酸合成酯的一般原理及方法。
2. 熟练掌握蒸馏、分液漏斗使用等操作。

二、预习要点

1. 乙醇和乙酸反应生成乙酸乙酯的反应历程。
2. 分离和提纯液体混合物的方法。

三、实验原理

醇和有机酸在H^+存在下发生酯化反应生成酯。

$$CH_3CH_2OH + CH_3COOH \underset{回流}{\overset{浓H_2SO_4}{\rightleftharpoons}} CH_3COOCH_2CH_3 + H_2O$$

四、实验用品

1. 实验试剂

无水乙醇(99.5%)、冰醋酸、浓硫酸、饱和碳酸钠溶液、饱和氯化钠溶液、饱和氯化钙溶液、无水硫酸镁。

2. 实验材料和仪器

圆底烧瓶、锥形瓶、冷凝管、蒸馏装置、分液漏斗等。

五、实验步骤

在50 mL圆底烧瓶中加入9.5 mL无水乙醇和6 mL冰醋酸,再小心加入2.5 mL浓硫酸,混匀后,加入沸石,然后装上冷凝管。

小火加热反应瓶,缓慢回流0.5 h,待瓶中反应物冷却后,将回流装置改成蒸馏装置,用冷水冷却接收器。加热蒸馏出生成的乙酸乙酯,直到馏出液体积约为反应物总体积的1/2为止。

在馏出液中慢慢加入饱和碳酸钠溶液,并不断振荡,直至不再有二氧化碳气体产生(或调节至石蕊试纸不再显酸性),然后将混合液转入分液漏斗,分去下层水溶液,有机层用5 mL饱和氯化钠溶液洗涤,再用5 mL饱和氯化钙溶液洗涤,最后用水洗一次,分去下层液体。将有机层倒入一个干燥的锥形瓶中,用无水硫酸镁干燥。将干燥后的有机层进行蒸馏,收集73~78 ℃的馏分,称量产物。

纯乙酸乙酯为无色而有香味的液体,沸点为77.06 ℃,折射率为1.3723。

六、实验记录和数据处理

表3-16-1　乙酸乙酯的制备实验结果

产物性状	馏分	理论产量	实际产量	产率	密度

七、注意事项

1. 在馏出液中，除了酯和水外，还含有少量未反应的乙醇和乙酸，也含有副产物乙醚。故必须用碱除去其中的酸，并用饱和氯化钙除去未反应的醇，否则会影响到酯的产率。

2. 当有机层用饱和碳酸钠溶液洗过后，若紧接着就用氯化钙溶液洗涤，有可能产生絮状碳酸钙沉淀，使进一步分离变得困难，故在两步操作间必须用水洗一下。由于乙酸乙酯在水中有一定的溶解度，为了尽可能减少损失，所以实际上用饱和氯化钠溶液来洗。

八、拓展与思考

1. 酯化反应有什么特点？在实验中如何创造条件促使酯化反应尽量向生成物方向进行？

2. 了解日常生活中常用的酯类香料。

九、参考文献

[1]曾昭琼.有机化学实验[M].3版.北京：高等教育出版社，2000.

[2]肖鹏飞，郑洪开.对乙酸乙酯制备实验的思考与研究[J].中学化学教学参考，2021(12).

实验十七　油脂的皂化反应——肥皂的制备

油脂是高级脂肪酸与甘油形成的酯，属于酯类化合物。常温下呈液态的油脂称为油，如豆油、花生油；呈固态的油脂称为脂肪，如牛油、羊油等。油脂在碱性溶液中水解，生成高级脂肪酸盐和甘油，高级脂肪酸钠盐通常用于生产肥皂，因此，油脂在碱性溶液中的水解反应又称为皂化反应。

一、实验目的

1. 了解皂化反应的一般原理及方法。
2. 熟练掌握过滤等操作。

二、预习要点

1. 油脂的结构特点。
2. 油脂皂化反应的机理。
3. 工业生产肥皂的流程。

三、实验原理

油脂在碱性条件下发生水解反应，生成高级脂肪酸的盐和甘油。

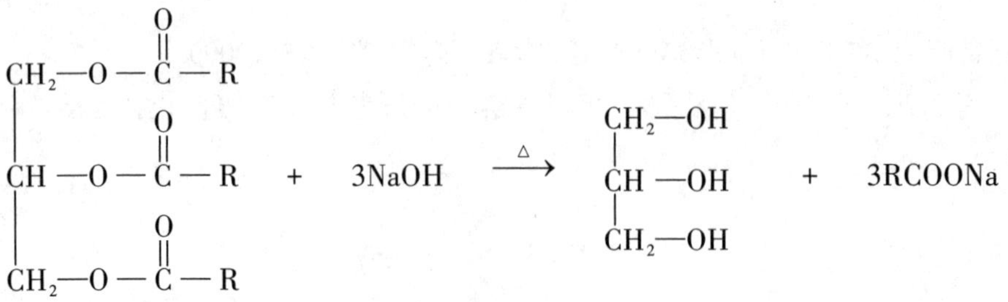

四、实验用品

1. 实验试剂

椰子油、氢氧化钠(30%)、乙醇(95%)、饱和氯化钠溶液、蒸馏水。

2. 实验材料和仪器

烧杯、温度计、玻璃棒、水浴装置、漏斗等。

五、实验步骤

在250 mL烧杯中依次加入椰子油10 g、95%乙醇溶液10 g、30%氢氧化钠溶液5 g，用玻璃棒将混合液搅拌均匀。将烧杯置于75~80 ℃的水浴中，边加热边用玻璃棒搅拌至溶液透明，停止加热，倒入饱和氯化钠溶液200 mL，静置，有固体析出，过滤，滤饼即为肥皂。

六、实验记录和数据处理

表3-17-1　肥皂的制备实验结果

肥皂性状	肥皂手感	理论产量	实际产量	产率	影响皂化反应的因素

七、注意事项

1.椰子油等植物油因气温较低凝固，先将其置于烧杯中加热使其融化，加热不宜超过40 ℃。

2.溶液透明后，用滴管吸取少量溶液滴入蒸馏水中并搅拌，水面如果有油花，说明皂化反应没有结束，继续反应，直至观察不到油花为止。

八、拓展与思考

1.查阅文献思考：地沟油有哪些危害？如何将地沟油变废为宝？

2.结合构造决定性质这一化学思想，进一步了解：肥皂为什么能去污？

九、参考文献

[1]人民教育出版社课程教材研究所化学课程教材研究开发中心.普通高中课程标准实验教科书　化学(选修5)　有机化学基础[M].2版.北京:人民教育出版社,2007.

[2]吴云英,杨彩云,陈文静,等.油脂皂化制备肥皂与固体酒精的实验教学整合[J].玉溪师范学院学报,2021,37(6).

实验十八　茶叶提取咖啡因

天然产物是指动物、植物提取物或其代谢产物,以及人和动物体内的化学成分,主要包括蛋白质、多肽、氨基酸、木质素、维生素、油脂、蜡、生物碱、黄酮、糖苷类、酚类、醌类、抗生素等天然存在的化学成分。

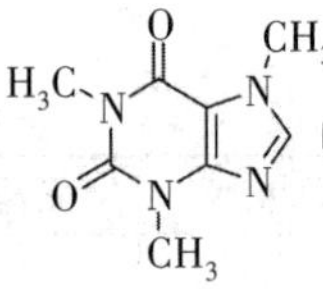
咖啡因

生物碱大多存在于植物中,故又称为植物碱,是一类含氮的碱性有机化合物,有复杂的环状结构,大多含有含氮杂环。咖啡因是一种黄嘌呤生物碱化合物,是一种中枢神经兴奋剂,能够暂时地驱走睡意并恢复精力。茶叶主要成分为黄酮类、茶多酚、生物碱、氨基酸、维生素等,其中生物碱有多种,但以咖啡因为主,占1%~4%。

一、实验目的

1.掌握从植物中提取天然生物碱的过程,熟悉萃取、蒸馏和升华的基本操作,了解咖啡因的一般性质。

2.掌握索氏(Soxhlet)提取器原理和操作。

二、预习要点

1.天然产物的基础知识。

2.咖啡因的结构和物理化学性质。

三、实验原理

提取类似萃取，即利用相似相溶原理。索氏提取器，又叫脂肪提取器，是由提取瓶（圆底烧瓶）、提取管、冷凝器（冷凝管）三部分组成，提取管两侧分别有虹吸管和蒸气导管，各部分连接处要严密，不能漏气。提取实验时，将待测样品包在脱脂滤纸包内，放入提取管内。加热提取瓶溶剂至沸腾后，溶剂蒸气由蒸气导管上升进入冷凝器，凝成液体滴入提取管内，浸提样品中的化学物质。待提取管内溶剂的液面达到一定高度，溶解了被提取化学成分的溶剂经虹吸管流入提取瓶。流入提取瓶内的溶剂继续被加热汽化、上升、冷凝，滴入提取管内，如此循环往复，直到提取完全，被提取化学成分富集于提取瓶。

四、实验用品

1. 实验试剂

生石灰、乙醇（95%）。

2. 实验材料和仪器

茶叶、索氏提取器、蒸馏装置、坩埚、蒸发皿、表面皿等。

五、实验步骤

（1）安装提取器和包裹茶叶。将10 g茶叶（可碾碎成茶叶末儿）包裹在下端短折回的纸筒内，纸筒直径应该小于提取管内径，高度低于虹吸管；在纸筒上口放一团脱脂棉。将包裹好的茶叶纸筒放置在索氏提取器里。

（2）在150 mL提取瓶（圆底烧瓶）内加入80~100 mL 95%乙醇溶液，加入两粒沸石，安装球形冷凝管。打开回流水，加热至微沸状态，连续加热提取，虹吸5次（1~1.5 h）。

（3）待冷凝液恰好虹吸下去时，停止加热，改为蒸馏装置，回收乙醇，切记不要完全蒸干。

（4）趁热将蒸馏残留物倒入蒸发皿，用少量（约2 mL）乙醇洗涤烧瓶，将洗涤液并入蒸发皿中，加入4 g生石灰粉末，搅拌使之呈糊状，在蒸汽浴上蒸干。小火加热，蒸干全部水分，并研细成粉末。

（5）取扎有许多小孔的圆形匹配滤纸盖在蒸发皿上，用大小合适的玻璃漏斗倒扣在上面，在漏斗颈口塞一团疏松的棉球。

（6）将蒸发皿置于坩埚上沙浴，小心加热，升温使咖啡因升华，咖啡因升华结晶在滤纸表面和漏斗内壁，出现白色针状晶体时，停止加热，冷却后，小心取下漏斗和滤纸，用小刀刮取晶体于表面皿中。

搅拌蒸发皿内残渣,再次重复上述实验操作;合并样品,称量。

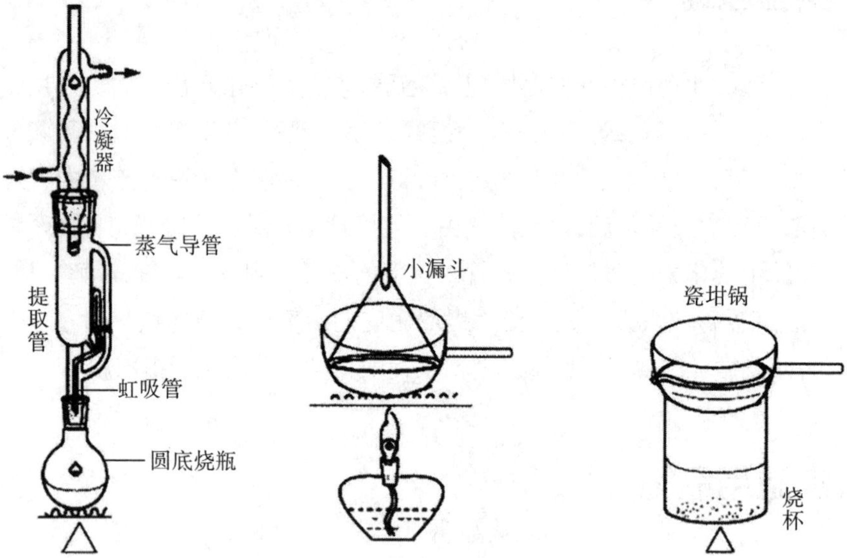

图3-18-1 萃取装置、升华装置、干燥装置

六、实验记录和数据处理

表3-18-1 茶叶提取咖啡因实验结果

产品性状	理论产量	实际产量	产率	熔点	影响产率的因素

七、拓展与思考

1. 查阅文献,尝试设计咖啡因的鉴定试验。

2. 咖啡因存在于哪些物质中?除了可以用乙醇萃取咖啡因外,还可以用哪些溶剂萃取?

八、参考文献

[1]曾昭琼. 有机化学实验[M].3版. 北京:高等教育出版社,2000.

[2]兰州大学. 有机化学实验[M].4版. 北京:高等教育出版社,2017.

[3]李芬芳,李改仙. 茶叶中提取咖啡因的实验改进[J]. 海南师范大学学报(自然科学版),2015,28(1).

实验十九　溶解热的测定

物质溶解于溶液中，伴随产生的热称为溶解热。物质溶解热的大小取决于溶剂、溶质物质和它们的相对量。本实验采用电热补偿法测定溶解热。仪器采用一体式设计，将恒流电源、温度温差仪、磁力搅拌器等集成一体。

一、实验目的

1. 掌握使用电热补偿法测定物质溶解热的方法。
2. 学会使用溶解热仪测定物质的溶解热。

二、预习要点

1. 溶解热的相关概念。
2. 用称量瓶准确称量的操作。

三、实验原理

本实验测硝酸钾与氯化钾在水中的溶解热。在硝酸钾、氯化钾的溶解过程中，温度随反应的进行而降低，故实验采用电热补偿法。先测定体系初始温度，随着样品溶解，溶液温度会随之降低，通过电加热的方法使体系再恢复至起始温度，根据所消耗电能求出热效应Q。

$$Q=UIt$$

式中U为电阻丝两端所加电压(V)，I为通过电阻丝的电流强度(A)，t为通电时间(s)。

溶解热分为积分溶解热和微分溶解热两种。积分溶解热是指在定温定压下，把1 mol溶质溶解在n_0 mol溶剂时所产生的热效应，由于溶液浓度逐渐改变，也称为变浓溶解热，用Q_s表示。微分溶解热是指在定温定压下，把1 mol溶质溶解在无限量的一定浓度的某溶液中时所产生的热量，浓度可视为不变，因此也称为定浓溶解热，以$\left(\frac{\partial Q_s}{\partial n}\right)_{T,P,n_0}$表示。

通过Q_s—n_0作图，在Q_s点的切线斜率对应该浓度溶液的微分稀释热，该切线在纵坐标的截距OC，对应于该浓度溶液的微分溶解热。在含有1 mol溶质的溶液中加入溶剂，使溶剂量从n_{02} mol增至n_{01} mol过程的积分稀释热为$BG-EG$。

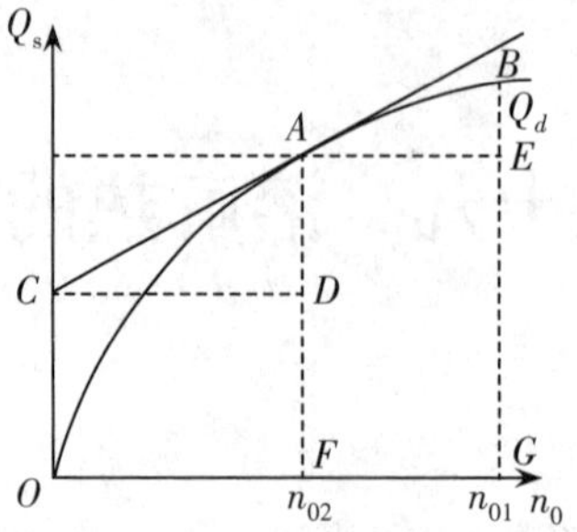

图3-19-1　Q_s—n_0图

四、实验用品

1. 实验试剂

硝酸钾、蒸馏水、氯化钾。

2. 实验材料和仪器

ZR-2J溶解热测定装置、量热计(包括杜瓦瓶、加热器)、磁力搅拌器及温度传感器、分析天平、研钵、称量瓶、鼓风干燥箱等。

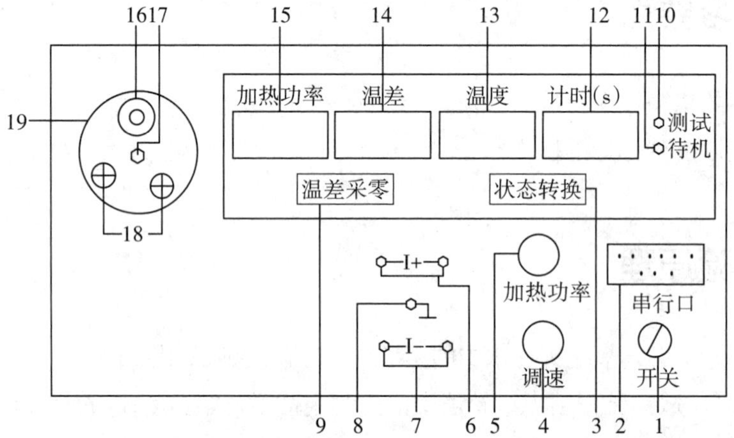

1. 电源开关；2. 串行口；3. 状态转换键；4. 调速旋钮；5. 加热功率旋钮；6. 正极接线柱；7. 负极接线柱；8. 接地接线柱；9. 温度采零；10. 测试指示灯；11. 待机指示灯；12. 计时显示窗口；13. 温度显示窗口；14. 温差显示窗口；15. 加热功率显示窗口；16. 加料口；17. 传感器插入口；18. 加热丝引出端；19. 固定架。

图3-19-1　ZR-2J溶解热测定装置面板①

① 2. 串行口：计算机接口，根据需要与计算机连接；3. 状态转换键：测试与待机状态之间的转换；4. 调速旋钮：调节磁力搅拌器的转速；5. 加热功率旋钮：根据需要调节所需输出的加热功率；6. 正极接线柱：负载的正极接入处；7. 负极接线柱：负载的负极接入处；9. 温度采零：在待机状态下，按下此键对温差进行清零；10. 测试指示灯：灯亮表明仪器处于测试工作状态；11. 待机指示灯：灯亮表明仪器处于待机工作状态；12. 计时显示窗口：当仪器进入测试状态时，计时器开始工作；13. 温度显示窗口：显示被测物的实际温度值；14. 温差显示窗口：显示温差值；15. 加热功率显示窗口：显示输出的加热功率值；19. 固定架：固定溶解热反应器。

五、实验步骤

（1）用电源线将仪器后面板的电源插座与220 V电源相连，将传感器插头接入传感器插入口，用配置的加热功率输出线接入"I+""I−"，注意线的颜色"红—红""蓝—蓝"。打开电源开关，仪器处于待机状态，待机指示灯亮。

（2）将7个称量瓶编号，在天平上分别称取0.5 g、1.5 g、2.5 g、3.0 g、3.5 g、4.0 g和4.5 g的硝酸钾（参考质量，分别对应物质的量n_1~n_7）。硝酸钾使用前需要研磨，并及时密封保存，防止吸潮。

（3）在天平上称取216.2 g蒸馏水放入杜瓦瓶内，放入磁珠，拧紧瓶盖，并放到固定架上。

（4）将O形圈套入传感器，调节O形圈使传感器浸入蒸馏水约100 mm，把传感器探头插入杜瓦瓶内（注意：不要与瓶内壁相接触，不要捅破瓶子）。

（5）按下状态转换键，使仪器处于测试状态（工作状态）。调节加热功率旋钮，使功率P=2.4 W左右。调节调速旋钮，使搅拌磁珠的速度为实验所需要的转速。

（6）实验时，因加热器开始加热时有一定滞后性，故应先让加热器正常加热，使温度高于环境温度0.5 ℃左右，按温差采零键（注意：待机状态下温差采零键才会有效），仪器自动清零。立刻打开杜瓦瓶的加料口，按编号顺序加入第一份样品（注意：此时要变换为测试状态），并同步记录时间。等温差值回到零时，加入第二份样品（注意：保持测试状态，不需要进行温差采零，记录的时间为累计时间），依次类推，加完所有的样品。（注意：手工绘制曲线图时，每加一份料的同时，请同步记录时间。加样品时，如撒到仪器面板上，请清理干净，防止仪器腐蚀）

（7）实验结束，按状态转换键，使仪器处于待机状态。将加热功率旋钮和调速旋钮左旋到底，关闭电源开关，拆去实验装置。（注意：清洗杜瓦瓶，不要将磁珠掉入水池里）

六、实验现象和数据处理

表3-19-1　溶解热的测定实验数据

样品序号	硝酸钾质量/g	硝酸钾累计质量/g	通电时间/s	硝酸钾物质的量/mol	n_0的值（1 mol硝酸钾溶于n_0摩尔水）	热效应Q	积分溶解热Q_s
1							
2							
3							
4							
5							
6							
7							

1.记录并计算每次加入硝酸钾后的累计质量和累计通电时间。

2.计算每次溶解过程中的热效应。

$$Q=Pt(\mathrm{J})$$

公式含义:热效应等于功率乘以累计通电时间(此时样品对应的是累计质量)。

3.将算出的Q值进行换算,求出当把1 mol硝酸钾溶于n_0摩尔水中的积分溶解热Q_S。

4.将以上数据列表并做Q_S—n_0图,从图中求出n_0=80,100,200,300和400处的积分溶解热和微分稀释热,以及n_0从80→100,100→200,200→300,300→400的积分稀释热。

七、注意事项

1.加样速度太快或加样速度太慢,都容易堵住漏斗。

2.样品颗粒太大,会导致溶解速度太慢。

3.装置绝热密闭性差,会导致与外界有热交换,从而产生误差。

八、分析与讨论

1.硝酸钾溶于水的热力学过程是怎样的?

2.本实验测得硝酸钾在有限浓度情况下的积分溶解热,积分溶解热大小和哪些因素有关?

3.试根据硝酸钾的标准摩尔生成焓,分析本实验实际测得的溶解热和理论计算的溶解热的差距有多大。

九、拓展与思考

1.在实验容器容积范围内,加水量不同对实验结果有什么影响?

2.药品研磨程度对溶解热实验数据有什么影响?

3.药品的干燥程度对溶解热实验结果有什么影响?

十、参考文献

[1]王曦,曾馨,韩翔,等."溶解热测定"实验数据处理的双倒数模型[J].长江大学学报(自科版),2013,10(19).

[2]张晓菲.溶解热测定实验的条件探索[J].赤峰学院学报(自然科学版),2016,32(12).

[3]戴可.关于硝酸钾的溶解热[J].广东化工,2019,46(18).

实验二十　丙酮碘化

化学反应可以分为基元反应(又称元反应)和非基元反应(又称复合反应)。通常所写的化学反应方程式是没有考虑反应机理的化学计量方程式。依热力学原理,这种化学反应方程式是没有意义的,而从动力学角度,还需要考虑反应机理才更有效。研究化学反应的速率方程是化学实验课程中重要的内容之一,最常使用的测定反应速率的体系是丙酮与碘的反应。

一、实验目的

1. 测定用酸作为催化剂时丙酮碘化反应的速率常数及活化能。
2. 初步认识复杂反应的机理,了解复杂反应表观速率常数的求算方法。

二、预习要点

1. 反应速率的影响因素。
2. 朗伯-比尔(Lambert-Beer)定律。
3. 分光光度计的使用。

三、实验原理

丙酮与碘的反应:

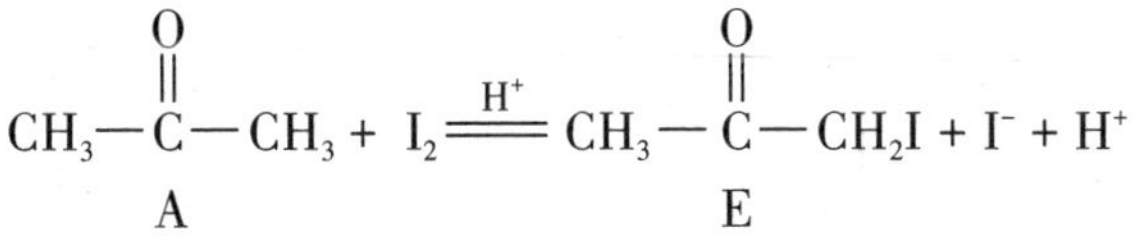

A　E

一般认为该反应按以下两步进行:

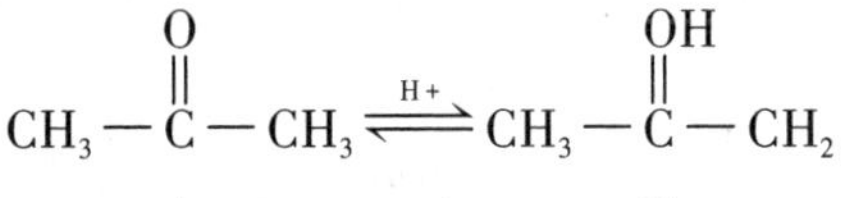

A　B　(1)

$$\underset{\text{B}}{CH_3-\overset{\overset{\text{OH}}{\|}}{C}-CH_2} + I_2 \longrightarrow \underset{\text{E}}{CH_3-\overset{\overset{\text{O}}{\|}}{C}-CH_2I} + I^- + H^+ \tag{2}$$

反应(1)是丙酮的烯醇化反应，它是一个很慢的可逆反应，反应(2)是烯醇的碘化反应，它是一个快速且趋于进行到底的反应。因此，丙酮碘化反应的总速率是由丙酮烯醇化反应的速率决定，丙酮烯醇化反应的速率取决于丙酮及氢离子的浓度。如果以碘化丙酮浓度的增加来表示丙酮碘化反应的速率，则此反应的动力学方程式可表示为：

$$\frac{dC_E}{dt} = kC_A C_{H^+} \tag{3}$$

式中，C_E为碘化丙酮的浓度，C_{H+}为氢离子的浓度，C_A为丙酮的浓度，k表示丙酮碘化反应的总速率常数。

由反应(2)可知：

$$\frac{dC_E}{dt} = -\frac{dC_{I_2}}{dt} \tag{4}$$

因此，如果测得反应过程中各时刻碘的浓度，就可以求出dC_E/dt。由于碘在可见光区有一个比较宽的吸收带，所以可利用分光光度计来测定丙酮碘化反应过程中碘的浓度随时间的变化，从而求出反应的速率常数。若在反应过程中，丙酮的浓度远大于碘的浓度且催化剂酸的浓度也足够大时，则可把丙酮和酸的浓度看作不变，把(3)式代入(4)式积分得：

$$C_{I_2} = -kC_A C_{H^+} t + B \tag{5}$$

按照朗伯-比尔定律，某指定波长的光通过碘溶液后的光强为I，通过蒸馏水后的光强为I_0，则透光率可表示为：

$$T = I/I_0 \tag{6}$$

并且透光率与碘的浓度之间的关系可表示为：

$$\lg T = -\varepsilon d C_{I_2} \tag{7}$$

式中，T为透光率，d为比色槽的光径长度，ε是取以10为底的对数时的摩尔吸收系数。将(5)式代入(7)式得：

$$\lg T = k\varepsilon d C_A C_{H^+} t + B' \tag{8}$$

由$\lg T$对t作图可得一直线，直线的斜率为$k\varepsilon d C_A C_{H^+}$。式中$\varepsilon d$可通过测定已知浓度的碘溶液的透光率，由(7)式求得。当C_A与C_{H+}已知时，只要测出不同时刻丙酮、酸、碘的混合液对于指定波长的光的透光率，就可以利用(8)式求出反应的总速率常数k。

有两个或两个以上温度的速率常数，就可以根据阿伦尼乌斯(Arrhenius)关系式计算反应的活化能。

$$E_a = \frac{RT_1T_2}{T_2 - T_1} \ln \frac{k_2}{k_1} \tag{9}$$

为了验证上述反应机理，可以进行反应级数的测定。根据总反应方程式，可建立如下关系式：

$$V=\frac{dC_E}{dt}=kC_A^{\alpha}C_{H^+}^{\beta}C_{I_2}^{\gamma}$$

式中，α、β、γ分别表示丙酮、氢离子和碘的反应级数。若保持氢离子和碘的起始浓度不变，只改变丙酮的起始浓度，分别测定在同一温度下的反应速率，则：

$$\frac{V_2}{V_1}=\left(\frac{C'_A}{C_A}\right)^{\alpha}$$

$$\alpha=\lg\frac{V_2}{V_1}/\lg\frac{C'_A}{C_A} \tag{10}$$

同理可求出β、γ：

$$\beta=\lg\frac{V_3}{V_1}/\lg\frac{C'_{H^+}}{C_{H^+}} \qquad \gamma=\lg\frac{V_4}{V_1}/\lg\frac{C'_{I_2}}{C_{I_2}} \tag{11}$$

四、实验用品

1. 实验试剂

标准碘溶液（C_{I_2}=0.01644 mol·L^{-1}）、标准盐酸溶液（2.095 mol·L^{-1}）、标准丙酮溶液（1.9325 mol·L^{-1}）。

2. 实验材料和仪器

分光光度计1套、容量瓶（50 mL）3只、比色皿1个、移液管（5 mL、10 mL）。

五、实验步骤

1. 实验准备

（1）开启有关仪器，分光光度计要预热30 min。

（2）按照下表配置溶液（3只50 mL容量瓶）。

表3-20-1 溶液配置

容量瓶1	容量瓶2	容量瓶3
将5 mL碘溶液用蒸馏水定容至50 mL	加入10 mL碘溶液、5 mL盐酸溶液（不需要定容至50 mL）	加入少量水、5 mL丙酮溶液（不需要定容至50 mL）

2. 校正透光率100%

定波长，稳定5 min。在控制面板上将工作状态调在透光率挡，在比色皿中装满蒸馏水，在光路中放好。在仪器控制面板上调整出透光率100%。

3. 测量 εd 值

测容量瓶1中碘溶液透光率，测试前先用该溶液润洗比色皿，然后测其透光率 T，更换碘溶液再重复测两次，共测3次取平均值。(注意正确使用比色皿)

4. 测定丙酮碘化反应的速率常数

将容量瓶3中溶液迅速加入容量瓶2中，当加入量到一半时开始计时。再用少量水润洗容量瓶3后，将剩余溶液加入容量瓶2中，并将容量瓶2定容至50 mL，摇匀。用此混合液洗涤比色皿多次，然后把此溶液注入比色皿。测反应液的透光率变化，每2分钟记一次数据，取得12至14个数据为止。

5. 整理

实验完毕，清洗容量瓶、比色皿，关闭仪器。

六、实验记录和数据处理

1.数据记录：

室温：__________，大气压：__________。

将所测实验数据填入下表(以25 ℃为例)。

表3-20-2　25 ℃时实验数据表

时间/min	透光率 T/%	$-\lg T$
25 ℃时碘溶液透光率：		

2.以 $\lg T$ 对时间 t 作图，求出直线的斜率，求得 εd 的值，进而得到反应速率常数。

七、注意事项

1.实验中,标准溶液的配置需准确。

2.丙酮碘化中用反应平均速率代替瞬时速率,需要对反应时间精确记录。

八、分析与讨论

1.影响反应速率的因素主要有哪些?

2.反应中测定的反应速率是反应(1)丙酮的烯醇化反应的速率还是反应(2)烯醇的碘化反应的速率?

3.什么是基元反应和非基元反应?“快反应”和“慢反应”的主要区别是什么?

九、拓展与思考

1.平衡常数与温度的关系式同反应速率常数与温度的关系式,二者有哪些相似和不同之处?

2.能否根据化学反应方程式来表达反应的级数?为什么?请举例说明。

3.导致本实验出现误差的因素有哪些?

十、参考文献

[1]浙江大学普通化学教研组.普通化学[M].7版.北京:高等教育出版社,2020.

[2]韩莉,金鑫,张卫.关于丙酮碘化反应实验的方法误差的讨论[J].大学化学,2020,35(2).

实验二十一　乙酸解离度和解离常数的测定

大多数酸和碱在水溶液中存在解离反应,其标准平衡常数叫作解离常数,酸的解离常数用K_a表示。乙酸既是常用的有机溶剂,也是重要的化工原料,在照相材料、合成纤维、染料、香料、医药和橡胶等行业都有广泛应用。

一、实验目的

1. 掌握测定乙酸解离度和解离常数的方法。
2. 正确使用酸度计。
3. 进一步巩固滴定操作和溶液配置方法。

二、预习要点

1. 解离度和解离常数。
2. 溶液的配置。
3. 酸度计的使用。

三、实验原理

乙酸（CH_3COOH，简写为HAc）又名醋酸，是食醋的主要成分，是一元弱酸，在溶液中有下列解离平衡：

$$HAc \rightleftharpoons H^+ + Ac^-$$

初始浓度：　　c　　0　　0

平衡浓度：　　$c - ca$　　ca　　ca

平衡解离常数：$K_a = \dfrac{c_{H^+} c_{Ac^-}}{c_{HAc}} = \dfrac{ca^2}{1-a} \approx ca^2$

乙酸浓度已知，在一定温度下，通过测定一系列已知浓度乙酸的pH，由$pH=-\lg[H^+]$，可计算出$[H^+]$。一元弱酸中，如$c/K_a \geqslant 500$时，

$$a \approx \frac{[H^+]}{c} \quad K = \frac{[H^+]^2}{c}$$

由此可以计算出乙酸在不同浓度时的解离度a和解离常数K_a。或者也可由$K_a \approx ca^2$计算出弱酸的解离常数。

四、实验用品

1. 实验试剂

乙酸溶液、NaOH标准溶液（$0.1\ mol \cdot L^{-1}$）、酚酞指示剂（0.1%乙醇溶液）。

2. 实验材料和仪器

吸量管、容量瓶、碱式滴定管、锥形瓶、烧杯、量筒、酸度计等。

五、实验步骤

1. 配置HAc溶液

取4 mL HAc溶液(约6.2 mol·L^{-1}),加入去离子水稀释至250 mL,得浓度为0.1 mol·L^{-1}的HAc溶液,贮存于试剂瓶中备用。

2. 标定HAc溶液

用吸量管准确移取2.50 mL、5.00 mL、10.00 mL、25.00 mL上述HAc溶液于4个50 mL的容量瓶中,用去离子水定容,得4种不同浓度的HAc溶液。将配置的溶液倒入干燥的烧杯中,用酸度计按由稀到浓的顺序依次测定它们的pH值,记录数据,由计算可得乙酸的解离度和解离常数。

六、实验记录和数据处理

表3-21-2　乙酸解离度和解离常数的测定实验数据

编号	V_{HAc}/mL	c_{HAc}/(mol·L^{-1})	pH	[H^+]/(mol·L^{-1})	α	K_a
1						
2						
3						
4						

七、注意事项

1.测定乙酸溶液pH值的小烧杯,必须洁净、干燥,否则影响乙酸的起始浓度。

2.使用吸量管时,要使溶液吸至刻度线,不能只吸取所需量的液体。

3.在使用酸度计测pH值时,要按照浓度由低到高的顺序进行测定,每次测定完,都必须使用去离子水将电极头清洗干净,并用滤纸吸干水分,最后用完后存放在饱和KCl溶液中。

八、分析与讨论

1. 用酸度计测定乙酸溶液的pH值，为什么要按浓度由低到高的顺序进行？

2. 本实验产生的误差来自哪些方面？

3. 假设实验在冬季和夏季不同室温下进行，会对乙酸解离度和解离常数产生什么影响？

九、拓展与思考

1. 乙酸解离度和解离常数是否受乙酸浓度的影响？

2. 哪些因素会影响乙酸的解离度和解离常数的大小？

3. 本实验中乙酸溶液的[H^+]可否改用酸碱滴定法测定？

十、参考文献

[1]浙江大学普通化学教研组. 普通化学[M].7版. 北京：高等教育出版社，2020.

[2]郑阿群，孙杨. 大学化学实验[M]. 北京：科学出版社，2018.

[3]龙威，陈志龙. 醋酸解离常数测定的实验改进与教学反思[J]. 曲阜师范大学学报，2022，48(1).

实验二十二　铁的吸氧腐蚀和电镀防锈

铁在地壳中的含量位居金属元素第二位，因为储量丰富，加之具有良好的物理、机械和工艺性能等，是生活和生产中广泛应用的材料。然而，铁长期暴露在潮湿的空气中，容易生锈。铁生锈会使其强度、韧性等力学性能下降，相应制品的使用寿命缩短，进而带来各种隐患和风险。因此，研究金属的腐蚀和防腐，是一项非常有意义的工作。通常可以将铬、镍等金属加入钢铁中，制成不锈钢，增加其抗生锈能力。或者在钢铁表面电镀一层不易生锈的金属，如锌、锡、铬、镍等，这些金属在钢铁表面形成一层致密的氧化物薄膜，进而防止铁生锈。

一、实验目的

1. 了解铁生锈的条件。
2. 掌握电化腐蚀的机理。
3. 了解常见防止铁生锈的方法。
4. 掌握镀锌、镀铜的原理和操作。

二、预习要点

1. 金属的电化学腐蚀。
2. 金属的防腐。
3. 电镀的原理。

三、实验原理

金属表面与周围介质发生化学作用而遭到破坏，称为金属腐蚀。当金属表面，在介质如潮湿空气、电解质溶液等中，因形成微电池而发生电化学作用而引起的腐蚀，叫电化学腐蚀。铁在潮湿的空气中，因为含有杂质，会发生电化学腐蚀，进而生锈。铁的电化学腐蚀分为析氢腐蚀和吸氧腐蚀。

铁表面水膜吸收了空气中的CO_2、SO_2等，为酸性介质，发生析氢腐蚀。电极反应如下：

$$负极(铁):Fe-2e^-=Fe^{2+}$$

$$正极(杂质):2H^++2e^-=H_2\uparrow$$

在中性和接近中性的介质中，发生吸氧腐蚀。电极反应如下：

$$负极(铁):2Fe-4e^-=2Fe^{2+}$$

$$正极(杂质):O_2+2H_2O+4e^-=4OH^-$$

当有氧气存在时，铁更易发生吸氧腐蚀。Fe^{2+}和OH^-结合生成$Fe(OH)_2$，再被空气中的O_2氧化成$Fe(OH)_3$。$Fe(OH)_3$及其脱水产物$Fe_2O_3\cdot nH_2O$，就是红褐色铁锈的主要成分。通常加入铁氰化钾溶液，Fe^{2+}与铁氰化钾反应产生铁氰化亚铁蓝色沉淀。

用耐腐蚀性较强的金属覆盖在被保护的金属表面上，覆盖的方法就是电镀。电镀利用的是电解池原理。根据形成保护层的性质，保护层可分为阳极保护层和阴极保护层。

以锌片为阳极，铁为阴极，含Zn^{2+}的电解质溶液为电解液，会在铁表面形成阳极保护层。电极反应如下：

$$阳极:Zn-2e^-=Zn^{2+}$$

$$阴极:Zn^{2+}+2e^-=Zn$$

以铜片为阳极，铁为阴极，会在铁表面形成阴极保护层。电极反应如下：

阳极：$Cu-2e^- = Cu^{2+}$

阴极：$Cu^{2+}+2e^- = Cu$

四、实验用品

1. 实验试剂

液体药品：饱和氯化钠溶液、酚酞指示剂、铁氰化钾溶液（1%）、氢氧化钠溶液（$1\ mol\cdot L^{-1}$）、盐酸溶液（20%）、硫酸溶液、硝酸溶液、乙醇。

固体药品：铬酐、五水硫酸铜、琼脂、氯化铵、氯化锌、聚乙二醇、硫脲。

2. 实验材料和仪器

铁钉、铁片、锌片、铜片、细砂纸、试管、酒精灯、玻璃棒、量筒、烧杯、低压直流电源、带夹导线、电流表、滑动变阻器等。

五、实验步骤

1. 铁生锈条件

取3支铁钉，用细砂纸擦亮，待用。

（1）第一支铁钉，放入试管，注入纯水，使水淹没一半高度的铁钉。

（2）第二支铁钉，放入试管，注入刚煮沸的纯水，淹没铁钉。往水上倒入0.5 cm高度的植物油，实现油封。

（3）第三支铁钉，放入用酒精灯烘干的试管，用橡皮塞塞紧试管口。

将试管放置在试管架上一周，观察实验现象，探究铁腐蚀生锈的条件。

2. 铁的吸氧腐蚀

（1）配置腐蚀溶液。

将0.1 g的琼脂置于试管中，加入2 mL水，用酒精灯加热煮沸至琼脂完全溶解。冷却均匀后，加入1 mL饱和氯化钠溶液，10滴酚酞指示剂，10滴1%的铁氰化钾溶液，混合均匀，得到腐蚀溶液。

（2）吸氧腐蚀。

将铁片用细砂纸擦亮，水平放置于桌面，向铁片中央滴入腐蚀溶液，使溶液在铁片上呈现半球形，静置15 min。观察液滴中心和液滴边缘溶液颜色的变化。

3. 电镀锌防锈

(1)镀件表面处理。

取一铁片,用1 mol·L^{-1}的氢氧化钠溶液浸泡5~10 min除油,冲洗干净,再用20%的盐酸溶液浸泡1 min除锈,冲洗干净待用。如果表面不光滑,用砂纸打磨。

(2)镀锌电解液配置。

取50 g氯化铵,8.75 g氯化锌,0.5 g聚乙二醇,0.25 g硫脲,溶解于250 mL纯水中,配成电解液。

(3)电镀锌。

锌片作为阳极,铁片作为阴极,将电压调至1.5 V,电极间距5 cm,通电流,观察现象,10~20 min后取出,用纯水冲洗。

(4)钝化。

取20 g铬酐,溶解于100 mL水中,加入2 mL硝酸溶液和1.5 mL硫酸溶液,搅拌均匀后,将镀件置于溶液中5 min,将镀锌层氧化成稳定的氧化层,取出冲洗,干燥。

4. 电镀铜防锈

(1)镀件前处理。

取一铁片,用1 mol·L^{-1}的氢氧化钠溶液浸泡5~10 min除油,冲洗干净,再用20%的盐酸溶液浸泡1 min除锈,冲洗干净待用。如果表面不光滑,用砂纸打磨。

(2)镀铜电解液配置。

取15 g五水硫酸铜,加入100 mL纯水,再加入4 mL硫酸溶液和4 mL乙醇,混匀配成电解液。

(3)电镀铜。

铜片作为阳极,铁片作为阴极,调节电流为130~150 mA,观察现象,15 min后取出,冲洗,干燥。

六、实验现象和数据处理

1. 观察铁在不同环境中的变化。
2. 铁片表面发生吸氧腐蚀时,观察颜色的变化。
3. 铁片电镀锌或铜前后,观察表面的变化。

七、注意事项

1. 铁的生锈条件探究实验,可以使学生获得对金属锈蚀的感性认识,时间较长,灵活安排。

2. 镀件的清洗非常重要，除油除锈要彻底。
3. 对镀件进行钝化时，时间不宜过长，否则镀层容易脱落。
4. 电镀时，要严格控制电流密度。电流密度过大，容易导致镀件变黑。
5. 铬酐有毒，不要直接接触。

八、分析与讨论

1. 铁为什么更容易发生吸氧腐蚀？
2. 镀件为什么需要前处理，不处理会出现什么情况？
3. 镀锌后，为什么还需要钝化处理？

九、拓展与思考

1. 生活中如何有效地防止铁生锈？
2. 碱法镀铜如何操作？酸法镀铜和碱法镀铜各有哪些优劣？
3. 镀锌或镀铜后，能否有效地防止铁生锈？如果镀层破损，会出现什么情况？
4. 金属防腐蚀还有哪些方法？

十、参考文献

[1]傅献彩，侯文华. 物理化学·下册[M]. 6版. 北京：高等教育出版社，2022.
[2]陈云. 铁的吸氧腐蚀实验的新设计[J]. 化学教学，2018(4).

实验二十三　水的饱和蒸气压的测定

寒冷的冬天，洗过的衣服会干得很慢。然而，炎热的夏天，衣服会干得很快。究其原因，水的蒸气压随温度而变化，温度升高时，蒸气压增大，水蒸发变快。当蒸气压等于外界压力时，水会沸腾，此时的温度称为沸点。外界压力改变时，水的沸点也会相应改变。

一、实验目的

1. 了解水的饱和蒸气压与温度的关系。
2. 理解克劳修斯-克拉珀龙(Clausius-Clapeyron)方程。
3. 学会用图解法求得平均摩尔汽化热和正常沸点。
4. 掌握用静态法测液体饱和蒸气压的原理与操作方法,以及相关仪器的使用。

二、预习要点

1. 单组分体系的两相平衡。
2. Clausius-Clapeyron 方程。
3. 水的沸腾。

三、实验原理

一定温度下,液体与其自身的蒸气达到平衡时的蒸气压,称为该温度下液体的饱和蒸气压,简称蒸气压。此时,液面上除了液体的蒸气别无他物,外压就是平衡时蒸气的压力。当液体置于大气中,则外压就是大气的压力。外界压力为 101325 Pa,液体的沸点称为该液体的正常沸点。液体的饱和蒸气压和温度的关系,用 Clausius-Clapeyron 方程表示:

$$\frac{d\ln P}{dT}=\frac{\Delta_{vap}H_m}{RT^2}$$

其中,T为热力学温度,P为该温度下的饱和蒸气压,$\Delta_{vap}H_m$是温度T时液体的摩尔汽化热,R为摩尔气体常数。

假定$\Delta_{vap}H_m$与温度无关,或因温度变化较小,$\Delta_{vap}H_m$可以近似作为常数,积分上式得:

$$\ln P=-\frac{\Delta_{vap}H_m}{R}\cdot\frac{1}{T}+C$$

其中,C是积分常数,以$\ln P$对$1/T$作图,直线的斜率$k=-\frac{\Delta_{vap}H_m}{R}$,该液体的摩尔汽化热$\Delta_{vap}H_m=-kR$。

测定液体饱和蒸气压的方法很多,静态法是指在某一温度下,将被测液体放在一个密闭的体系中,达到气液平衡时,直接测量饱和蒸气压。此法一般适用于蒸气压比较大的液体。本实验采用静态法升温测定纯水的饱和蒸气压。

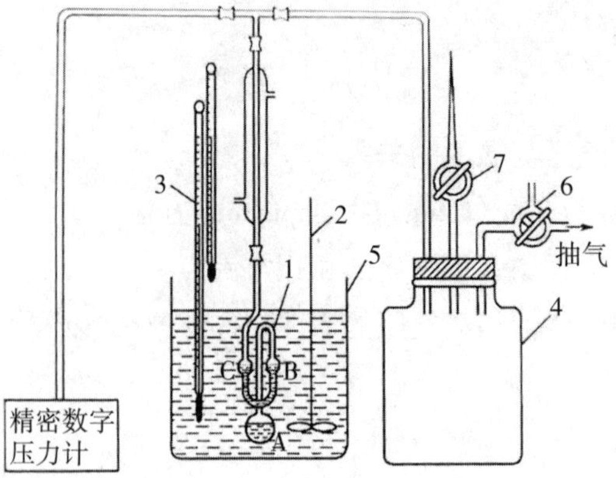

1. 平衡管；2. 搅拌装置；3. 温度计；4. 缓冲瓶；5. 水浴锅；6. 三通活塞；7. 直通活塞

图3-23-1　水饱和蒸气压测定装置图

图3-23-1为测定水饱和蒸气压的装置图。装置中的平衡管由A球和U形管BC组成。通过排除空气，在使A球和B球间充满待测液蒸气时，调节B球和C球液面在同一高度，则此温度下待测液体的蒸气压可以由压力计直接读出。U形管中的液体起到液封和平衡指示的作用。

四、实验用品

1. 实验试剂

纯水。

2. 实验材料和仪器

液体饱和蒸气压测定装置、数显压力计、真空泵。

五、实验步骤

1. 连接仪器，装入纯水

将纯水装入平衡管，倾斜，使水从C经U形管、B球，最后到达A球。在A球装入2/3体积纯水，使B球和C球在同一水平面，水面接近球底部。将其放回，连接好整体装置。

2. 系统气密性检查

关闭活塞7，打开真空泵，将活塞6旋转连通真空泵，抽气减压至压力计示数降低，关闭活塞6，使系统与真空泵和大气不连通。观察压力计示数3~5 min内不变，则表明系统不漏气。否则，说明系统漏气。此时，应逐段检查，特别是接口连接处，消除漏气。

3. 排除空气

仪器连接时，A球和B球液面间会残留空气。打开冷却水，恒温槽温度调至比室温高5 ℃，打开真空泵，将活塞6旋转连通真空泵，抽气至水轻微沸腾。此时，A球、B球间的空气不断随水蒸气经C球排出，如此3~5 min，可以认为空气排净。

4. 饱和蒸气压的测定

旋转活塞7，缓慢放入空气，直到B球和C球液面齐平，关闭活塞7，记录温度和压力。将恒温槽温度再升高5 ℃，温度恒定后，旋转活塞7放入空气，使B球和C球液面再次齐平，记录温度和压力。如此5 ℃一个间隔，共测试8个点。

六、实验记录和数据处理

1.数据记录：

室温：＿＿＿＿＿＿，大气压：＿＿＿＿＿＿。

表3-23-1　实验数据表

序号	温度t/℃	温度T/K	$\frac{1}{T}$/K^{-1}	压力计示数/Pa	蒸汽压/Pa	ln$P$
1						
2						
3						
4						
……						

2. 以ln$P$对$\frac{1}{T}$作图，求出直线的斜率，求得该温度范围内纯水的平均摩尔汽化热$\Delta_{vap}H_m$，进而得出纯水的正常沸点。

七、注意事项

1.实验中，U形管必须在恒温槽水面以下。

2.旋转活塞7时，应缓慢放入空气，防止出现倒灌。如果倒灌，应该重新排气。

八、分析与讨论

1.为什么A球和B球间液面的空气要排干净？不排干净有什么影响？

2.如何防止空气倒灌？

3. 实验时，如何控制抽气速度？
4. 本实验方法能否检测液体的饱和蒸气压？为什么？
5. 压力计显示的压力是否为液体的饱和蒸气压？
6. 缓冲瓶的作用是什么？

九、拓展与思考

1. 用升温法和降温法测定纯水的饱和蒸气压，哪种方法更好？
2. 液体的沸腾和外界气压的关系如何？如何理解水的沸点？
3. 会导致本实验出现误差的因素有哪些？

十、参考文献

[1]傅献彩，侯文华．物理化学·下册[M].6版．北京：高等教育出版社，2022.

[2]宋玉鹤，王洁，梁吉雷，等．物理化学实验教学中饱和蒸汽压测定装置的改进[J].山东化工.2017，46(22).

实验二十四　液体表面张力的测定

密切接触的两相之间的过渡区，约几个分子的厚度，称为界面。如果其中一相为气体，这种界面通常称为表面。而在界面或者表面上处处存在着一种特殊的张力，为表面张力。像王亚平的太空水球实验、毛细现象、润湿现象、泡沫的形成等，均与表面张力有关。不同种类的液体，其表面张力不同。而对于同一种液体，其表面张力也会随着温度及所含杂质的改变而增大或减小。

一、实验目的

1. 掌握最大气泡法测定液体的表面张力的原理和方法。
2. 了解影响表面张力测定的因素。
3. 测定不同溶液的表面张力。

二、预习要点

1. 界面现象。
2. 液体的表面张力。
3. 弯曲液面的附加压力。

三、实验原理

液体沿着表面总是存在使液面紧张且向液体内收缩的力，称为表面张力，它作用在表面的边界线上，垂直于边界线，向着表面的中心并与表面相切，或者是作用在液体表面上任一条线的两侧，垂直于该线，沿着液面拉向两侧。测定液体的表面张力有很多种方法，如拉脱法、滴体积法、毛细管上升法和最大气泡法等。最大气泡法使用的设备简单、操作简便，本实验采用此法测定。

根据杨-拉普拉斯（Young-Laplace）公式，

$$\Delta P=2\sigma/R$$

式中，ΔP为附加压力，σ是表面张力，R为气泡的曲率半径。

将待测液体置于测定管中，使毛细管末端与液面相切，液面沿毛细管上升一段高度。打开分液漏斗使系统内压力逐渐增大，毛细管内液面受到一个向下的附加压力（$\Delta P=P_{系统}-P_{大气}$），当此压力大于毛细管液体的表面张力时，气泡从毛细管脱出。

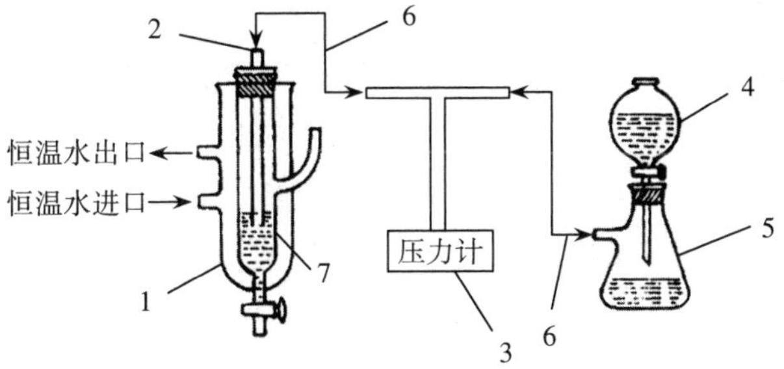

1. 恒温套管；2. 毛细管；3. 压力计；4. 分液漏斗；5. 抽滤瓶；6. 橡胶管；7. 测定管

图3-24-1　最大气泡法测定液体表面张力装置图

气泡在毛细管口开始形成时，气泡表面几乎是齐平的，曲率半径最大。随着气泡继续增大，曲率半径逐渐减小，逐渐形成半球形，此时曲率半径R等于毛细管半径r，曲率半径最小，而此时附加压力达到最大值。

$$\Delta P_{最大}=2\sigma/r$$

$$\sigma=\Delta P_{最大}r/2$$

由于毛细管口的半径r较小，直接测量误差较大，通常用已知表面张力的液体——水作为参照物。上式中σ为已知，$\Delta P_{最大}$测量时由压力计直接读出，则可以求出$r/2$（仪器常数

K)。则上式变为:

$$\sigma=K\Delta P_{最大}$$

四、实验用品

1. 实验试剂

纯水、乙醇、正丁醇。

2. 实验材料和仪器

恒温套管、测定管、数显压力计、恒温循环器、移液管、吸耳球、烧杯等。

五、实验步骤

1. 系统检漏

(1)将测定管和毛细管洗净。

(2)移取50 mL纯水注入测定管,使液面稍高于毛细管末端。调节活塞,放出多余液体,使毛细管管尖与液面相切。打开漏斗活塞,使系统内压力增大。关闭活塞,观察压力计数值,如果2~3 min内,压力计数值不变,则说明系统气密性良好。

2. 仪器常数K的测定

(1)旋转活塞,将系统与大气相通,压力计选择合适的单位并归零。

(2)关闭活塞,使系统密闭。打开循环水,恒温10 min。打开漏斗活塞,使系统压力增大,调节滴液速度以调节空气速度,使气泡从毛细管口成单泡均匀地冒出,且每个气泡形成时间为5~10 s。当气泡从毛细管口溢出的一瞬间,记录压力计显示的最大数值(一般500~800 Pa,否则需要更换毛细管)。连续读取3次,取平均值。

3. 待测溶液表面张力测定

将测定管中的水倒出,用待测液乙醇/正丁醇将测定管和毛细管洗涤3次,装入待测液体,调节高度,重复上面步骤,读取压力计最大压差,连续读取3次,取平均值。

六、实验记录和数据处理

1.数据记录:

室温:__________,大气压:__________。

表3-24-1　实验数据表

样品	ΔP_1	ΔP_2	ΔP_3	$\Delta\overline{P}$
水				
乙醇				
正丁醇				

2. 利用公式计算仪器常数K。

3. 计算待测液体乙醇和正丁醇的表面张力。

七、注意事项

1. 仪器系统不能漏气。

2. 表面张力仪样品管和毛细管，需要洗涤干净，测量时毛细管保持垂直且端面与液面相切。

3. 毛细管应该单泡冒出，如果不出泡考虑堵塞，如果连续出泡考虑没洗净。

八、分析与讨论

1. 为什么需要将毛细管末端调至与液面刚好相切？过高或过低有什么影响？

2. 气泡溢出过快或不成单泡，对实验有何影响？

3. 仪器的清洁与否对本实验影响如何？

九、拓展与思考

1. 温度对本实验有影响吗？需要精确控温吗？

2. 比较乙醇、正丁醇和水的表面张力。假如在水中加入乙醇或正丁醇，其表面张力如何变化？

3. 还有哪些简单的方法，可以测定液体的表面张力？

十、参考文献

[1]张西慧，王弋戈.物理化学实验[M].2版.天津：天津大学出版社，2022.

[2]傅献彩，侯文华.物理化学·下册[M].6版.北京：高等教育出版社，2022.

实验二十五　氢氧化铁溶胶的电泳

早在1905—1916年,维伊曼通过对约200种化合物进行实验,结果发现任何典型的晶体物质都可以用降低其溶解度或选用适当的分散介质而制成溶胶。由此大家才进一步认识到,胶体只是物质以一定分散程度而存在的一种状态。1903年,齐格蒙第和西登托夫发明了超显微镜,第一次成功地观测到溶胶中粒子的运动,证明了溶胶的超微不均匀性。

一、实验目的

1. 学会制备和纯化$Fe(OH)_3$溶胶。
2. 熟悉胶体电泳的现象。
3. 掌握电泳法测量电位的原理和技术。

二、预习要点

1. 胶体。
2. 溶胶的制备和纯化。
3. 溶胶的电学性质。

三、实验原理

溶胶的制备方法分为分散法和凝聚法。前者是在有稳定剂存在时把大的颗粒分散成胶体粒子大小的质点,后者是通过制成难溶物的过饱和溶液,再使其相互结合成胶体粒子。胶体本身不带电,但是会选择性吸附一些离子,而使胶粒表面带一定的电荷。制成的溶胶体系,常含有其他杂质存在,影响其稳定性,因此需要纯化。常用的纯化方式是半透膜渗析法。

$Fe(OH)_3$溶胶的制备采用的$FeCl_3$水解的方式,使生成物呈过饱和状态,然后粒子再结合成溶胶。反应如下:

$$FeCl_3+3H_2O \xlongequal{\Delta} Fe(OH)_3\downarrow+3HCl$$

溶液中一部分$Fe(OH)_3$与HCl作用生成FeOCl,FeOCl电离,反应如下:

$$Fe(OH)_3+HCl \xlongequal{\Delta} FeOCl+2H_2O$$

$$FeOCl \xlongequal{\Delta} FeO^{+}+Cl^{-}$$

$Fe(OH)_3$分子聚集而成的胶核$[Fe(OH)_3]_m$选择性吸附与其组成相类似的FeO^+而带正电，其结构式可以表示为：

$$\{[Fe(OH)_3]_m \cdot n\,FeO^{+} \cdot (n-x)Cl^{-}\}^{x+} \cdot xCl^{-}$$

在外电场的作用下，带电的胶粒在分散介质中向正极或负极定向移动的现象，称为电泳。任何一种胶体的电动现象（电渗、电泳、流动电位、沉降电位）都可以测定电动电势，用电泳法测定最为简便。在电泳仪两极间接上过电位U后，在t时间内溶胶界面移动的距离为d，则溶胶的电泳速度$v=d/t$。

胶体的ζ电位，根据亥姆霍兹方程计算，得到：

$$\zeta = \frac{K\pi\eta}{\varepsilon H} \cdot v$$

式中，K为胶粒形状相关常数（棒状粒子$K=3.6\times10^{10}\ V^2\cdot s^2\cdot kg^{-1}\cdot m^{-1}$，球形粒子$K=5.4\times10^{10}\ V^2\cdot s^2\cdot kg^{-1}\cdot m^{-1}$，本实验胶粒为棒状），$\eta$为介质黏度（$kg\cdot m^{-1}\cdot s^{-1}$），$\varepsilon$为介质的介电常数，$v$是电泳速度（$m\cdot s^{-1}$），$H$为电位梯度（$V\cdot m^{-1}$）。则相距为$L$(m)的两极间的电位梯度$H=U/L$。

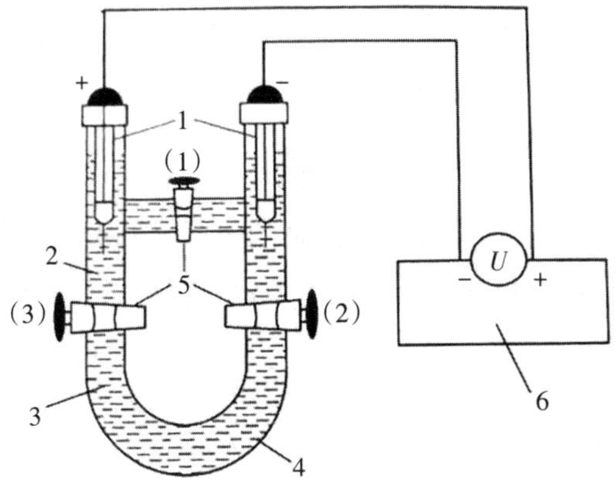

1.Pt电极；2.HCl溶液；3.$Fe(OH)_3$溶胶；4.电泳管；5.活塞；6.电源

图3-25-1　电泳装置图

四、实验用品

1. 实验试剂

$FeCl_3$溶液（10%）、$AgNO_3$溶液（1%）、KCNS溶液（1%）、HCl溶液、纯水。

2. 实验材料和仪器

直流稳压电源、电泳管、电导率仪、Pt电极、恒温水浴锅、酒精灯、石棉网、半透膜、烧杯、漏斗、量筒、火胶棉。

五、实验步骤

1. $Fe(OH)_3$溶胶的制备

量取100 mL纯水加入烧杯中，加热至沸腾，搅拌，缓慢加入5 mL $FeCl_3$溶液，继续煮沸3~5 min至溶液完全变成红棕色，停止加热，冷至室温，即得到$Fe(OH)_3$胶体。

2. $Fe(OH)_3$溶胶的纯化

量取400 mL纯水加入一个大烧杯中，将上述$Fe(OH)_3$溶胶转移到半透膜袋或玻璃纸袋（购买或自制）中，转移至大烧杯中，在水浴锅中恒温65 ℃，进行热渗析。每20 min左右更换纯水，继续热渗析。不断用$AgNO_3$溶液和KCNS溶液检验渗析后的水中是否存在Cl^-和Fe^{3+}，直至检验不出为止。纯化好的$Fe(OH)_3$溶胶保存待用。

3. 盐酸辅助液的制备

取少量$Fe(OH)_3$溶胶于烧杯中，放在25 ℃恒温水浴锅中，用电导率仪测定其电导率。洗涤电极，待用。取100 mL纯水于烧杯中，插入电极，在搅拌下缓慢加入HCl溶液，配置与$Fe(OH)_3$溶胶同样电导率的HCl溶液。

4. 电泳管的安装

取纯化好的$Fe(OH)_3$溶胶，导入洗净干燥的电泳管中，使液面高于最下端的两个活塞。关闭这两个活塞，把电泳管倒置，倒出多余的溶胶，用纯水洗净两个活塞以上的内壁。打开最上端活塞，用配好的盐酸辅助液润洗3次，继续导入辅助液，高度超过最上端活塞。插入Pt电极。

5. 电泳的测定

关闭电泳管最上端活塞，打开最下端两个活塞，稳定后记录溶胶在电泳管中的液面位置。打开电源，调节输出电压为50 V，开始记录时间，每10 min记录下溶胶的液面差。测量出两电极间的距离L，多次测量取平均值。50 min后，断开电源，准确记录通电时间t、溶胶上升距离d和电压表的电压U。

实验结束，拆卸，洗涤，干燥。

六、实验记录和数据处理

1.数据记录：

电压(U)：__________；电泳时间(t)：__________；电极距离(L)：__________；溶胶移

动距离(d)：__________。

2. 计算 $Fe(OH)_3$ 溶胶的 ζ 电位。

七、注意事项

1. 制备 $Fe(OH)_3$ 溶胶时，$FeCl_3$ 溶液要缓慢加入，同时要不断搅拌。

2. $FeCl_3$ 溶液应无浑浊现象。如果部分 $FeCl_3$ 水解成氢氧化铁，会导致分散质颗粒过大，而致实验失败。

3. 煮沸时间不宜过长，当溶液呈现红棕色透明状可停止加热。如继续煮沸，$Fe(OH)_3$ 会凝聚，导致实验失败。

4. 测量电极间的距离时，需要沿着电泳管的中心线量取。

八、分析与讨论

1. 影响电泳速度的因素有哪些？

2. 盐酸辅助液的电导率为什么要与待测溶胶的电导率相等？

3. $Fe(OH)_3$ 溶胶带什么电荷？它为什么会带此种电荷？

九、拓展与思考

1. 为什么需要用半透膜纯化胶体？自己如何制作半透膜？

2. 能否在 $Fe(OH)_3$ 溶胶中加入其他试剂，以增加溶胶的比重？一般能加什么试剂？

十、参考文献

[1]张西慧，王弋戈.物理化学实验[M].2版.天津：天津大学出版社，2022.

[2]傅献彩，侯文华.物理化学·下册[M].6版.北京：高等教育出版社，2022.

[3]孙文东，陆嘉星.物理化学实验[M].3版.北京：高等教育出版社，2014.

实验二十六　饱和氯化钠溶液的电解

能量无处不在，能量转化无时不有。氯碱工业上，可以电解饱和氯化钠溶液制取氢氧化钠、氯气和氢气，在制取化工产品的同时，将电能转化为化学能。氯碱工业是基本的化学工业之一，它的产品除了应用在化工业本身外，还广泛应用于轻工业、冶金工业和石油化学工业等。

一、实验目的

1. 理解生活中的能量转化现象。
2. 掌握电解池的原理与构造。
3. 学习电解饱和氯化钠溶液的操作。
4. 培养分析问题和解决问题的能力。

二、预习要点

1. 电解池的构造。
2. 氯碱工业的原理及工艺要点。

三、实验原理

将电能转化成化学能的装置，称为电解池。饱和氯化钠水溶液中，NaCl是强电解质，在溶液中完全电离。水是弱电解质，微弱电离，因此溶液中有Na^+、Cl^-、H^+、OH^-四种离子。当接通直流电源后，带负电的OH^-和Cl^-向阳极移动，带正电的Na^+和H^+向阴极移动。离子在电极上放电时，过电位的大小与电极的材料、电流密度和温度有关。在此溶液中，Cl^-比OH^-更容易失去电子，进而在阳极发生氧化反应得到氯气，H^+比Na^+更容易得到电子，在阴极发生还原反应得到氢气。相应的电极反应为：

$$\text{阳极反应：}2Cl^- - 2e^- \rightleftharpoons Cl_2\uparrow$$

$$\text{阴极反应：}2H_2O + 2e^- \rightleftharpoons H_2\uparrow + 2OH^-$$

总反应方程为：

$$2NaCl+2H_2O\overset{电解}{=\!=}2NaOH+H_2\uparrow+Cl_2\uparrow$$

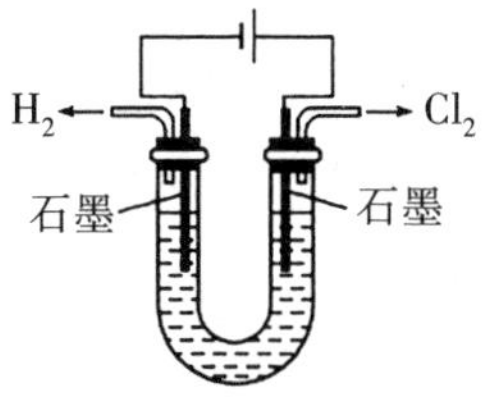

图3-26-1 电解氯化钠溶液装置图

NaOH、H_2和Cl_2都是重要的化工生产原料，可以进一步被加工成多种化工产品，广泛用于各工业。由电解槽流出的阴极液中含有30%的NaOH，称为液碱，液碱经蒸发、结晶可以得到固碱。阴极区的另一产物湿氢气经冷却、洗涤、压缩后被送往氢气贮柜。阳极区产物湿氯气经冷却、干燥、纯化、压缩后可得到液氯。氯碱工业及相关产品几乎涉及国民经济及人民生活的各个领域。

四、实验用品

1. 实验试剂

液体药品：酚酞指示剂、NaOH溶液。
固本药品：氯化钠。

2. 实验材料和仪器

直流稳压电源、U形管、石墨电极、导线、铁架台、橡皮塞、烧杯、量筒、淀粉-碘化钾试纸。

五、实验步骤

1. 配制饱和氯化钠溶液

根据氯化钠溶解度，配制250 mL饱和氯化钠溶液待用。

2. 连接仪器

取混匀酚酞指示剂的饱和氯化钠溶液，倒入U形管中，插入石墨电极，连接导线至直流电源。

3. 电解

将直流电源调至12 V，观察两极产生的气体现象，以及溶液颜色的变化。用湿润的淀粉-碘化钾试纸靠近阳极管口，观察颜色的变化。用爆鸣法或燃烧法检验氢气的存在。

4. 探究

(1)如何改动装置，才能更有效地收集氯气和氢气？

(2)阳极换成Fe电极或Cu电极，会有什么现象发生？

(3)能否可以用铅笔芯替换石墨电极？

六、实验记录和数据处理

1. 观察两极产生的气体和溶液颜色的变化。

2. 观察淀粉-碘化钾试纸的颜色变化。

表3-26-1　电解饱和氯化钠溶液实验现象

观察区域	现象
阳极	
阴极	
淀粉-碘化钾试纸	

七、注意事项

1. 氯气有毒，注意用氢氧化钠溶液吸收尾气或者通风。

2. 电极使用后，要清洗干净。

八、分析与讨论

1. 氯化钠溶液为什么要配成饱和溶液？

2. 随着反应进行，NaCl浓度降低，电极反应会如何变化？

3. 氢气和氯气的产量，是否是1∶1，为什么？

九、拓展与思考

1. 阴极区溶液中生成的OH^-越来越多，OH^-移向阳极，会产生什么影响？

2. 生成物氢气和氯气混合有什么危险？

3. 如何阻止氢气向阳极移动，且不让生成物氢气和氯气混合？

十、参考文献

[1]傅献彩,侯文华.物理化学·下册[M].6版.北京:高等教育出版社,2022.
[2]李静娴,陈迪妹,元立亭.电解饱和食盐水实验的优化设计[J].化学教学,2012(1).

实验二十七　分析天平的称量练习

一、实验目的

1.了解半机械加码电光分析天平和电子分析天平的构造、原理及使用方法。
2.掌握直接称量法、固定质量称量法和递减称量法等常见称量方法。
3.练习并熟练掌握分析天平的基本操作。
4.培养准确、规范记录实验原始数据的习惯。

二、实验原理

用分析天平称量的方法一般有直接称量法、固定质量称量法和递减称量法三种。

1. 直接称量法(又称直接法)

该法一般用于称量不吸水、在空气中性质稳定的固体。称量时,将被称量物直接放入分析天平中,称出其准确质量。

2. 固定质量称量法

该法一般用于称取固定质量的试样(一般为液体或固体极细粉末,不吸水,且在空气中性质稳定)。称量时先在电子分析天平上称出干净且干燥的器皿的准确质量,再将半机械加码电光分析天平增加固定质量的砝码后,往天平的器皿中加入略少于固定质量的试样,再轻轻震动药匙使试样慢慢撒入器皿中,直至其达到应称质量平衡点。

3. 递减称量法(又称差减法)

该法多用于称取易吸水、易氧化或易与CO_2反应的物质。不要求称取物的质量是一个固定值,而只要符合一定的范围即可。称量时首先将适量的试样装入称量瓶中,在托盘天平上称出称量瓶和试样的质量，然后放入半机械加码电光分析天平中称出准确质量m_1。取出称量瓶，倾出试样至接近所需要的质量，再用称量瓶盖轻敲瓶口上部，使试样落回称量瓶中，然后盖好瓶盖将称量瓶放回天平秤盘上，称出其质量。若倾出试样质量不足，则继续按上法倾出，称得称量瓶和试样质量m_2，两次质量之差即为倾出的试样质量。

三、实验仪器和试剂

1. 实验试剂

固体NaCl。

2. 实验材料和仪器

托盘天平、半机械加码电光分析天平、电子天平、表面皿、称量瓶、纸条、烧杯等。

四、实验步骤

1. 固定质量称量法练习

(1)先在托盘天平上粗称一个干燥的烧杯的质量，然后在电子分析天平上准确称出烧杯的质量。

(2)已知烧杯的准确质量后，在右盘上再加200 mg砝码。

(3)用药匙将NaCl慢慢地加入烧杯中，直到天平的平衡点与称量烧杯时的平衡点基本一致。此时称取的NaCl质量与所加砝码的质量相等，即为200 mg。将相应的数据记录于表3-27-1中。

2. 递减称量法练习

(1)取一个洁净干燥的称量瓶，装入约称量瓶体积1/3的试样，先在电子分析天平上粗称其质量，精确至0.1 g。

(2)在半机械加码电光分析天平上准确称称量瓶质量(精确至0.1 mg)，记下质量为m_1。

(3)用纸条套住称量瓶并从天平中取出，打开称量瓶瓶盖，用盖轻轻敲击称量瓶上部，转移0.3 g左右NaCl试样于洁净的烧杯中，然后准确称量出称量瓶和剩余样品的质量为m_2(精准到0.1 mg)。由此可计算出倾倒出的NaCl的准确质量为(m_1-m_2)。

(4)按照上述方法再称两份试样。将相应的数据记录于表3-27-2中。

五、实验记录和结果

表3-27-1　固定质量称量法练习实验数据记录

项目	烧杯的质量	NaCl的质量
电子分析天平称的值		
半机械加码电光分析天平称的值		

表3-27-2　递减量称量法练习实验数据记录

称量瓶和试样的质量/g	样品序号	NaCl的质量/g
m_1=	—	
m_2=	1	m_1-m_2=
m_3=	2	m_2-m_3=
m_4=	3	m_3-m_4=
相对平均偏差		

六、分析与讨论

1.分析天平的灵敏度越高，是否称量的准确度就越高？

2.称量时如果屏幕中刻度标尺偏向左方，需要加砝码还是减砝码？

3.递减称量法称量过程中能否用药匙取样，为什么？

七、拓展与思考

用递减称量法称出试样的过程中，若称量瓶内样品吸湿，对称量会造成什么影响？若样品倾入烧杯后再吸湿，对称量是否有影响？

八、参考文献

[1]张梅.基础化学实验[M].北京：科学出版社，2008.

[2]曾仁权.基础化学实验[M].2版.北京：科学出版社，2020.

实验二十八　酸碱标准溶液的配制和浓度比较滴定

一、实验目的

1. 学习滴定管的正确使用方法，熟练掌握滴定操作。
2. 掌握指示剂的选择方法，掌握确定滴定终点的方法。
3. 了解用间接法配制标准溶液的方法。

二、实验原理

滴定分析法是将滴定剂(已知准确浓度的标准溶液)滴加到含有被测组分的试液中，直到化学反应完全时为止，然后根据滴定剂的浓度和消耗的体积计算被测组分的含量的一种方法。因此，在滴定分析实验中，必须学会滴定管、指示剂的正确使用和滴定终点的正确判断。

酸碱滴定中常用盐酸和氢氧化钠溶液作为标准溶液。但由于浓盐酸易挥发，氢氧化钠易吸收空气中的水分和二氧化碳，均不符合用直接法配制的条件，因此只能用间接法配制盐酸和氢氧化钠标准溶液，即先配制近似浓度的溶液，然后用基准物质标定其准确浓度。也可用酸碱溶液中已知其中之一的准确浓度，通过滴定得到它们的体积比，然后根据它们的体积比求得另一个标准溶液的准确浓度。

用 0.1 $mol \cdot L^{-1}$NaOH 溶液滴定等浓度的 HCl 溶液，滴定的突跃范围为 pH4.3~9.7，可选用酚酞(变色范围 pH8.0~9.6)和甲基橙(变色范围 pH3.1~4.4)作为指示剂。甲基橙和酚酞变色的可逆性好，当浓度一定的 NaOH 溶液和 HCl 溶液相互滴定时，所消耗的体积比(V_{HCl}:V_{NaOH})应该是固定的。在使用同一种指示剂的情况下，改变被滴溶液的体积，此体积比应基本不变，借此可训练滴定基本操作技术和正确判断终点的能力。通过观察滴定剂落点处周围颜色改变的快慢判断终点是否临近；临近终点时，要能控制滴定剂一滴一滴地或半滴半滴地加入，至最后一滴或半滴引起溶液颜色明显变化，立即停止滴定，即为滴定终点。

三、实验用品

1. 实验试剂

液体药品：HCl(6 mol·L^{-1})、酚酞指示剂、甲基橙指示剂、纯水。

固体药品：$NaOH$。

2. 实验材料和仪器

锥形瓶(250 mL)、容量吸管(25 mL)、刻度吸管(10 mL)、量筒、容量瓶、滴定管(50 mL)、洗耳球、滴定管架、试剂瓶、洗瓶、电子分析天平等。

四、实验步骤

1. 0.1 mol·L^{-1} HCl溶液的配制

用洁净量筒量取6 mol·L^{-1}HCl溶液 8~9 mL，倾入洁净的容量瓶中，用水稀释至500 mL，盖上玻璃塞，摇匀，贴上标签。

2. 0.1 mol·L^{-1} NaOH溶液的配制

在电子分析天平上用小烧杯称取固体NaOH 4 g，加水溶解，然后将溶液倾入洁净的容量瓶中，用水稀释至1000 mL，盖上橡皮塞，摇匀，贴上标签。

3. 滴定管的操作练习

(1)准备酸式和碱式滴定管各一支，首先练习两种滴定管的洗涤、查漏。

(2)分别用5~10 mL HCl溶液和NaOH溶液润洗酸式滴定管和碱式滴定管2~3次。再分别装入HCl溶液和NaOH溶液，排出气泡，调节液面至零刻度或稍下一点的位置，静止1 min后，记下初读数。

4. 滴定终点判断练习

在锥形瓶中加入约30 mL水和1滴甲基橙指示剂，从碱式滴定管中放出2~3滴NaOH溶液，观察其颜色(黄色)。然后用酸式滴定管滴加HCl溶液，颜色由黄变橙，如果已滴到红色，再滴加NaOH溶液至黄色。如此反复滴加HCl溶液和NaOH溶液，直至能做到加半滴NaOH溶液由橙变黄(验证：再加半滴NaOH溶液颜色不变，或加半滴HCl溶液则变橙)，而加半滴HCl溶液由黄变橙(验证：再加半滴HCl溶液变红，或加半滴NaOH溶液能变黄)为止，达到能通过加入半滴溶液而确定终点。

5. 酸碱标准溶液浓度的比较

（1）以酚酞作指示剂，用NaOH溶液滴定HCl溶液。

从酸式滴定管中放出约20 mL HCl于锥形瓶中，加10 mL纯水，加入2滴酚酞指示剂，在不断摇动下，用NaOH溶液滴定，注意控制滴定速度，当滴加的NaOH溶液落点处周围红色褪去较慢时，表明临近终点。用洗瓶洗涤锥形瓶内壁，控制NaOH溶液一滴一滴地或半滴半滴地滴出至溶液呈微红色，且30 s不褪色即为终点，读取滴定管体积，记入表3-28-1。计算V_{HCl}/V_{NaOH}，要求相对平均偏差不大于0.3%。

（2）以甲基橙作指示剂，用HCl溶液滴定NaOH溶液。

从碱式滴定管中放出约20 mL NaOH于锥形瓶中，加10 mL纯水，加入2滴甲基橙，不断摇动锥形瓶使溶液混合。待滴定近终点时，可用少量水淋洗瓶壁，使溅起而附于瓶壁上的溶液流下，继续逐滴或半滴滴定，直到溶液恰由黄色转变为橙黄色，即为滴定终点。读取滴定管体积，记入表3-28-2。计算V_{HCl}/V_{NaOH}，要求相对平均偏差不大于0.3%。

五、实验记录与结果

表3-28-1　NaOH溶液滴定HCl溶液（指示剂为酚酞）

项目	1	2	3
HCl溶液/mL	20.00	20.00	20.00
NaOH溶液初始体积/mL			
NaOH溶液最终体积/mL			
NaOH溶液消耗体积/mL			
V_{HCl}/V_{NaOH}			
V_{HCl}/V_{NaOH}平均值			
相对平均偏差			

表3-28-2　HCl溶液滴定NaOH溶液（指示剂为甲基橙）

项目	1	2	3
NaOH溶液/mL	20.00	20.00	20.00
HCl溶液初始体积/mL			
HCl溶液最终体积/mL			
HCl溶液消耗体积/mL			
V_{HCl}/V_{NaOH}			
V_{HCl}/V_{NaOH}平均值			
相对平均偏差			

六、分析与讨论

1. 如何检验滴定管是否洁净？既洁净，为什么在装入标准溶液前需以该溶液润洗？滴定用的锥形瓶是否也要用该溶液润洗或烘干？为什么？

2. 滴定两份相同的试液时，若第一次滴定用去标准溶液约20 mL，在滴定第二份试液时，是继续使用余下的溶液，还是添加标准溶液至滴定管的零刻度附近后再滴定？哪一种操作正确？为什么？

3. 为什么用HCl溶液滴定NaOH溶液时常用甲基橙作指示剂，而用NaOH溶液滴定HCl溶液时却用酚酞作指示剂？

七、拓展与思考

滴定时加入指示剂的量为什么不能太多？请根据指示剂平衡移动原理阐述原因。

八、参考文献

[1]张梅.基础化学实验[M].北京：科学出版社，2008.

[2]曾仁权.基础化学实验[M].2版.北京：科学出版社，2020.

[3]四川大学化学工程学院，浙江大学化学系.分析化学实验[M].4版.北京：高等教育出版社，2014.

实验二十九　食醋中总酸度的测定

一、实验目的

1. 测定食醋中的总酸度。

2. 进一步巩固酸碱滴定法的基本操作及应用。

二、实验原理

醋酸的$K_a=1.8\times10^{-5}$,其$C_{k_a}>10^{-8}$,故可以用NaOH标准溶液直接滴定。反应式为:

$$HAc+NaOH=NaAc+H_2O$$

此反应等量点时溶液的pH=8.2,可选用酚酞作指示剂,用NaOH标准溶液滴定至溶液呈微红色且在30 s内不褪色为终点。食醋中通常含有3%~5%(*W*/*V*)的醋酸和少量的其他有机酸如甲酸、丁酸、乳酸等。在测量食醋的总酸度时,一般用醋酸的含量来表示。

三、实验用品

1. 实验试剂

液体药品:酚酞指示剂(0.1%)。

固体药品:NaOH、草酸或邻苯二甲酸氢钾。

2. 实验材料和仪器

食醋、容量瓶(1000 mL、100 mL)、锥形瓶(250 mL)、移液管(25 mL)、刻度吸管(10 mL)、量筒(100 mL)、碱式滴定管(50 mL)、烧杯(100 mL)、洗耳球、滴定管架、试剂瓶、洗瓶、电子分析天平等。

四、实验步骤

(一)NaOH标准溶液的标定

1. 洗涤

(1)洗净50 mL碱式滴定管、1000 mL容量瓶、100 mL容量瓶和25 mL移液管各1支。

(2)洗净250 mL锥形瓶3个、100 mL烧杯1个、100 mL量筒1支、滴管1支。

2. 1000 mL 0. 1 mol·L^{-1} NaOH溶液的配制

将洁净干燥的小烧杯置于电子分析天平上,迅速称取固体NaOH 4 g,加50 mL去离子水,搅拌溶解,冷却,转移至容量瓶中,再加水稀释至1000 mL。将配制好的NaOH溶液转移至试剂瓶中备用。

3. NaOH溶液的标定

在电子分析天平上称量0.1350 g草酸，置于锥形瓶中，加20 mL去离子水溶解，滴加1~2滴酚酞指示剂，用0.1 mol·L^{-1}NaOH标准溶液滴定至微红色，在30 s不褪色即为终点，记录滴定所消耗的NaOH溶液体积。

重复上述操作两次，将数据记入表3-29-1，计算标定结果。标定好后在盛装NaOH标准溶液的试剂瓶贴上标签，写明浓度及日期。

(二)食醋溶液中总酸度的测定

1. 食醋溶液的稀释

准确移取10.00 mL食醋转移至100 mL容量瓶中，加蒸馏水稀释至刻度，盖好玻璃塞，充分摇匀。

2. 食醋溶液中总酸度的滴定

用移液管从容量瓶中吸取25.00 mL稀释后的食醋溶液，置于250 mL锥形瓶中，加入30 mL新煮沸并已冷却的蒸馏水及1~2滴酚酞指示剂，用NaOH标准溶液滴至溶液呈微红色并在30 s内不褪色即为终点。同时进行空白实验。按上述方法重复测定两次，将数据记入表3-29-2。

五、实验记录与结果

表3-29-1 NaOH标准溶液的标定数据记录

项目	1	2	3
草酸的质量/g			
NaOH标准溶液初始体积/mL			
NaOH标准溶液最终体积/mL			
NaOH标准溶液消耗体积/mL			
NaOH标准溶液标定计算公式			
c_{NaOH}/(mol·L^{-1})			
$\bar{c}_{NaOH}$/(mol·L^{-1})			
相对平均偏差			

表3-29-2 食醋中总酸度测定数据记录

项目	1	2	3
原食醋试液的体积/mL			
食醋试液稀释后的体积/mL			

续表

项目	1	2	3
移取稀释后食醋的体积/mL			
NaOH标准溶液初始体积/mL			
NaOH标准溶液最终体积/mL			
NaOH标准溶液消耗体积/mL			
食醋中总酸度的计算公式			
$\rho_{HAC}/(g \cdot mL^{-1})$			
$\bar{\rho}_{HAC}$			
相对平均偏差			

六、注意事项

1.注意移取食醋后应立即将试剂瓶盖好,防止挥发。

2.食醋中醋酸的浓度较大,且颜色较深,故必须稀释后再进行滴定。

3.测定醋酸含量时,所用的蒸馏水不能含有二氧化碳,因为二氧化碳会溶于水中生成碳酸,将同时被滴定。

七、分析与讨论

1.以NaOH溶液滴定醋酸溶液,属于哪类滴定?怎样选择指示剂?

2.为什么不使用甲基红做指示剂,若使用甲基红做指示剂,消耗的NaOH标准溶液体积是偏大还是偏小?

3.若不进行空白实验,实验结果会怎样?

八、拓展与思考

为什么酸碱滴定法只能测定食醋中的总酸度,而不能测定其中各种酸的含量?

九、参考文献

[1]刘永红.无机及分析化学实验[M].北京:科学出版社,2016.

[2]曾仁权.基础化学实验[M].2版.北京:科学出版社,2020.

[3]刘根起.分析化学实验[M].西安:西北工业大学出版社,2018.

实验三十　布洛芬原料药含量的测定

布洛芬为解热镇痛类、非甾体抗炎药。本品通过抑制环氧化酶，减少前列腺素的合成，产生镇痛、抗炎作用，通过干扰下丘脑体温调节中枢而起解热作用。药品含量是指一种药物制剂中包含的国家标准规定的有效成分的数量，药品的含量或效价是评定药品质量的主要指标之一。

一、实验目的

1. 掌握滴定管的正确使用方法。
2. 掌握布洛芬原料药鉴别、含量测定的原理及方法。
3. 能按药品质量标准及操作规范要求完成检验操作。

二、预习要点

1. 判别布洛芬原料药是否合格的方法。
2. 布洛芬原料药的测定原理。
3. 用流程图表示出布洛芬原料药鉴别及含量测定实验步骤。

三、实验原理

本品为α-甲基-4-(2-甲基丙基)苯乙酸($C_{13}H_{18}O_2$)，在乙醇、丙酮、三氯甲烷或乙醚中易溶，在水中几乎不溶，在氢氧化钠溶液或碳酸钠溶液中易溶。布洛芬结构中含有羧基，与碱能发生中和反应，可采用直接滴定法测定布洛芬及其片剂含量。按干燥品计算，含$C_{13}H_{18}O_2$不得少于98.5%。

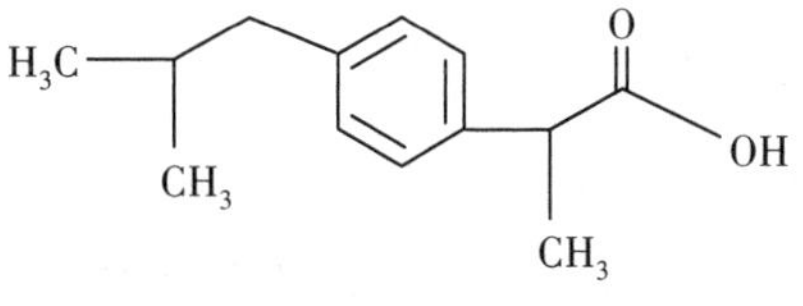

布洛芬

布洛芬分子中有苯环共轭结构，在紫外光区具有特征吸收峰，可以用紫外-可见分光光度法进行鉴别。此方法操作简单、使用频率高，在药物检验工作中易为人们所接受。本实验采用对比最大、最小吸收波一致性的方法，即按药品质量标准，将供试品用规定溶液配制成一定浓度的液体，按紫外-可见分光光度法，测定最大吸收波长和最小吸收波长，然后与药品质量标准中规定的波长对比，如果在规定范围内，表示该项检验符合规定。

四、实验用品

1. 实验试剂

液体药品：乙醇(95%)、酚酞指示剂、氢氧化钠(0.4%)等。

固体药品：布洛芬原料药、邻苯二甲酸氢钾(M=204.22 $g \cdot mol^{-1}$)。

2. 实验材料和仪器

紫外-可见分光光度计、比色皿、电子分析天平、塑料试剂瓶(500 mL)、滴定管、量筒(50 mL)、容量瓶(50 mL、100 mL)、移液管(15 mL)、烧杯(100 mL、250 mL)、锥形瓶(250 mL)、滴管、玻璃棒等。

五、实验步骤

1. 布洛芬原料药的鉴别

(1)供试液的制备。

取本品0.246~0.254 g置于100 mL烧杯中，加入0.4%氢氧化钠溶液溶解，将溶液全部转移至100 mL容量瓶定容，摇匀。精确量取该溶液5 mL，置于50 mL容量瓶中，用0.4%氢氧化钠溶液定容，配制成1 mL中约0.25 mg布洛芬原料药的溶液。

(2)测定光谱图。

以0.4%氢氧化钠溶液为空白溶液，用紫外-可见分光光度计测定，记录光谱图。

(3)记录特征吸收。

在265 nm与273 nm波长处有最大吸收，在245 nm与271 nm波长处有最小吸收，在259 nm波长处有一肩峰为布洛芬。

2. 布洛芬原料药含量的测定

(1)0.1 $mol \cdot L^{-1}$氢氧化钠滴定液的配制与标定。

正确配制0.1 $mol \cdot L^{-1}$氢氧化钠滴定液500 mL(称取氢氧化钠2.4 g)。用递减称量法称取邻苯二甲酸氢钾0.2~0.3 g，加水50 mL，加热溶解，放冷，加2滴酚酞指示剂，用0.1 mol·L^{-1}氢氧化钠溶液滴定到终点，微红色，记录V_{NaOH}。

（2）中性乙醇的配制。

取250 mL烧杯，装入200 mL 95%乙醇后，加5滴酚酞指示剂，用玻璃棒搅动，用0.1 mol·L^{-1}氢氧化钠溶液滴定到微红色，30 s不褪色，即可，不记录V_{NaOH}。

（3）布洛芬含量的测定。

精确称取本品1.6~1.8 g，加中性乙醇（酚酞指示剂显中性）适当溶解后，定量转移至100 mL容量瓶中，用中性乙醇定容，摇匀。精确量取15 mL于250 mL锥形瓶中，加25 mL中性乙醇，加酚酞指示剂5滴，用氢氧化钠滴定液（0.1 mol·L^{-1}）滴定到微红色，30 s不褪色，记录V'_{NaOH}。

（4）计算公式。

氢氧化钠标准溶液浓度计算：$c_{NaOH}=\dfrac{m_{邻苯二甲酸氢钾}\times 1000}{M_{邻苯二甲酸氢钾}\times V_{NaOH}}$

布洛芬原料药含量计算：布洛芬原料药含量$=\dfrac{c_{NaOH}\times V'_{NaOH}\times M_{布洛芬}}{W_{样品}\times \dfrac{15}{100}\times 1000}\times 100\%$

六、实验记录与数据处理

根据实验所得数据，先列出用字母符号表示的计算总公式，并说明各符号代表的实际意义，带入实测值，计算结果，给出结论。

1.紫外-可见分光光度法光谱扫描谱图。

2.氢氧化钠溶液的配制及标定。

表3-30-1　0.1 mol·L^{-1}氢氧化钠标准溶液的标定

项目	1	2	3
邻苯二甲酸氢钾基准物质量/g			
消耗氢氧化钠滴定液的体积/mL			
氢氧化钠滴定液的浓度/(mol·L^{-1})			
氢氧化钠滴定液的平均浓度/(mol·L^{-1})			
相对偏差/%			
相对平均偏差/%			

3.布洛芬原料药含量的测定。

表3-30-2　布洛芬原料药含量的测定

项目	1	2	3
布洛芬供试品的质量/g			
消耗0.1 mol·L^{-1}氢氧化钠滴定液体积/mL			
结果计算/%			
平均结果/%			
相对偏差/%			
相对平均偏差/%			

4.结果计算。

请将计算公式写出，再代入数据计算，包括误差计算公式，需写出计算过程。

$c_{NaOH}=$

相对偏差(%)=

相对平均偏差(%)=

布洛芬原料药含量(%)=

相对偏差(%)=

相对平均偏差(%)=

5.结论。

判断所测样品是否为布洛芬；判断布洛芬原料药是否合格，并说明理由。

七、注意事项

1.邻苯二甲酸氢钾是一种有机化合物，分子式是$C_8H_5O_4K$，是白色结晶，在空气中稳定，能溶于水，微溶于乙醇，用作pH测定的缓冲剂、分子基准物。

2.本实验方法选用《中国药典》2020版，布洛芬含量的测定。紫外-可见分光光度法参考药典通则0401。

3.乙醇在溶解试剂前需用氢氧化钠溶液中和至中性。

4.邻苯二甲酸氢钾使用前需在105~110 ℃下干燥至恒重。

八、分析与讨论

1.本实验中，为什么要用中性乙醇溶解药品？

2.为什么配置0.1 mol·L^{-1}氢氧化钠滴定液时，要多称0.4 g？

九、拓展与思考

1.对于组分单一的原料药，首选精密度高、操作简便快速的容量法测定含量，可根据药物分子中所具有的官能团及其化学性质，选用不同的容量分析方法，还有哪些条件需要注意？

2.布洛芬原料药含量测定除滴定法外，还可以用哪些方法进行测定？

十、参考文献

[1]国家药典委员会.中华人民共和国药典(2020年版　一部)[M].北京：中国医药科技出版社，2020.

[2]杭太俊.药物分析[M].8版.北京：人民卫生出版社，2016.

实验三十一　络合滴定法测定水的硬度

一、实验目的

1.了解水的硬度的表示方法。

2.通过钙、镁含量的测定，学习配位滴定法，掌握EDTA①法测定钙、镁含量的基本原理和操作技术。

3.掌握铬黑T和钙指示剂的应用条件和终点颜色变化。

4.了解缓冲溶液的应用。

二、实验原理

天然水的硬度主要指Ca^{2+}、Mg^{2+}的含量。水的硬度的表示方法很多，常用的有两种：一种是用“德国度(°H_G)”表示，这种方法是将水中的Ca^{2+}、Mg^{2+}折合为CaO来计算，每升水含10 mg就为1 °H_G。天然水按硬度的大小可以分为五类：0~4 °H_G叫极软水，4~8 °H_G叫软水，8~16 °H_G叫中等软水，16~30 °H_G叫硬水，30 °H_G以上叫极硬水。另一种方法是以$CaCO_3$

① EDTA：乙二胺四乙酸。

计(mg·L^{-1})表示，是将每升水中所含的Ca^{2+}、Mg^{2+}都折合成$CaCO_3$的毫克数。

我国目前水质钙镁总量测定采用EDTA法(GB/T 7477-1987)。

Ca^{2+}、Mg^{2+}总量的测定：在pH=10的氨性缓冲溶液中，加入少量铬黑T指示剂，然后用EDTA标准溶液滴定。由于铬黑T和EDTA都能与Ca^{2+}、Mg^{2+}生成配合物，其稳定次序为：$CaY^{2-} > MgY^{2-} > MgIn^{-} > CaIn^{-}$。因此，加入铬黑T后，它首先与$Mg^{2+}$结合，生成酒红色配合物，当滴入EDTA时，EDTA则先与游离的Ca^{2+}配位，其次与游离的Mg^{2+}配位，最后夺取铬黑T配合物中的Mg^{2+}，使铬黑T游离出来，终点溶液由酒红色变为纯蓝色。

Ca^{2+}含量的测定：另取等体积的水样，调节pH=12，加少量钙指示剂，然后用EDTA滴定，这时Mg^{2+}以$Mg(OH)_2$沉淀析出，不干扰Ca^{2+}的测定，终点时溶液由红色变为纯蓝色。

三、实验用品

1. 实验试剂

液体药品：NaOH溶液(10%)、浓氨水、浓盐酸。

固体药品：Na2H2Y·2H2O(EDTA二钠盐)、MgSO4·7H2O、NH4Cl、铬黑T、钙指示剂、NaCl。

2. 实验材料和仪器

烧杯(100 mL)、容量瓶(250 mL)、酸式滴定管、锥形瓶、移液管(25 mL、50 mL)，玻璃棒、量筒(10 mL)、称量瓶、电子分析天平。

四、实验步骤

1. 实验试剂的配制

铬黑T指示剂：铬黑T与固体NaCl按1∶100混合，研磨均匀，贮于棕色广口瓶中。

氨缓冲溶液(含EDTA-Mg^{2+})：称取$Na_2H_2Y·2H_2O$ 2.0 g及$MgSO_4·7H_2O$ 1.5 g溶于100 mL纯水中，加NH_4Cl 33.8 g及浓氨水286 mL，溶解后用纯水定容至1000 mL。然后用移液管取上述溶液10.00 mL于锥形瓶中，加纯水90 mL，加铬黑T指示剂少许，用EDTA标准溶液滴定至纯蓝色，记录用量。按此比例取EDTA标准溶液，加入上述溶液中，混合均匀。

钙指示剂：钙指示剂与固体NaCl按2∶100混合，研磨均匀，贮于棕色广口瓶中。

钙指示剂溶液：浓盐酸与水的体积比为1∶1。

2. 0.005 mol·L^{-1} EDTA 标准溶液的配制

准确称取基准级 $Na_2H_2Y \cdot 2H_2O$ 0.4~0.5 g于小烧杯中，加纯水溶解后，定量转入250 mL容量瓶中，稀释至刻度。

3. 0.005 mol·L^{-1} EDTA 标准溶液的标定

精确配制的EDTA溶液可以不标定，当试剂的纯度不够或放置过久时，可按下法标定：

准确称取 $MgSO_4 \cdot 7H_2O$ 0.25~0.35 g于小烧杯中，加纯水溶解后，定容至250 mL。

用移液管取上述 Mg^{2+} 标准溶液25.00 mL于锥形瓶中，加氨缓冲溶液2 mL，铬黑T指示剂少许（约绿豆大小），用EDTA溶液滴定溶液至由酒红色经紫色变为纯蓝色，即为终点。平行标定2~3次，EDTA溶液的准确浓度按下式计算：

$$c_{EDTA} = \frac{m_{MgSO_4 \cdot 7H_2O} \times \dfrac{25.00}{250.00}}{M_{MgSO_4 \cdot 7H_2O} \times \dfrac{V_{EDTA}}{1000}} = \frac{m_{MgSO_4 \cdot 7H_2O}}{M_{MgSO_4 \cdot 7H_2O} \cdot V_{EDTA}} \times 100$$

4. 水样总硬度的测定

（1）试样的制备。

一般样品不需要预处理。若样品中存在大量微小颗粒，需在采样后尽快用0.45 μm孔径滤器过滤。

（2）总硬度的测定。

用50 mL移液管吸取澄清水样（若浑浊则以中速滤纸过滤）50.00 mL于锥形瓶中，记为 $V_{水样1}$，加氨缓冲溶液4 mL和铬黑T指示剂少许（绿豆大小），在充分摇动下，用EDTA标准溶液滴定到溶液由酒红色经紫色变为纯蓝色，即为终点。记下EDTA标准溶液的用量 V_1，平行测定1~3次，将数据记入表3-31-1中，计算总硬度。

5. 钙、镁的测定

用50 mL移液管吸取水样50.00 mL，记为 $V_{水样2}$。加10%NaOH溶液2 mL，摇匀，再加钙指示剂少许（绿豆大小），用EDTA标准溶液滴定至溶液由红色经紫色变为纯蓝色即为终点，记录EDTA标准溶液的用量 V_2，平行测定1~3次。将数据记入表3-31-2中，处理数据。

五、实验记录与结果

表3-31-1 水样总硬度的测定数据

c_{EDTA}=______ $g \cdot L^{-1}$

项目	1	2	3
$V_{水样1}$/mL			
EDTA溶液消耗的体积V_1/mL			
总硬度(以CaO计)计算公式			
总硬度(以CaO计)/($mg \cdot L^{-1}$)			
平均值(以CaO计)/($mg \cdot L^{-1}$)			
相对平均偏差			

表3-31-2 水样钙、镁的测定数据

项目	1	2	3
$V_{水样2}$/mL			
EDTA溶液消耗的体积V_2/mL			
钙含量(以CaO计)计算公式			
钙含量(以CaO计)/($mg \cdot L^{-1}$)			
钙含量平均值(以CaO计)/($mg \cdot L^{-1}$)			
镁含量(以CaO计)/($mg \cdot L^{-1}$)			
镁含量平均值(以CaO计)/($mg \cdot L^{-1}$)			

六、注意事项

1.若水的硬度较高，应少取水样，以免消耗EDTA标准溶液的体积过多。若取样量少于50 mL，应用纯水释至50 mL后再滴定。

2.若水中HCO_3^-含量较高，加缓冲溶液(或NaOH)后，可能有$CaCO_3$沉淀析出，使测定结果偏低，并且终点拖长，变色不敏锐，这时可以在滴定前加几滴HCl溶液(浓盐酸与水的体积比为1∶1)酸化(刚果红试纸变蓝)，并煮沸1~2 min，以除去CO_2，然后再测定。

3.指示剂的用量以使水样呈明显红色为好，颜色过深或过浅都会使终点难以判断。滴定时，若发现颜色太浅，可随时补加指示剂。

4.EDTA的配位反应速度较慢，因此滴定速度也应慢一些。临近终点时更要注意，每加1滴，要摇动几秒钟，否则容易过量。温度太低时，要加热使水温在303~313 K。终点前出现的紫色是Mg–铬黑T配合物与铬黑T的混合色。

5. 当Mg^{2+}的含量较高时，生成的$Mg(OH)_2$沉淀将吸附Ca^{2+}，使Ca^{2+}的测定结果偏低，可在水样中加入少量蔗糖（或糊精）后，再加碱，可减少沉淀对Ca^{2+}的吸附。若水中Ca^{2+}、Mg^{2+}含量较多，也可少取水样稀释后再测定，从而减轻沉淀的干扰。

七、分析与讨论

1. 本实验中加入氨缓冲溶液和NaOH溶液各起什么作用？

2. 在配制氮缓冲溶液时，为什么要加入EDTA二钠盐和$MgSO_4 \cdot 7H_2O$？阐述EDTA-Mg^{2+}能够提高终点敏锐度的原理。

八、拓展与思考

1. 滴定为什么要在缓冲溶液中进行？如果没有缓冲溶液存在，将会导致什么现象发生？

2. 在测定水的硬度时，先于3个锥形瓶中加水样，再加氨缓冲液，加其他试剂，然后再一份一份地滴定，这样好不好？为什么？

九、参考文献

[1]武汉大学.分析化学实验·上册[M].5版.北京：高等教育出版社，2011.
[2]王辉，丁昌华，赵永梅，等.水的总硬度测定实验改进研究[J].应用化工，2021，50(5).
[3]蔡明招，刘建宇.分析化学实验[M].2版.北京：化学工业出版社，2010.

实验三十二　高锰酸钾测定过氧化氢含量

过氧化氢是一种常用的化学试剂，可作为消毒剂、杀菌剂、脱氧剂、漂白剂和聚合反应的引发剂等，过氧化氢在工业、生物、医药等方面应用很广泛。服装业利用过氧化氢的氧化性漂白毛、丝织物，医药上常将过氧化氢用于消毒和杀菌，纯过氧化氢可用作火箭燃料的氧化剂，工业上利用过氧化氢的还原性除去氯气等。

一、实验目的

1.掌握用无水草酸钠($Na_2C_2O_4$)作为基准物质标定高锰酸钾($KMnO_4$)溶液的基本原理、操作方法和计算。

2.掌握过氧化氢(H_2O_2)试样的称量方法。

3.掌握用$KMnO_4$直接滴定法测定H_2O_2含量的基本原理、操作方法和计算。

4.进一步掌握滴定法中各种仪器的使用方法。

二、预习要点

1.实验室称量易潮解样品的操作。

2.实验室常用滴定管的种类及特性。

3.标准溶液的标定操作及注意事项。

三、实验原理

在酸性溶液中,以Mn^{2+}作为催化剂,用$KMnO_4$溶液直接滴定,H_2O_2被$KMnO_4$定量氧化。利用过量的$KMnO_4$溶液的颜色——粉红色指示终点。根据$KMnO_4$标准溶液的消耗量,测定H_2O_2的含量。

四、实验用品

1. 实验试剂

液体药品:H_2SO_4溶液(3 $mol \cdot L^{-1}$)、H_2O_2试液(30%)。

固体药品:$KMnO_4$、$Na_2C_2O_4$。

2. 实验材料和仪器

酸式滴定管、电子分析天平、烧杯(100 mL)、锥形瓶(250 mL)、容量瓶(250 mL)、移液管(20 mL)、洗瓶、电炉、称量瓶、洗耳球。

五、实验步骤

(一)Km_nO_4标准溶液的配制与标定

市售的$KMnO_4$常含有杂质，不能用直接法配制准确浓度的溶液，通常将配制的$KMnO_4$溶液避光保存，待$KMnO_4$把还原性杂质充分氧化后，用玻璃砂芯漏斗过滤，除去沉淀，然后标定出溶液的准确浓度。

在0.5~1 mol·L^{-1} H_2SO_4溶液中，以$Na_2C_2O_4$为基准物标定$KMnO_4$溶液，以$KMnO_4$自身为指示剂。

反应式为：

$$2MnO_4^-+5C_2O_4^{2-}+16H^+=2Mn^{2+}+10CO_2\uparrow+8H_2O$$

1. $KMnO_4$标准溶液的配制

配制500 mL浓度为0.02 mol·L^{-1}的$KMnO_4$溶液，计算需称取$KMnO_4$固体的质量。

用天平称取1.58 g $KMnO_4$固体置于烧杯中，加入煮沸后冷却的水500 mL，搅拌至完全溶解，转入棕色试剂瓶中于暗处保存7~10 d，使溶液中的还原性杂质被完全氧化。过滤，弃去残渣和沉淀，将滤液置于棕色试剂瓶中。

2. $KMnO_4$标准溶液的标定

本实验中标定$KMnO_4$所用的基准物质为$Na_2C_2O_4$。二者发生的反应如上所示，准确称取0.15~0.20 g基准物质$Na_2C_2O_4$，置于250 mL锥形瓶中，加入30 mL水使之溶解，再加入10 mL 3 mol·L^{-1} H_2SO_4溶液，在电炉上加热到75~85 ℃，趁热用$KMnO_4$溶液滴定。

注意滴定速度，开始滴定时反应速度慢，应在加入的一滴褪色后，再加下一滴，溶液中产生了Mn^{2+}后，滴定速度可加快，滴定至溶液呈粉红色且30 s内不褪色即为终点。记录消耗$KMnO_4$溶液的体积。平行测定3次，同时做空白实验。

(二)H_2O_2溶液的滴定

H_2O_2具有还原性，在室温条件下酸性介质中能被$KMnO_4$定量氧化，其反应方程式为：

$$2KMnO_4+5H_2O_2+3H_2SO_4=2MnSO_4+K_2SO_4+5O_2\uparrow+8H_2O$$

准确称取10 mL 30% H_2O_2试液，注入装有200 mL蒸馏水的250 mL容量瓶中，平摇一次，稀释定容至刻度，充分摇匀。用移液管准确移取上述稀释液25.00 mL，置于250 mL锥形瓶中，加3 mol·L^{-1}的H_2SO_4溶液20 mL，用0.02 mol·L^{-1}的$KMnO_4$标准溶液滴定至溶液微红色保持30 s不褪色即为终点。记录消耗$KMnO_4$标准溶液的体积。平行测定3次，同时做空白实验。

注意：待第一滴紫红色褪去后再滴加第二滴。

六、实验记录与数据处理

表3-32-1　$KMnO_4$标准溶液的标定

项目	1	2	3	空白
$m_{Na_2C_2O_4}$/g				
V_{KMnO_4}/mL				
c_{KMnO_4}/(mol·L^{-1})				
相对偏差/%				
$\bar{c}_{KMnO_4}$/(mol·L^{-1})				

表3-32-2　H_2O_2溶液的滴定

项目	1	2	3	空白
$V_{H_2O_2}$/mL				
V_{KMnO_4}/mL				
$c_{H_2O_2}$/(mol·L^{-1})				
相对偏差/%				
$\bar{c}_{H_2O_2}$/(mol·L^{-1})				

计算公式：

$$c_{KMnO_4}=\frac{2m_{Na_2C_2O_4}}{5M_{Na_2C_2O_4}}\times\frac{1}{V_{KMnO_4}}$$

$$c_{H_2O_2}=\frac{\frac{5c_{KMnO_4}}{2}\times V_{KMnO_4}\times 10^{-3}}{10.00\times\frac{25}{250}\times 10^{-3}}$$

七、注意事项

1.标定$KMnO_4$溶液时要注意“三度一点”，分别是：温度、酸度、滴定速度和滴定终点。

2.$KMnO_4$与H_2O_2的反应在滴定开始时反应较慢，随着Mn^{2+}生成而加速，可先加入少量Mn^{2+}为催化剂。

3.准确读取滴定管中$KMnO_4$溶液的液面读数。

4.测定H_2O_2含量时要注意催化剂的加入及终点颜色的变化。

5.H_2O_2具有强氧化性，对环境无污染，使用时避免接触皮肤。

6.H_2O_2受热易分解，滴定时不需加热。

7.若H_2O_2中含有机物质，后者会消耗$KMnO_4$，使测定结果偏高。这时，应改用碘量法或铈量法测定H_2O_2。

八、分析与讨论

1.在滴定时，$KMnO_4$溶液为什么要放在酸式滴定管中？

2.$KMnO_4$溶液的配制过程中要用微孔玻璃漏斗过滤，能否用定量滤纸过滤？为什么？

3.配制$KMnO_4$溶液时，为什么要将$KMnO_4$溶液放置数天或煮沸一定时间？

4.用$Na_2C_2O_4$标定$KMnO_4$溶液的条件有哪些？为什么用H_2SO_4溶液调节酸度？$KMnO_4$滴定法如何确定滴定终点？

5.用$KMnO_4$法测定H_2O_2含量时，能否用HNO_3、HCl和HAc控制酸度？为什么？

6.H_2O_2与$KMnO_4$反应较慢，能否通过加热溶液来加快反应速率？为什么？

7.装满$KMnO_4$的烧杯或滴定管久置后，其壁上常有棕色的沉淀，该沉淀是什么？怎样洗涤？

九、拓展与思考

1.请查阅文献和资料，设计出H_2O_2含量测定的其他方案（一种以上）。

2.查阅文献和资料，比较几种不同的H_2O_2含量测定方法的优缺点。

十、参考文献

[1]古映莹，李丹.高锰酸钾法、碘量法和铈量法测定过氧化氢的比较[J].理化检验(化学册)，2007(9).

[2]马全红，吴莹.分析化学实验[M].3版.南京：南京大学出版社，2020.

实验三十三　碘量法测定维生素C片的含量

维生素C又称抗坏血酸，是人体不可缺少的一种重要营养物质，多存在于新鲜蔬菜和水果中。抗坏血酸参与体内的一系列代谢和反应，能促进胶原蛋白和黏多糖的合成，其含量是评定药片营养价值的重要参数，测定其含量对人类身体健康具有重要意义。测定维生素C含量的方法有很多，一般有滴定法、光度分析法、高效液相色谱法等，对于药品中的维生素C我们采用滴定法中的碘量法进行测定。

一、实验目的

1. 掌握碘标准溶液的配置和标定方法。
2. 熟悉碘量法测定维生素C的原理及操作方法。

二、预习要点

1. 维生素C的理化性质及测定原理。
2. 标定的作用及意义。
3. 碘量法测定维生素C含量的要点。

三、实验原理

维生素C(VC)又称抗坏血酸，分子式为$C_6H_8O_6$，具有还原性，其中的烯二醇可被I_2定量氧化，因而可用I_2标准溶液直接滴定，滴定的反应式如下：

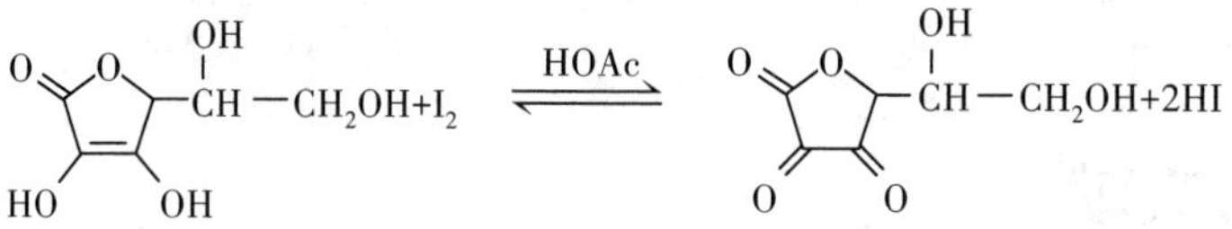

四、实验试剂及仪器

1. 实验试剂

液体药品：I_2滴定液(0.05 mol·L^{-1})、$Na_2S_2O_3$滴定液(0.1 mol·L^{-1})、HAc溶液(2 mol·L^{-1})、淀粉指示剂、KI溶液(10%)、H_2SO_4(1 mol·L^{-1})。

固体药品：VC药片(50 mg/片)、$K_2Cr_2O_7$。

2. 实验材料和仪器

电子分析天平、滴定管、锥形瓶(250 mL)、碘量瓶(250 mL)、移液管(15 mL)、容量瓶、烧杯等。

五、实验步骤

1. 0.01 mol·L^{-1} $K_2Cr_2O_7$标准溶液的配制(100 mL)和称样量估算

欲配制100 mL 0.01 mol·L^{-1} $K_2Cr_2O_7$标准溶液，基准物$K_2Cr_2O_7$的称样量为：

$M_{K_2Cr_2O_7}$=294.2 g·mol^{-1}，$m_{K_2Cr_2O_7}$=0.01×100×294.2×10^{-3}=0.2942 g

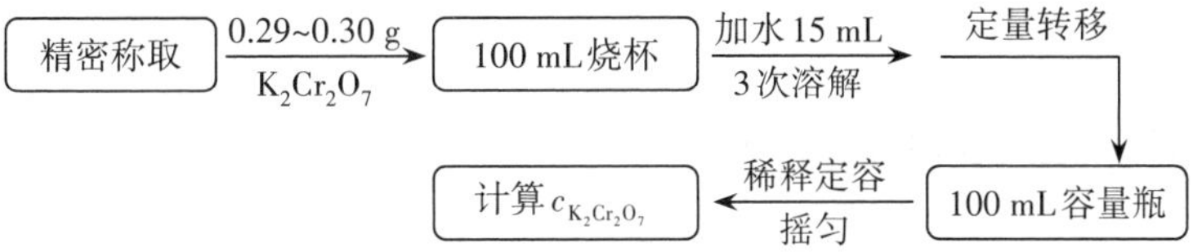

2. 0.1 mol·L^{-1} $Na_2S_2O_3$滴定液的标定

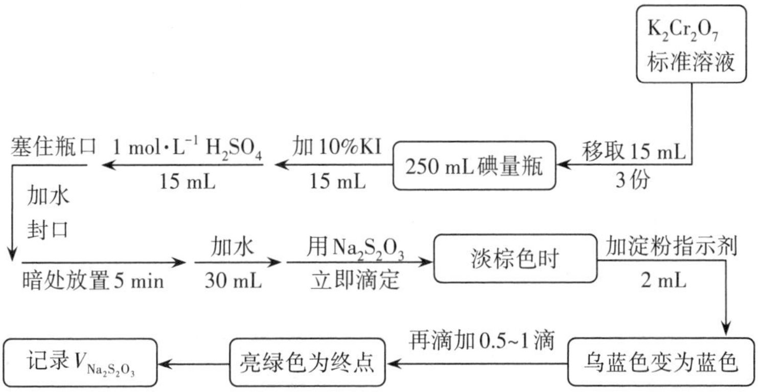

3. 0.05 mol·L^{-1} I_2滴定液的标定

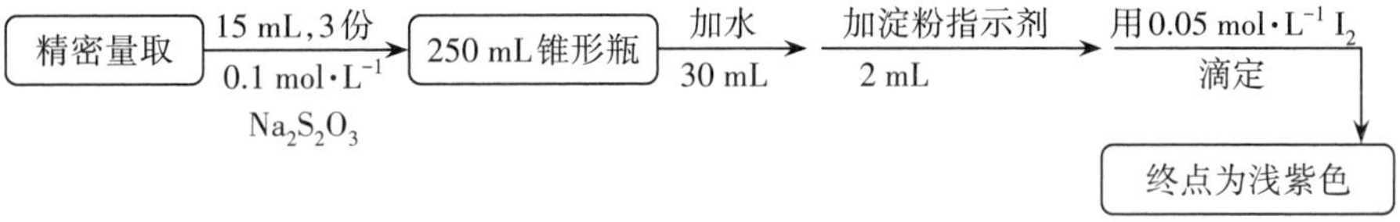

$$I_2+2\ Na_2S_2O_3 = Na_2S_4O_6+2\ NaI$$

用0.01 mol·L^{-1} $K_2Cr_2O_7$标准溶液标定0.1 mol·L^{-1} $Na_2S_2O_3$滴定液，再用已知浓度的$Na_2S_2O_3$滴定液标定I_2滴定液。

$$c_{I_2}=\frac{1}{2}\times\frac{c_{Na_2S_2O_3}V_{Na_2S_2O_3}}{V_{I_2}}$$

4. VC药片的测定(3份/人)

取20片VC药片，置于表面皿中，精密称定质量，计算平均片重后，置于玻璃研钵中研细，用递减称量法称量。

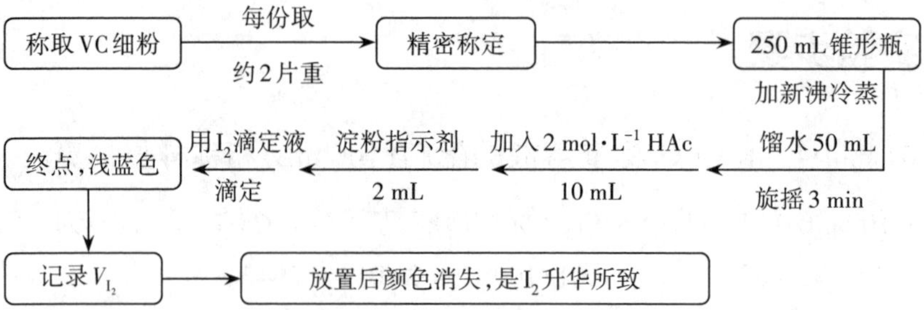

六、实验记录及数据处理

表3-33-1　$Na_2S_2O_3$溶液的标定

项目	1	2	3
$m_{K_2Cr_2O_7}$/g			
$c_{K_2Cr_2O_7}$/(mol·L^{-1})			
$V_{Na_2S_2O_3}$/mL			
$c_{Na_2S_2O_3}$/(mol·L^{-1})			
$\bar{c}_{Na_2S_2O_3}$/(mol·L^{-1})			

表3-33-2　I_2溶液的标定

项目	1	2	3
$V'_{Na_2S_2O_3}$/mL			
V_{I_2}/mL			
c_{I_2}/(mol·L^{-1})			
$\bar{c}_{I_2}$/(mol·L^{-1})			
相对偏差/%			
相对平均偏差/%			

表3-33-3　药片中VC含量的测定

项目	1	2	3
$m_{药片}$/g			
V'_{I_2}/mL			
VC含量/[mg·(100 g)$^{-1}$]			
VC含量平均值/[mg·(100 g)$^{-1}$]			
相对偏差/%			
相对平均偏差/%			

七、分析与讨论

1.测定VC试样为何要在HAc溶液中进行?

2.VC药片溶解时为何要加入新煮沸的冷蒸馏水?

3.解释淀粉指示剂能够指示滴定终点的原理。

八、拓展与思考

实验室指示剂有哪些类别?它们的原理分别是什么?如何在实验室中配制指示剂?

九、参考文献

[1]武汉大学.分析化学实验·上册[M].5版.北京:高等教育出版社,2011.

[2]宋秀丽,葛海龙.维生素C片中维生素C测定方法比较[J].太原师范学院学报(自然科学版),2013,12(4).

[3]岳志劲,李新华,赵宇楠,等.直接碘量法测定维生素C含量的实验室微型化研究[J].山西大同大学学报(自然科学版),2022(2).

实验三十四　pH计的原理、使用和维护

pH计,又称为酸度计,是一种常用的仪器设备,主要用于精密测量液体介质的酸碱度,配上相应的离子选择电极也可以测量离子电极电位(MV值),广泛应用于工业、农业、科研、环保等领域。该仪器也是食品厂、饮用水厂办QS、HACCP认证中的必备检验设备。

一、实验目的

1.掌握pH计测定pH值的原理。

2.了解pH计的类型、PHS-3C型pH计的构造,掌握正确的使用方法。

二、预习要点

1. 实验室常用的测定pH值的方法。
2. 实验室常用的pH计类型及利用pH计测定pH值的原理。

三、实验原理

pH计的测定原理：根据测得的测量电极与参比电极组成的工作电池在溶液中的电位差，并利用待测溶液的pH值与工作电池的电势大小之间的线性关系，再通过电流计转换成pH单位数值来实现测定。把对酸度敏感的测量电极和参比电极放在同一溶液中，就组成一个原电池，该电池的电位是玻璃电极和参比电极电位的代数和。

$$E_{电池}=E_{参比}+E_{玻璃}$$

如果温度恒定，这个电池的电位随待测溶液的pH值变化而变化。而测量pH计中的电池产生的电位是困难的，因其电动势非常小，且电路的阻抗又非常大（1~100 MΩ）。因此，必须使用电流计将信号放大。

四、实验用品

1. 实验试剂

多个不同pH值的试样。

缓冲溶液配制所需固体试剂：$KH_3(C_2O_4)_2·2H_2O$、$KHC_4H_4O_6$、$KHC_8H_4O_4$、KH_2PO_4、Na_2HPO_4、$Na_2B_4O_7·10H_2O$。

2. 实验材料和仪器

pH计（PHS-3C型）、烧杯。

五、实验步骤

(一)pH计的使用

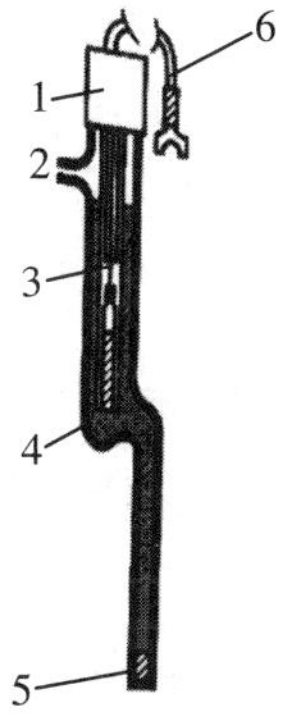

1.绝缘帽;2.加液口;3.内电极(Pt/Hg_2Cl_2,Hg);
4.饱和KCl溶液;5.多孔性物质;6.导线

图3-34-1　饱和甘汞电极

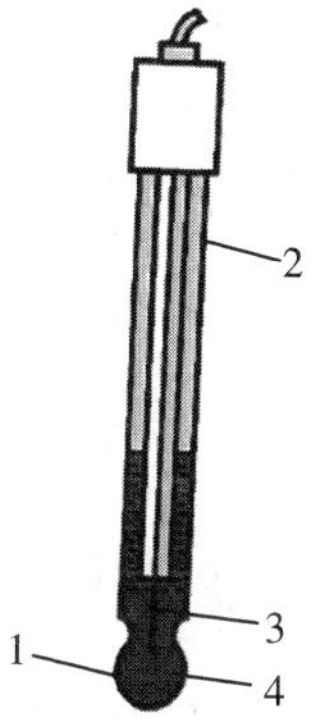

1.玻璃膜;2.玻璃外壳;3.Ag/AgCl参比电极;
4.含Cl^{-1}的缓冲溶液(一般为0.1 mol·L^{-1}的HCl溶液)

图3-34-2　玻璃电极

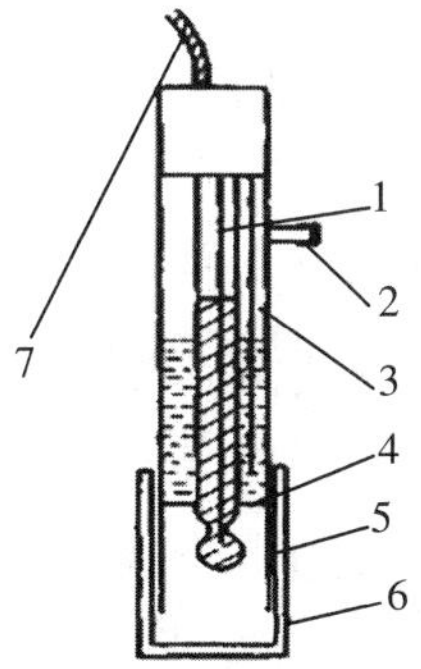

1.pH玻璃电极;2.胶皮帽;3.Ag/AgCl参比电极;
4.参比电极底部陶瓷芯;5.塑料保护栅;6.塑料
保护帽;7.电极引出端

图3-34-3　复合电极

1. pH计的类型及构造

根据应用场景来看,pH计可分为:笔式pH计、便携式pH计、实验室pH计、工业pH计。实验室广泛使用的有PHS-2型、PHS-3B型、PHS-3C型和Delta320 pH计等,它们的结构、功能和使用方法大同小异。主要就PHS-3C型pH计的构造进行分析。

PHS-3C型pH计由参比电极、指示电极(玻璃电极)和精密电位计三部分构成,如图2-13-1所示。

参比电极:对溶液中氢离子活度无响应,具有已知和恒定的电极电位的电极,其基本功能是维持一个恒定的电位,作为测量各种偏离电位的对照。最常用的参比电极是饱和甘汞电极,如图3-34-1所示。

指示电极(玻璃电极):指示电极的电极电势随溶液pH值的变化而改变。它的主要部分是头部的玻璃球泡,如图3-34-2所示,是由特殊的敏感玻璃膜构成。玻璃膜对氢离子敏感,当它被浸入待测溶液内,待测溶液的氢离子与电极玻璃球泡表面水化层进行离子交换,玻璃球泡内层也同样产生电极电势。由于内层氢离子浓度不变,而外层氢离子浓度在变化,因此,内外层电势差也在变化。

精密电位计:将原电池的电位放大若干倍,放大了的信号通过电表显示,电表指针偏转的程度表示信号的强度,为了使用上的需要,电表的表盘刻有相应的pH值,而数字式pH计则直接以数字显出pH值。

复合电极:复合了参比电极和玻璃电极这两种电极的功能,操作更加简单,是目前使用最普遍的电极。主要由pH玻璃电极、胶皮帽、Ag/AgCl参比电极、参比电极底部陶瓷芯、塑料保护栅、塑料保护帽、电极引出端等组成,如图3-34-3所示。

2. PHS-3C型pH计的使用

(1)安装电极架和电极。将多功能电极架插入电极架插座中,把复合电极安装在电极架另一端,拔下电极下端的电极套,并且拉下电极上端的橡胶套使其露出上端校孔,再用蒸馏水清洗电极,用滤纸吸干电极底部的水。

(2)开机。将电源线插入电源插座,按下电源开关。电源接通后,预热30 min,然后进行校正。

(3)校正。调节选择开关旋钮使pH指示灯亮,即进入pH测量状态;调节温度补偿调节旋钮设定溶液温度,再按“确认”。将清洗过的电极插入pH=6.86标准缓冲溶液中,待读数稳定后,按定位调节旋钮,使仪器显示读数与该缓冲溶液在此温度下的pH一致,然后按“确认”。用蒸馏水清洗电极,并用滤纸吸干存留在电极下端的水,再将其插入pH为4.00或9.18的标准缓冲溶液中,待读数稳定后,调节斜率补偿调节旋钮使仪器显示读数为该缓冲溶液在此温度下的pH,然后按“确认”。仪器的校正到此完成,可进行pH值测量。需要注意的是,校正好后,不应再按定位调节旋钮及斜率补偿调节旋钮。若不小心触动了这些键,则不要按“确认”,而是调节选择开关旋钮使仪器重新进入pH测量状态,这样就不需要再进行校正。一般情况下,每天校正一次即可。

常用几种pH标准缓冲溶液的组成和配制方法见表3-34-1。

表3-34-1　标准缓冲溶液的配制方法

试剂名称	分子式	浓度/($mol \cdot L^{-1}$)	试剂的干燥与预处理	缓冲溶液的配制方法
草酸三氢钾	$KH_3(C_2O_4)_2 \cdot 2H_2O$	0.05	(57±2) ℃下干燥至恒重	12.7096 g $KH_3(C_2O_4)_2 \cdot 2H_2O$ 溶于适量蒸馏水,定量稀释至1 L
酒石酸氢钾	$KHC_4H_4O_6$	饱和	不必预先干燥	$KHC_4H_4O_6$溶于(25±3) ℃蒸馏水中至饱和

续表

试剂名称	分子式	浓度/(mol·L⁻¹)	试剂的干燥与预处理	缓冲溶液的配制方法
邻苯二甲酸氢钾	$KHC_8H_4O_4$	0.05	(110±5) ℃下干燥至恒重	10.2112 g $KHC_8H_4O_4$溶于适量蒸馏水中，定量稀释至1 L
磷酸二氢钾和磷酸氢二钠	KH_2PO_4 Na_2HPO_4	0.025	KH_2PO_4在(110±5) ℃下干燥至恒重；Na_2HPO_4在(120±5) ℃下干燥至恒重	3.4021 g KH_2PO_4和3.5490 g Na_2HPO_4溶于适量蒸馏水，定量稀释至1 L
硼砂	$Na_2B_4O_7 \cdot 10H_2O$	0.01	放在含有NaCl和蔗糖饱和液的干燥器中	3.8137 g $Na_2B_4O_7 \cdot 10H_2O$溶于适量除去CO_2的蒸馏水中，定量稀释至1 L

(4)测量溶液的pH值。用蒸馏水清洗电极，用滤纸吸干(也可用待测溶液洗一次)，将电极浸入待测溶液中，摇动烧杯，使溶液均匀，然后让溶液静置，待读数稳定后读出溶液的pH值。若待测溶液与用于校正的溶液的温度不同，则先调节温度补偿调节旋钮使仪器显示待测溶液的温度再按“确认”，再进行pH值测量。

(5)还原仪器。测定完毕，关闭电源，洗净电极并套上电极套(内盛3 $mol \cdot L^{-1}$ KCl溶液)和盖上防尘罩，进行仪器使用情况登记。

(二)pH计的维护

1. 电极使用注意事项

(1)电极玻璃球泡前端不应有气泡，如有气泡应用力甩去。

(2)电极从浸泡瓶中取出后，应在去离子水中晃动并甩干，不要用纸巾擦拭玻璃球泡，否则由于静电感应电荷转移到玻璃膜上，会延长电势稳定的时间，更好的方法是使用待测溶液冲洗电极。

(3)复合电极插入待测溶液后，要搅拌晃动几下再静止放置，这样会加快电极的响应。尤其使用塑壳复合电极时，搅拌晃动要厉害一些，因为玻璃球泡和塑壳之间会有一个小小的空腔，电极浸入溶液后有时空腔中的气体来不及排除，会产生气泡，使玻璃球泡或液接界与溶液接触不良，因此必须用力搅拌晃动以排除气泡。

(4)在黏稠性试样中测试之后，电极必须用去离子水反复冲洗多次，以除去黏附在玻璃膜上的试样。有时还需先用其他溶液洗去试样，再用水洗去溶剂，浸入浸泡液中活化。

(5)避免接触强酸强碱或腐蚀性溶液，如果测试此类溶液，应尽量减少浸入时间，用后仔细清洗干净。

(6)避免在无水乙醇、重铬酸钾、浓硫酸等脱水性介质中使用,它们会损坏玻璃球泡表面的水合凝胶层。

(7)塑壳复合电极的外壳材料是聚碳酸酯(PC)塑料,PC塑料在有些溶剂中会溶解,如四氯化碳、三氯乙烯、四氢呋喃等,如果试样中含有以上溶剂,就会损坏电极外壳,此时应改用玻璃外壳的复合电极。

2. 电极的浸泡

(1)玻璃电极一般用蒸馏水或pH=4的缓冲溶液浸泡,使用pH=4的缓冲溶液更好。

原因:玻璃球泡是一种特殊的玻璃膜,在玻璃膜表面有很薄的水合凝胶层,它只有在充分湿润的条件下才能与溶液中的H^+有良好的响应。同时,玻璃电极经过浸泡,可以使不对称电势大大下降并趋向稳定。

(2)参比电极一般使用3.3 mol·L^{-1} KCl溶液或饱和KCl溶液浸泡。

原因:如果液接界干涸会使液接界电势增大或不稳定,参比电极的浸泡液必须和参比电极的外参比溶液一致,即3.3 mol·L^{-1} KCl溶液或饱和KCl溶液。

(3)复合电极需要浸泡在含KCl的pH=4的缓冲溶液中,这样才能对玻璃球泡和液接界同时起作用。复合电极头部装有一个密封的塑料小瓶,内装电极浸泡液,电极头长期浸泡其中,使用时拔出洗净就可以,非常方便。

3. 电极的清洗

电极长时间使用后,响应可能会变慢或产生噪声,进行清洗等相关的处理后,可以改善其测量性能。

4. 电极的老化处理

PH计玻璃电极的老化与水合凝胶层结构渐进变化有关。旧电极响应迟缓,膜电阻高,斜率低。

解决方法:老化的电极可浸泡在1 mol·L^{-1}醋酸和1 mol·L^{-1}氯化钾的混合溶液(1∶1)中,活化10 min后取出清洗干净。老化情况不严重的电极,可浸泡在蒸馏水或0.1 mol·L^{-1}稀盐酸溶液中活化24 h。

六、实验记录与数据处理

表3-34-2　pH计测定未知溶液pH值结果记录

项目	样品1	样品2	样品3
实验1			
实验2			

续表

项目	样品1	样品2	样品3
实验3			
平均值			
相对偏差/%			
相对平均偏差/%			

七、分析与讨论

1.若同一样品3次测量结果存在偏差，请分析存在偏差的原因。
2.简述pH计测定pH值过程中的注意事项。
3.如何防止电极老化？

八、拓展与思考

1.查阅电极清洗的详细操作步骤。
2.分析在黏稠性试样中用pH计测定pH值与在普通试样中测定有何不同。
3.对比笔式pH计、便携式pH计、实验室pH计以及工业pH计在测定pH值时的精确度。
4.试测定不同类型矿泉水的pH值。
5.探究pH计是否可代替滴定法测定盐酸的浓度。

九、参考文献

[1]刘金峰.pH计的原理、使用方法和维护[J].口腔护理用品工业，2019，29(2).
[2]陈珂，丁梅梅.pH计测定pH过程中注意的几点问题[J].青海环境，2018，28(4).
[3]魏薇.pH计测量中的常见问题及解决方法[J].轻工标准与质量，2015(6).
[4]周萍.pH计使用中校准维护保养和应用[C].江苏省计量测试学术论文集(2014)，2014.
[5]张金汉，张文波.PH计的正确使用及PH复合电极保养[J].农业科技与信息，2014(12).

实验三十五　大气中甲醛的测定

甲醛，又称蚁醛，是一种无色、具有强烈刺激性气味的有机化合物，其35%~40%的水溶液称为福尔马林。甲醛被世界卫生组织国际癌症研究机构列为一类致癌物，它能对皮肤和黏膜起刺激作用。人吸入甲醛后，会严重刺激呼吸道，会出现喉头水肿、眼刺痛等；皮肤直接接触甲醛，可引起过敏性皮炎、色斑、皮肤坏死等；若长期暴露于甲醛中，会引起慢性中毒，呼吸功能和免疫功能下降，对消化系统、生殖系统也有毒性作用。全身症状有头痛、乏力、心悸、失眠、体重减轻等。

室内装修常用的板材由于含有黏合剂，因而可能含有甲醛。凡是大量使用黏合剂的地方，总会有甲醛释放。当然，甲醛还可来自化妆品、清洁剂、杀虫剂、消毒剂、印刷油墨等多种产品。

一、实验目的

1. 掌握采用酚试剂分光光度法测定空气中甲醛浓度的原理和操作方法。
2. 初步了解影响室内空气质量的因素。

二、预习要点

1. 标准溶液的配制方法。
2. 标准曲线的绘制方法。
3. 大气采样器、分光光度计的使用方法。

三、实验原理

甲醛与酚试剂反应生成嗪，在高价铁离子存在下，嗪与酚试剂的氧化产物作用，生成蓝绿色化合物，根据颜色深浅，比色测定。本法检出限为每5 mL样品0.1 μg（按吸光度0.02相应的甲醛含量计），当采样体积为10 L时，最低检出浓度为0.01 $mg\cdot m^{-3}$。

四、实验用品

1. 实验试剂

液体药品：甲醛溶液（36%~38%）、碘溶液（0.05 mol·L^{-1}）、氢氧化钠溶液（30%）、硫代硫酸钠标准溶液（0.1 mol·L^{-1}）、淀粉指示剂（0.5%）、浓硫酸、浓盐酸。

固体药品：硫酸银、硫酸汞、酚试剂、硫酸铁铵。

2. 实验材料和仪器

大型气泡吸收管、大气采样器（流量范围0~1 L·m^{-1}）、10 mL具塞比色管、分光光度计等。

五、实验步骤

（一）试剂的配制和标定

1. 吸收液

称取0.10 g酚试剂（3-甲基-2-苯并噻唑酮腙，简称MBTH），溶于水中，稀释至100 mL，即为吸收原液，贮于棕色瓶，放入冰箱，可稳定3 d。采样时，量取5 mL上述溶液，加95 mL水，即为吸收液。

2. 1% 硫酸铁铵溶液

称取1.0 g硫酸铁铵，用0.1 mol·L^{-1}盐酸溶液溶解，并稀释至100 mL。

3. 甲醛标准溶液

量取10 mL 36%~38% 甲醛溶液，用水稀释至500 mL，用碘量法标定甲醛溶液的浓度。使用时，先用水稀释成每毫升含10 μg甲醛的溶液，然后立即吸取10.00 mL此稀释液于100 mL容量瓶中，加5 mL吸收原液，再用水稀释至标线。此溶液每毫升含1 μg甲醛。放置30 min后，用以配制标准色列。此标准溶液可稳定24 h。

标定方法：准确吸取5.00 mL甲醛标准溶液于250 mL碘量瓶中，加入40.00 mL 0.05 mol·L^{-1}碘溶液，立即逐滴加入30% 氢氧化钠溶液，至颜色褪至淡黄色为止。放置10 min，加5 mL（1+5）盐酸溶液酸化（做空白滴定时需多加2 mL）。置于暗处放置10 min，加入100~150 mL水，用0.1 mol·L^{-1}硫代硫酸钠标准溶液滴定至淡黄色，加1 mL新配的0.5% 淀粉指示剂，继续滴定至蓝色刚好褪去。另取5 mL水，用上法进行空白滴定。按下式计算甲醛溶液的浓度c：

$$c=\frac{(V_0-V)\times N\times 15.0}{5.00}$$

式中：V—滴定样品所用硫代硫酸钠标准溶液体积，mL；

V_0—空白滴定所用硫代硫酸钠标准溶液的体积，mL；

N—硫代硫酸钠标准溶液的当量浓度；15.0—甲醛的当量。

4. 硫酸-硫酸银溶液

于500 mL浓硫酸中加入5 g硫酸银，放置1~2 d，不时摇动使其溶解。

(二)采样和测量

1. 采样

用一个内装5 mL吸收液的大型气泡吸收管，以0.5 L·m^{-1}流量，采气10 L。

2. 标准曲线的绘制

取8支10 mL比色管，按表3-35-1配制标准色列。

表3-35-1　标准色列的配制

项目	0号管	1号管	2号管	3号管	4号管	5号管	6号管	7号管
1 μg·mL^{-1}甲醛标准溶液/mL	0	0.10	0.20	0.40	0.60	0.80	1.00	1.50
吸收液/mL	5.00	4.90	4.80	4.60	4.40	4.20	4.00	3.50
甲醛含量/μg	0	0.1	0.2	0.4	0.6	0.8	1.0	1.5

在各管中加入0.40 mL 1%硫酸铁铵溶液，摇匀。放置15 min后，用1 cm比色皿，于630 nm处，以水为参比，测定吸光度。以吸光度对甲醛含量(μg)绘制标准曲线，或用最小二乘法计算标准曲线的回归方程式：

$$Y=bX+a$$

式中：Y—$(A-A_0)$，即标准溶液吸光度(A)与空白实验组吸光度(A_0)之差；

X—甲醛含量，μg；

b—回归方程式的斜率；

a—回归方程式的截距。

3. 样品测定

采样后，将样品溶液移入比色管中，用少量吸收液洗涤吸收管，洗液并入比色管，使总体积为5 mL。后面步骤同标准曲线的绘制。

六、实验记录与数据处理

$$c=\frac{(A-A_0)-a}{bV_r}$$

式中：c—甲醛浓度，$mg \cdot m^{-3}$；

A—样品溶液吸光度；

A_0—空白实验组吸光度；

b—回归方程式的斜率；

a—回归方程式的截距；

V_r—换算为参比状态下的采样体积，L。

七、注意事项

1.绘制标准曲线时与样品测定时的温度差不超过2 ℃。

2.标定甲醛时，在摇动下逐滴加入30%氢氧化钠溶液，至颜色明显减退，再要片刻，待褪成淡黄色，放置后应褪至无色。若碱加入过多，则5 mL（1+5）盐酸溶液不足以使溶液酸化。

八、分析与讨论

1.二氧化硫的产生对测定结果有什么影响，如何抵消其影响？

2.实验中硫酸铁胺的作用是什么？

九、拓展与思考

1.如何采用气相色谱法或液相色谱法测量环境空气中的气态甲醛？

2.影响空气质量的因素还有哪些？

十、参考文献

[1]李元.环境科学实验教程[M].北京：中国环境科学出版社，2007.

[2]杨胜科，席临平，易秀.环境科学实验技术[M].北京：化学工业出版社，2008.

[3]张海波.环境分析化学实验[M].武汉：湖北科学技术出版社，2013.

实验三十六　大气中二氧化硫的测定

二氧化硫是大气中的主要污染物之一,是一种无色的刺激性气体,主要影响呼吸道。空气中的二氧化硫很大部分产生于发电过程及工业生产过程,主要来自含硫燃料燃烧。吸入二氧化硫可使呼吸系统功能受损,加重已有的呼吸系统疾病(尤其是支气管炎及心血管病)。容易受二氧化硫影响的人,除肺部功能改变外,还伴有一些明显症状,如喘气、气促、咳嗽等。世界卫生组织国际癌症研究机构将二氧化硫列为3类致癌物。资料显示,居民长期接触年平均浓度超过100 $\mu g \cdot m^{-3}$的烟尘和二氧化硫;短期接触日平均浓度超过250 $\mu g \cdot m^{-3}$的烟尘和二氧化硫,都会促使呼吸系统疾病加重,使病情恶化。二氧化硫形成酸雾或酸雨还会腐蚀金属等。测定二氧化硫常用的方法有分光光度法、紫外荧光法、电导法、库仑滴定法、火焰光度法。

一、实验目的

1.掌握用分光光度法测定大气中二氧化硫的方法。

2.利用所测数据判断污染程度。

二、预习要点

1.标准溶液的配制方法、标定方法。

2.采样技巧及标准曲线的绘制方法。

三、实验原理

大气中的二氧化硫被四氯汞钾溶液吸收后,生成稳定的二氯亚硫酸盐络合物,此络合物再与甲醛及盐酸副玫瑰苯胺发生反应,生成紫红色的络合物,据其颜色深浅,用分光光度法测定。按照所用的盐酸副玫瑰苯胺溶液含磷酸量的多少,分为两种操作方法。方法一:含磷酸量少,最后溶液的pH值为1.6±0.1。方法二:含磷酸量多,最后溶液的pH值为1.2±0.1,被我国暂选为环境监测系统的标准方法。本实验采用方法二测定。

四、实验用品

1. 实验试剂

液体药品：甲醛溶液（36%~38%）、浓盐酸、浓磷酸（85%）。

固体药品：氯化汞、氯化钾、乙二胺四乙酸二钠、氨基磺酸铵、碘、碘化钾（优级纯）、可溶性淀粉、硫代硫酸钠、无水碳酸钠、亚硫酸钠、盐酸副玫瑰苯胺。

2. 实验材料和仪器

多孔玻璃板吸收管（用于短时间采样）、多孔玻璃板吸收瓶（用于24 h采样）、空气采样器（流量0~1 $L\cdot min^{-1}$）、分光光度计、具塞比色管、比色皿等。

五、实验步骤

1. 试剂的配制和标定

（1）0.04 $mol\cdot L^{-1}$四氯汞钾吸收液：称取10.9 g氯化汞（$HgCl_2$）、6.0 g氯化钾和0.070 g乙二胺四乙酸二钠（EDTA-2Na），溶于水中，稀释至1000 mL，此溶液在密闭容器中储藏，可稳定6个月。如发现沉淀，不能再用。

（2）2.0 $g\cdot L^{-1}$甲醛溶液：量取36%~38%甲醛溶液1.1 mL，用水稀释至200 mL，现配现用。

（3）6.0 $g\cdot L^{-1}$氨基磺酸铵溶液：称取0.60 g氨基磺酸铵（$NH_4NH_2SO_3$），溶解于100 mL水中，现配现用。

（4）碘储备液（$c_{1/2I_2}$=0.10 $mol\cdot L^{-1}$）：称取12.7 g碘于烧杯中，加入40 g碘化钾和25 mL水，搅拌至全部溶解后，用水稀释至1000 mL，贮于棕色试剂瓶中。

（5）碘使用液（$c_{1/2I_2}$=0.010 $mol\cdot L^{-1}$）：量取50 mL碘储备液，用水稀释至500 mL，贮于棕色试剂瓶中。

（6）2 $g\cdot L^{-1}$淀粉指示剂：称取0.20 g可溶性淀粉，用少量水调成糊状，慢慢倒入100 mL沸水中，继续煮沸直至溶液澄清，冷却后贮于试剂瓶中。

（7）碘酸钾标准溶液（$c_{1/6KIO_3}$=0.1000 $mol\cdot L^{-1}$）：称取3.5668 g碘酸钾（KIO_3，110 ℃烘干2 h），溶解于水，移入1000 mL容量瓶中，用水稀释至标线。

（8）盐酸溶液（c_{HCl}=1.0 $mol\cdot L^{-1}$）：量取100 mL浓盐酸，用水稀释至1000 mL。

（9）硫代硫酸钠储备液（$c_{Na_2S_2O_3}$≈0.1 $mol\cdot L^{-1}$）：称取25 g硫代硫酸钠（$Na_2S_2O_3\cdot 5H_2O$），溶解于1000 mL新煮沸并已冷却的水中，加0.20 g无水碳酸钠，贮于棕色瓶中，放置一周后标定其浓度。若溶液呈现浑浊，应该过滤。

标定方法：吸取碘酸钾标准溶液25.00 mL，放置于250 mL碘量瓶中，加70 mL新煮沸并已冷却好的水，加1.0 g碘化钾，振荡至完全溶解后，再加1.2 mol·L^{-1}盐酸溶液10.0 mL，立即盖好瓶塞，混匀。在暗处放置5 min后，用硫代硫酸钠溶液滴定至淡黄色，加淀粉指示剂5 mL，继续滴定至蓝色刚好消失。按下式计算硫代硫酸钠的浓度c：

$$c=\frac{25.00\times 0.1000}{1000\times V}$$

式中：c—硫代硫酸钠溶液的浓度，mol·L^{-1}；

V—消耗硫代硫酸钠溶液的体积，mL。

（10）硫代硫酸钠标准溶液：取50.00 mL硫代硫酸钠储备液于500 mL容量瓶中，用新煮沸并已冷却的水稀释至标线，计算其准确浓度。

（11）亚硫酸钠标准溶液：称取0.20 g亚硫酸钠（Na_2SO_3）及0.010 g乙二胺四乙酸二钠，将其溶解于200 mL新煮沸并已冷却的水中，轻轻摇匀（避免振荡，以防充氧），放置2~3 h后标定。此溶液每毫升相当于含320~400 μg二氧化硫。

标定方法：取4个250 mL碘量瓶（A_1、A_2、B_1、B_2），分别加入0.010 mol·L^{-1}碘溶液50.00 mL。在A_1、A_2瓶内各加25 mL水，在B_1瓶内加入25.00 mL亚硫酸钠标准溶液，盖好瓶塞。（立即吸取2.00 mL亚硫酸钠标准溶液于已加有40~50 mL四氯汞钾溶液的100 mL容量瓶中，生成稳定的二氯亚硫酸盐络合物。）再吸取25.00 mL亚硫酸钠标准溶液于B_2瓶内，盖好瓶塞。然后用四氯汞钾吸收液将100 mL容量瓶中的溶液稀释至标线。

A_1、A_2、B_1、B_2四瓶于暗处放置5 min后，用0.01 mol·L^{-1}硫代硫酸钠标准溶液滴定至浅黄色，加5 mL淀粉指示剂，继续滴定至蓝色刚好褪去。平行滴定所用硫代硫酸钠溶液体积之差应不大于0.05 mL。

所配100 mL容量瓶中的亚硫酸钠标准溶液相当于二氧化硫的浓度由下式计算：

$$\rho=\frac{(V_0-V)\times c\times 32.02\times 1000}{25.00}\times\frac{2.00}{100}$$

式中：ρ—SO_2的浓度，μg·mL^{-1}；

V_0—滴定A瓶时所用硫代硫酸钠标准溶液体积的平均值，mL；

V—滴定B瓶时所用硫代硫酸钠标准溶液体积的平均值，mL；

c—硫代硫酸钠标准溶液的准确浓度，mol·L^{-1}；

32.02—相当于1 mol·L^{-1}硫代硫酸钠溶液中二氧化硫（$1/2SO_2$）的质量，mg。

根据以上计算的二氧化硫标准溶液的浓度，再用四氯汞钾吸收液稀释成每毫升含2.0 μg二氧化硫的标准溶液，此溶液用于绘制标准曲线，在冰箱中存放，可稳定20 d。

（12）0.2%盐酸副玫瑰苯胺（PRA，即对品红）储备液：称取0.20 g经提纯的盐酸副玫瑰苯胺，溶解于100 mL 1.0 mol·L^{-1}盐酸溶液中。

（13）磷酸溶液（$c_{H_3PO_4}$=3 mol·L^{-1}）：吸取41 mL 85%浓磷酸，用水稀释至200 mL。

（14）0.016%盐酸副玫瑰苯胺使用液：吸取0.2%盐酸副玫瑰苯胺储备液20.00 mL于250 mL容量瓶中，加3 mol·L^{-1}磷酸溶液200 mL，用水稀释至标线。至少放置24 h才可使用。存于暗处，可稳定9个月。

2. 标准曲线的绘制

取8支10 mL具塞比色管，按表3-36-1所列参数配制标准色列。

表3-36-1 标准色列

加入溶液	色列管编号							
	0	1	2	3	4	5	6	7
亚硫酸钠标准溶液（二氧化硫含量2.0 $\mu g \cdot mL^{-1}$）	0	0.60	1.00	1.40	1.60	1.80	2.20	2.70
四氯汞钾吸收液/mL	5.00	0.40	4.00	3.60	3.40	3.20	2.80	2.30
二氧化硫含量/μg	0	1.2	2.0	2.8	3.2	3.6	4.4	5.4

在以上各管中加入6.0 $g \cdot L^{-1}$氨基磺酸铵溶液0.50 mL，摇匀。再加2.0 $g \cdot L^{-1}$甲醛溶液0.50 mL及0.016%盐酸副玫瑰苯胺使用液1.50 mL，摇匀。当室温为15~20 ℃时，显色30 min；当室温为20~25 ℃时，显色20 min；当室温为25~30 ℃时，显色15 min。用1 cm比色皿，于575 nm波长处，以水为参比测定吸光度。以吸光度对二氧化硫含量（μg）绘制标准曲线，或用最小二乘法计算出回归方程式。

3. 采样

（1）短时间采样：用内装5 mL四氯汞钾吸收液的多孔玻璃板吸收管以0.5 $L \cdot min^{-1}$流量采样10~20 L。

（2）24 h采样：测定24 h平均浓度时，用内装50 mL四氯汞钾吸收液的多孔玻璃板吸收瓶以0.2 $L \cdot min^{-1}$流量，在10~16 ℃恒温采样。

4. 样品测定

（1）样品浑浊时，应离心分离除去浑浊物。采样后样品放置20 min，以使臭氧分解。

（2）短时间采样品：将吸收管中的吸收液全部移入10 mL具塞比色管中，用少量水洗涤吸收管，洗涤液并入具塞比色管中，使总体积为5 mL。加入6 $g \cdot L^{-1}$氨基磺酸铵溶液0.50 mL，摇匀，放置10 min，以除去氮氧化物。后面步骤同标准曲线的绘制。

（3）24 h样品：将采样后的吸收液移入50 mL容量瓶中，用少量水洗涤吸收瓶，洗涤液并入容量瓶中，使溶液总体积为50.0 mL，摇匀。吸取适量样品溶液置于10 mL具塞比色管中，用吸收液定容为5.00 mL。后面步骤同短时间样品测定。

六、实验记录与数据处理

$$c=\frac{W}{V_n}\times\frac{V_t}{V_a}$$

式中：W—测定时所取样品溶液中二氧化硫含量，μg，由标准曲线查得；

V_t—样品溶液总体积,mL;

V_a—测定时所取样品溶液体积,mL;

V_n—标准状态下的采样体积,L。

七、注意事项

1. 温度对显色影响较大,温度越高,空白值越大。温度高时显色快,褪色也快,最好进行恒温水浴控制显色温度。

2. 盐酸副玫瑰苯胺试剂必须提纯后才可使用,否则,其中所含杂质会引起试剂空白值增高,使方法灵敏度降低。已有经提纯的合格的0.2%盐酸副玫瑰苯胺溶液出售。

3. 六价铬能使紫红色络合物褪色,产生负干扰,故应避免用硫酸-铬酸洗液洗涤所用玻璃器皿,若已用此洗液洗过,则须用(1+1)盐酸溶液浸洗,再用水充分洗涤。

4. 用过的具塞比色管及比色皿应及时用酸洗涤,否则红色难以洗掉。具塞比色管用(1+4)盐酸溶液洗涤,比色皿用(1+4)盐酸加乙醇混合溶液(水与乙醇体积比1∶3)洗涤。

5. 四氯汞钾溶液为剧毒试剂,使用时应小心,如溅到皮肤上,立即用清水冲洗。使用过的废液要集中回收处理,以免污染环境。

八、分析与讨论

1. 实验过程中可能存在哪些干扰?如何消除其影响?

2. 多孔玻璃板吸收管与多孔玻璃板吸收瓶的作用分别是什么?

九、拓展与思考

1. 影响测定误差的主要因素有哪些?应当如何减少误差?

2. 在北方什么时候空气污染严重?一天当中什么时间段污染最重?

3. 一次测定的结果能否代表日平均浓度?你的测定结果可以达到哪一级的大气质量标准?

十、参考文献

[1]钟文辉.环境科学与工程实验教程[M].北京:高等教育出版社,2013.

[2]杨胜科,席临平,易秀.环境科学实验技术[M].北京:化学工业出版社,2008.

[3]张海波.环境分析化学实验[M].武汉:湖北科学技术出版社,2013.

实验三十七 水中化学需氧量的测定

化学需氧量(COD),是指在一定的条件下,用强氧化剂处理水样时所消耗的氧化剂的量,以每升水中含氧的毫克数表示。它是表示水中还原性物质多少的一个指标。水中的还原性物质包括各种有机物、亚硝酸盐、亚铁盐等,但主要是有机物。因此,化学需氧量可反映水受还原性物质污染的程度,又往往作为衡量水中有机物质含量多少的指标。对于工业废水,通常选用重铬酸钾法,测得的化学需氧量可用COD_{Cr}表示。水样的化学需氧量,可随着加入氧化剂的种类及浓度、反应溶液的酸度、反应温度和时间,以及催化剂的有无而不同。因此,化学需氧量亦是一个条件指标,必须严格按照操作步骤进行测量。

一、实验目的

1. 掌握用重铬酸钾法测定化学需氧量的方法。
2. 利用所测数据判断水体污染程度。

二、预习要点

1. 利用重铬酸钾法测定化学需氧量的原理及方法。
2. 了解在分析过程中干扰的产生原因及其消除方法。

三、实验原理

在强酸性溶液中,准确加入过量的重铬酸钾标准溶液,加热回流,将水样中还原性物质(主要是有机物)氧化,过量的重铬酸钾以试亚铁灵做指示剂,用硫酸亚铁铵标准溶液回滴,根据用量计算水样化学需氧量。

四、实验用品

1. 实验试剂

液体药品：浓硫酸、重蒸馏水。

固体药品：重铬酸钾（基准纯或优级纯）、邻菲罗啉、硫酸亚铁、硫酸汞、硫酸银。

2. 实验材料和仪器

回流装置、加热电炉或电热套、酸式滴定管、锥形瓶、移液管等。

五、实验步骤

1. 试剂的配制和标定

（1）重铬酸钾标准溶液（$[\frac{1}{6}K_2Cr_2O_7]=0.250\ mol\cdot L^{-1}$）：称取预先在120 ℃烘干2 h的基准纯或优级纯重铬酸钾12.258 g溶于水中，移入1000 mL容量瓶，稀释至标线，摇匀。

（2）试亚铁灵指示剂：称取1.485 g邻菲罗啉（$C_{12}H_8N_2\cdot H_2O$）、0.695 g硫酸亚铁（$FeSO_4\cdot 7H_2O$）溶于水中，稀释至100 mL，储于棕色瓶内。

（3）硫酸亚铁铵标准溶液（$[(NH_4)_2Fe(SO_4)_2\cdot 6H_2O]\approx 0.1\ mol\cdot L^{-1}$）：称取39.5 g硫酸亚铁铵溶于水中，边搅拌边缓慢加入20 mL浓硫酸，冷却后移入1000 mL容量瓶中，加水稀释至标线，摇匀。使用前，用重铬酸钾标准溶液标定。

标定方法：准确吸取10.00 mL重铬酸钾标准溶液于500 mL锥形瓶中，加水稀释至110 mL左右，缓慢加入30 mL浓硫酸，混匀。冷却后，加入3滴试亚铁灵指示剂（约0.15 mL），用硫酸亚铁铵溶液滴定，溶液的颜色由黄色经蓝绿色至红褐色即为终点。

$$c=\frac{0.2500\times 10.00}{V}$$

式中：c—硫酸亚铁铵标准溶液的浓度，$mol\cdot L^{-1}$；

V—硫酸亚铁铵标准溶液的用量，mL。

（4）硫酸-硫酸银溶液：于500 mL浓硫酸中加入5 g硫酸银。放置1~2 d，不时摇动，使其溶解。

2. 测定化学需氧量

（1）取20.00 mL混合均匀的水样（或适量水样稀释至20.00 mL）置于250 mL磨口回流锥形瓶中，准确加入10.00 mL重铬酸钾标准溶液及数粒小玻璃珠或沸石，连接磨口回流冷凝管，从冷凝管上口慢慢地加入30 mL硫酸–硫酸银溶液，轻轻摇动锥形瓶使溶液混匀，加热回流2 h（自开始沸腾时计时）。

对于化学需氧量高的废水样，可先取上述操作所需体积1/10的废水样和试剂于15 mm×15 mm硬质玻璃试管中，摇匀，加热后观察是否呈绿色。如溶液显绿色，再适当减少废水取样量，直至溶液不变绿为止，从而确定分析废水样时应取用的体积。稀释时，所取废水样量不得少于5 mL，如果化学需氧量很高，则废水应多次稀释。废水中氯离子含量超过30 $mg \cdot L^{-1}$时，应先把0.4 g硫酸汞加入回流锥形瓶中，再加20.00 mL废水（或适量废水稀释至20.00 mL），摇匀。

（2）冷却后，用90 mL水冲洗冷凝管壁，取下锥形瓶。溶液总体积不得少于140 mL，否则酸度太大，滴定终点不明显。

（3）溶液再度冷却后，加3滴试亚铁灵指示剂，用硫酸亚铁铵标准溶液滴定，溶液的颜色由黄色经蓝绿色至红褐色即为终点，记录硫酸亚铁铵标准溶液的用量。

（4）测定水样的同时，取20.00 mL重蒸馏水，按同样操作步骤做空白实验。记录滴定空白组时硫酸亚铁铵标准溶液的用量。

六、实验记录与数据处理

$$\mathrm{COD_{Cr}}(\mathrm{O_2}, \mathrm{mg \cdot L^{-1}}) = \frac{(V_0 - V_1) \times c \times 8000}{V}$$

式中：c—硫酸亚铁铵标准溶液的浓度，$mol \cdot L^{-1}$；

V_0—滴定空白组时硫酸亚铁铵标准溶液用量，mL；

V_1—滴定水样时硫酸亚铁铵标准溶液的用量，mL；

V—水样的体积，mL；

8000—$\frac{1}{4}O_2$的摩尔质量以$mg \cdot L^{-1}$为单位的换算值。

七、注意事项

1. 使用0.4 g硫酸汞络合氯离子的最高量可达40 mg，如取用20.00 mL水样，即最高可络合2000 $mg \cdot L^{-1}$氯离子浓度的水样。若氯离子浓度较低，亦可少加硫酸汞，使硫酸汞∶氯离子=10∶1（质量比）。若出现少量氯化汞沉淀，并不影响测定。

2. 水样取用体积10.00~50.00 mL，但试剂用量及浓度需按表3–37–1进行调整，可得到满意的结果。

表3-37-1 水样取用量和试剂用量表

水样体积/mL	0.250 $mol \cdot L^{-1}$ $K_2Cr_2O_7$溶液/mL	H_2SO_4-Ag_2SO_4溶液/mL	$HgSO_4$/g	$[(NH_4)_2Fe(SO_4)_2]$/($mol \cdot L^{-1}$)	滴定前总体积/mL
10.0	5.0	15	0.2	0.050	70
20.0	10.0	30	0.4	0.100	140
30.0	15.0	45	0.6	0.150	210
40.0	20.0	60	0.8	0.200	280
50.0	25.0	75	1.0	0.250	350

3. 对于化学需氧量小于50 $mg \cdot L^{-1}$的水样，应该用0.025 $mol \cdot L^{-1}$重铬酸钾标准溶液，回滴时用0.01 $mol \cdot L^{-1}$硫酸亚铁铵标准溶液。

4. 水样加热回流后，溶液中重铬酸钾剩余量为加入量的1/5~4/5为宜。

5. 用邻苯二甲酸氢钾标准溶液检查试剂的质量和操作技术时，由于每克邻苯二甲酸氢钾的理论COD_{Cr}为1.176 g，所以将0.4251 g邻苯二甲酸氢钾溶解于重蒸馏水中，转入1000 mL容量瓶，用重蒸馏水稀释至标线，配制成500 $mg \cdot L^{-1}$的COD_{Cr}标准溶液。用时新配。

6. COD_{Cr}的测定结果应保留三位有效数字。

7. 每次实验时，应对硫酸亚铁铵标准溶液进行标定，室温较高时尤其应注意其浓度的变化。

八、分析与讨论

1. 硫酸亚铁铵标准溶液在使用前为什么要用重铬酸钾标准溶液标定？
2. 废水的pH值对化学耗氧量的测定有何影响？

九、拓展与思考

1. 测定水的COD的意义何在？可以用哪些方法测定COD？
2. 水样的采集及保存应当注意哪些事项？
3. 水样中加入$KMnO_4$煮沸后，若紫红色消失说明什么？应采取什么措施？

十、参考文献

[1]杨胜科，席临平，易秀.环境科学实验技术[M].北京：化学工业出版社，2008.
[2]张海波.环境分析化学实验[M].武汉：湖北科学技术出版社，2013.
[3]吴蔓莉.环境分析化学实验[M].西安：西安交通大学出版社，2018.

实验三十八　水样中总磷的测定

磷是生物生长必需的元素之一，但水体中磷含量过高（如超过0.2 mg·L^{-1}），可造成藻类的过度繁殖，富营养化，造成湖泊、河流透明度降低，水质变坏。

在天然水和废水中，磷以正磷酸盐、缩合磷酸盐（焦磷酸盐、偏磷酸盐和多磷酸盐）和有机结合的磷酸盐等形式存在，它们存在于溶液、腐殖质或水生生物中。天然水中磷酸盐含量较少。化肥、冶炼、合成洗涤剂等行业的工业废水及生活污水中常含有大量的磷。

一、实验目的

1. 掌握钼锑抗分光光度法测定总磷含量的原理和方法。
2. 掌握总磷的前处理方法。

二、预习要点

1. 用过硫酸钾消解水样的方法。
2. 分光光度法测定水样中总磷含量的原理及方法。

三、实验原理

水中含磷化合物，在过硫酸钾的作用下，转变为正磷酸盐。在酸性条件下，正磷酸盐与钼酸铵、酒石酸氧锑钾反应，生成磷钼杂多酸，被还原剂抗坏血酸还原生成蓝色络合物，通常称磷钼蓝，在700 nm波长下有最大吸收度。

方法的适用范围：本方法最低检出浓度为0.01 mg·L^{-1}（吸光度A=0.01时所对应的浓度），测定上限为0.6 mg·L^{-1}。可适用于测定地面水、生活污水，以及日化、磷肥、机械加工金属表面磷化处理、农药、钢铁、焦化等行业的工业废水中的正磷酸盐。

四、实验用品

1. 实验试剂

液体药品：硫酸溶液（分析纯）。

固体药品：抗坏血酸、钼酸铵、酒石酸氧锑钾、过硫酸钾、磷酸二氢钾。

2. 实验材料仪器

医用手提式高压蒸汽消毒器或一般民用压力锅（1~1.5 $kg \cdot cm^{-2}$）、电热板或可调电炉、具塞刻度管（50 mL）、具塞比色管（50 mL）、分光光度计等。

五、实验步骤

1. 实验试剂的配制

（1）（1+1）硫酸：密度为1.84 $g \cdot cm^{-3}$的分析纯硫酸和蒸馏水体积比1∶1的混合硫酸。

（2）10%（m/V）抗坏血酸溶液：溶解10 g抗坏血酸于水中，稀释至100 mL。溶液贮存在棕色玻璃瓶中，在阴冷处可稳定几周。若颜色变黄，需要重新配制。

（3）钼酸盐溶液：溶解13 g钼酸铵[$(NH_4)_6Mo_7O_{24} \cdot 4H_2O$]于100 mL水中。溶解0.35 g酒石酸氧锑钾[$K(SbO)C_4H_4O_6 \cdot 1/2H_2O$]于100 mL水中。在不断搅拌下，将钼酸铵溶液徐徐加到300 mL 1+1硫酸中，加酒石酸氧锑钾溶液并且混合均匀。将试剂贮存在棕色的玻璃瓶中于阴冷处保存。至少稳定2个月。

（4）5%过硫酸钾溶液：称取5 g过硫酸钾溶于水中，稀释至100 mL。保质期为一个星期。

（5）磷酸盐储备溶液：将磷酸二氢钾（KH_2PO_4）在110 ℃时干燥2 h，于干燥器中自然冷却。称取0.2170 g处理过的磷酸二氢钾溶于水，转入1000 mL容量瓶中。加（1+1）硫酸5 mL，用水稀释至标线。此溶液每毫升含50.0 μg磷（以P计）。

（6）磷酸盐标准溶液：吸取10.00 mL磷酸盐储备液于250 mL容量瓶中，用水稀释至标线。此溶液每毫升含2.00 μg磷（以P计）。现用现配。

2. 水样的预处理

具体操作如下：

（1）吸取25.0 mL混匀水样（注意：含磷量不超过30 μg，超过时取样量减少，稀释至25 mL）于50 mL具塞刻度管中，加5%过硫酸钾溶液4 mL，然后盖上试管塞，并在管口包一小块纱布并用线扎紧，以免加热时玻璃塞冲出。把具塞刻度管放在大烧杯中，置于高压蒸汽消毒器或压力锅中加热，待锅内压力达1.1 $kg \cdot cm^{-2}$（相应温度为120 ℃）时，调节电炉温度使此压力保持30 min后，停止加热，待压力表指针降至零后，取出自然冷却。

(2)空白实验组和标准溶液用同样的方法消解。

注意:

(1)如采样时水样用酸固定,则在用过硫酸钾消解前将水样调至中性。

(2)一般民用压力锅,在加热至顶压阀出气孔冒气时,锅内温度约为120 ℃。

(3)当不具备压力消解条件时,可在常压下进行,操作步骤如下:

取适量混匀水样(含磷不超过30 μg)于150 mL锥形瓶中,加水至50 mL,加数粒玻璃珠,加1 mL(3+7)硫酸溶液,5 mL 5%过硫酸钾溶液,置于电热板或可调电炉上加热煮沸,调节温度,保持微沸30~40 min,至最后体积约为10 mL止。放冷,加1滴酚酞指示剂,滴加氢氧化钠溶液至微红色,再滴加1 mol·L^{-1}硫酸溶液使红色褪去,充分摇匀。若溶液浑浊,需用滤纸过滤,将滤液倒入50 mL比色管中,再用水洗锥形瓶和滤纸,同时并入该比色管中,加水至标线,供分析用。

3. 标准曲线的绘制和样品的测试

(1)标准曲线的绘制。向50 mL具塞比色管中分别加入磷酸盐标准溶液0 mL、0.50 mL、1.00 mL、3.00 mL、5.00 mL、10.0 mL、15.0 mL,加水至50 mL。

显色:向比色管中加入1 mL 10%(*m*/*V*)抗坏血酸溶液混匀,30 s后加2 mL钼酸盐溶液充分混匀,放置15 min。

测量:用10 mm或30 mm比色皿,于700 nm波长处,以零浓度溶液为参比,测量并记录吸光度。

(2)样品测定。取适量水样(含磷量不超过30 μg),用水稀释至标线。按绘制标准曲线的步骤进行显色和测量。减去空白实验组的吸光度,并从标准曲线上查出含磷量。

六、实验记录与数据处理

$$c=\frac{m}{V}$$

式中:c—正磷酸盐的浓度,mg·L^{-1};

m—由标准曲线查得的含磷量,μg;

V—水样体积,mL。

七、注意事项

1. 干扰及消除:砷含量大于2 mg·L^{-1}有干扰,可用硫代硫酸钠去除。硫化物含量大于2 mg·L^{-1}有干扰,在酸性条件下用氮气去除。六价铬含量大于50 mg·L^{-1}有干扰,用亚硫酸钠去除。亚硝酸盐含量大于1 mg·L^{-1}有干扰,进行氧化消解或加氨磺酸均去除。铁浓度为

20 mg·L^{-1},使结果偏低5%;铜浓度10 mg·L^{-1}不干扰;氟化物小于70 mg·L^{-1}是允许的。海水中大多数离子对显色的影响可以忽略。

2. 室温低于13 ℃时,可在20~30 ℃水浴中显色15 min。

3. 操作所用的玻璃器皿,可用(1+5)盐酸浸泡2 h,或用不含磷酸盐的洗涤剂刷洗。

4. 比色皿用后应以稀硝酸或铬酸洗液浸泡片刻,以除去吸附的磷钼蓝显色物。

八、分析与讨论

1. 为什么把水的总磷含量列入必须监测的项目?水体中磷的存在形式有哪些?对水体有哪些危害?

2. 分析显色温度和时间对显色的影响,如何控制?

九、拓展与思考

1. 当有机物和悬浮物不能被消解时对分析结果有无影响?如何解决?

2. 使用分光光度计测吸光度时,如果比色皿中有气泡,对测试结果有什么影响?

十、参考文献

[1]吴蔓莉.环境分析化学实验[M].西安:西安交通大学出版社,2018.

[2]张海波.环境分析化学实验[M].武汉:湖北科学技术出版社,2013.

实验三十九　水样中氨氮的测定

氨氮以游离氨或者铵盐形式存在于水中,两者的组成比取决于水的pH值和水的温度。pH值偏高时,游离氨的比例较高;反之铵盐的比例高。水温的影响则相反。

水中氨氮的主要来源为生活污水(生活污水中的含氮有机物受微生物作用分解产生氨氮),还有某些工业排放的废水,以及农业排水。此外,在无氧环境中,水中存在的亚硝酸盐在微生物的作用下,也可还原产生氨。

鱼类对水中氨氮比较敏感,当氨氮含量偏高时会导致鱼类死亡。

一、实验目的

1. 掌握用纳氏试剂分光光度法测定氨氮含量的原理和方法。
2. 掌握蒸馏前样品处理的方法。

二、预习要点

1. 氨氮的测定方法。
2. 消除测定干扰因素,提高测定准确度的方法。

三、实验原理

水中氨氮通过蒸馏,用硼酸溶液吸收后,与碘化汞和碘化钾的碱性溶液反应,生产淡红棕色胶态化合物,此颜色在较宽的波长内具有强烈吸收的特性,测定波长在410~425 nm。

脂肪胺、芳香胺、丙酮、醛类、醇类和有机氯胺等有机化合物,铁、锰、镁和硫等无机离子,可呈现其他颜色或产生浑浊而引起干扰,水中颜色和浑浊会影响比色,因此,需经蒸馏预处理。易挥发的还原性干扰物质,可在酸性条件中加热去除。金属离子干扰,可以加入掩蔽剂进行消除。

方法的适用范围:本方法最低检出浓度为0.025 $mg \cdot L^{-1}$;测定上限为2 $mg \cdot L^{-1}$。可应用于地表水、地下水、工业废水和生活污水中氨氮的测定,但需要对水样进行处理。

四、实验用品

1. 实验试剂

液体药品:硫酸溶液、盐酸溶液(1 $mol \cdot L^{-1}$)、氢氧化钠溶液(1 $mol \cdot L^{-1}$)、溴百里酚蓝指示液(0.05%,pH 6.0~7.6)、无氨水。

固体药品:氧化镁、石蜡碎片(防沫剂)、硼酸、氢氧化钠、碘化钾、碘化汞、酒石酸钾钠、氯化铵(优级纯)。

2. 实验材料和仪器

全玻璃蒸馏器、具塞玻璃瓶、聚乙烯瓶、分光光度计、比色管(50 mL)、pH计、带氮球的定氮蒸馏装置、凯氏烧瓶等。

五、实验步骤

1. 实验试剂的配制

（1）无氨水的制备：每升水中加0.1 mL硫酸，在全玻璃蒸馏器中重蒸馏，前50 mL初馏液弃去，接取剩余蒸馏液于具塞磨口玻璃瓶中，密闭保存。

（2）轻质氧化镁：将氧化镁在500 ℃下加热，除去碳酸盐。

（3）硼酸吸收液：称取20 g硼酸溶于水中，稀释至1 L。

（4）纳氏试剂：称取16.0 g氢氧化钠（NaOH），溶于50 mL水中，冷却至室温。称取7.0 g碘化钾（KI）和10.0 g碘化汞（HgI_2），溶于水中，然后将此溶液在搅拌下，缓慢加入上述50 mL氢氧化钠溶液中，用水稀释至100 mL。贮于聚乙烯瓶内，用橡皮塞或聚乙烯盖子盖紧，于暗处存放，有效期1年。

（5）酒石酸钾钠溶液：称取50 g酒石酸钾钠（$NaKC_4H_4O_6 \cdot 4H_2O$）溶于100 mL水中，加热煮沸除去氨，放冷，定容至100 mL。

（6）铵标准储备液：称取3.819 g经100 ℃干燥的优级纯氯化铵（NH_4Cl）溶于水中，移入1 L容量瓶中，稀释至标线，此溶液每毫升含1.00 mg氨氮。

（7）铵标准使用液：移取5.00 mL铵标准储备液于500 mL容量瓶中，用水稀释至标线，此溶液中每毫升含0.010 mg氨氮。

2. 水样的预处理

具体操作如下：

吸取250 mL水样（含氨氮较高时，可取适量水样并加水至250 mL，使氨氮含量不超过2.5 mg），移入凯氏烧瓶，加数滴溴百里酚蓝指示液，用氢氧化钠或盐酸溶液调节pH值至7.4左右。加入0.25 g轻质氧化镁和数粒玻璃珠，立即连接氮球和冷凝管，将导管下端伸入50 mL硼酸吸收液液面下。蒸馏至接近250 mL，最后定容至250 mL。

注意：

（1）蒸馏时应避免发生暴沸，暴沸可能造成馏出液温度升高，氨吸收不完全。

（2）为防止在蒸馏时产生泡沫，可加入少许石蜡碎片。

（3）水样中若含有余氯，应加入适量0.35%硫代硫酸钠溶液。

3. 标准曲线的绘制和样品的测试

（1）标准曲线的绘制。向50 mL比色管中分别加入铵标准使用液0 mL、0.50 mL、1.00 mL、3.00 mL、5.00 mL、10.0 mL、15.0 mL，加水至50 mL。

显色：向比色管中加入1 mL酒石酸钾钠溶液混匀，再加1.5 mL纳氏试剂充分混匀，放置10 min。

测量：用10 mm或20 mm比色皿，于420 nm波长处，以无氨水为参比，测量并记录吸光度。

(2)样品测定。取适量水样(含氨氮量不超过0.1 mg)，用水稀释至标线。按绘制标准曲线的步骤进行显色和测量。减去无氨水的吸光度，并从标准曲线上查出含氨氮量。

六、实验记录与数据处理

$$c=\frac{m}{V}\times 1000$$

式中：c—氨氮的浓度，$mg \cdot L^{-1}$；

m—由标准曲线查得的氨氮量，mg；

V—水样体积，mL。

七、注意事项

1. 试剂的配制均需用无氨水。

2. 纳氏试剂中碘化汞与碘化钾的比例，对显色反应的灵敏度有较大的影响。静置后产生的沉淀应除去。

3. 滤纸中常含有痕量铵盐，使用时注意用无氨水洗涤。所有玻璃器皿应避免实验室空气中的氨污染。

八、分析与讨论

1. 水体中氮的存在形式有哪些？对水体有哪些危害？

2. 为什么采用蒸馏法对水样进行预处理？需要注意哪些问题？

九、拓展与思考

1. 配制酒石酸钾钠溶液时为什么要将溶液煮沸？酒石酸钾钠并不与氨氮反应，为什么还要加它？

2. 在蒸馏比色测定氨氮时，为什么要调节水样的pH值在7.4左右？pH值偏高或偏低对测定结果有何影响？

十、参考文献

[1]张海波.环境分析化学实验[M].武汉:湖北科学技术出版社,2013.
[2]吴蔓莉.环境分析化学实验[M].西安:西安交通大学出版社,2018.

实验四十　水中六价铬的测定

铬通常存在于电镀、冶炼、制革、纺织、制药等工业废水中,主要以三价和六价的形式存在,六价铬的毒性比三价铬强,有致癌性。我国规定生活饮用水中六价铬的含量不超过0.05 $mg \cdot L^{-1}$。

一、实验目的

1.掌握用分光光度法测定六价铬的原理和方法。
2.熟练使用分光光度计。

二、预习要点

1.水中六价铬测定及铬形态分析的原理和操作技术。
2.测定水中六价铬的注意事项。

三、实验原理

在酸性溶液中,六价铬离子与二苯碳酰二肼反应,生成紫红色络合物,其最大吸收波长为540 nm,吸光度与浓度的关系符合朗伯-比尔定律。

四、实验用品

1. 实验试剂

液体药品：丙酮、硫酸溶液（1+1）、磷酸溶液（1+1）、氢氧化钠溶液[0.2%（m/V）]、尿素溶液[20%（m/V）]、亚硝酸钠溶液[2%（m/V）]。

固体药品：硫酸锌、氢氧化钠、重铬酸钾（优级纯）、二苯碳酰二肼。

2. 实验材料和仪器

分光光度计、比色皿（1 cm或3 cm）、具塞比色管（50 mL）、移液管、容量瓶等。

五、实验步骤

1. 实验试剂的配制

（1）氢氧化锌共沉淀剂：称取硫酸锌（$ZnSO_4 \cdot 7H_2O$）8 g，溶于100 mL水中；称取氢氧化钠2.4 g，溶于120 mL水中。将以上两种溶液混合。

（2）铬标准储备液：称取在120 ℃干燥2 h的重铬酸钾（优级纯）0.282 9 g，用水溶解，移入1000 mL容量瓶中，用水稀释至标线，摇匀。每毫升储备液含100 μg六价铬。

（3）铬标准使用液：吸取5.00 mL铬标准储备液于500 mL容量瓶中，用水稀释至标线，摇匀。每毫升标准使用液含1.00 μg六价铬。使用当天配制。

（4）二苯碳酰二肼溶液：称取二苯碳酰二肼（简称DPC，$C_{13}H_{14}N_4O$）0.2 g，溶于50 mL丙酮中，加水稀释至100 mL，摇匀，贮于棕色瓶中，置于冰箱中保存。颜色变深后不能再使用。

2. 水样预处理

（1）对不含悬浮物、低色度的清洁地面水，可直接进行测定。

（2）如果水样有色但不深，可进行色度校正。即另取一份试样，加入除显色剂以外的各种试剂，以2 mL丙酮代替显色剂，用此溶液作为测定试样溶液吸光度的参比溶液。

（3）对混浊、色度较深的水样，应加入氢氧化锌共沉淀剂并进行过滤处理。

（4）水样中存在次氯酸盐等氧化物质时，可加入尿素溶液和亚硝酸钠溶液消除。

（5）水样中存在低价铁、亚硫酸盐、硫化物等还原性物质时，可将Cr(Ⅳ)还原为Cr(Ⅲ)，此时，调节水样pH值至8，加入显色剂溶液，放置5 min后再酸化显色，并以同样方法做标准曲线。

3. 标准曲线的绘制

取9支50 mL比色管，依次加入0 mL、0.20 mL、0.50 mL、1.00 mL、2.00 mL、4.00 mL、

6.00 mL、8.00 mL、10.00 mL铬标准使用液，用水稀释至标线，加入(1+1)硫酸溶液0.5 mL和(1+1)磷酸溶液0.5 mL，摇匀。加入2 mL显色剂溶液，摇匀。5~10 min后，于540 nm波长处，用1 cm或3 cm比色皿，以水为参比，测定吸光度并做空白校正。以吸光度为纵坐标，以相应六价铬含量为横坐标，绘出标准曲线。

4. 水样的测定

取适量无色透明或经预处理的水样[Cr(Ⅳ)含量少于50 μg]于50 mL比色管中，用水稀释至标线，测定方法同标准曲线的绘制。进行空白校正后根据所测吸光度从标准曲线上查得Cr(Ⅳ)的含量。

六、实验记录与数据处理

$$c=\frac{m}{V}$$

式中：c—六价铬的浓度，$mg\cdot L^{-1}$；

m—从标准曲线上查得的Cr(Ⅳ)含量，μg；

V—水样的体积，mL。

七、注意事项

1. 用于测定铬的玻璃器皿不应用重铬酸钾洗液洗涤。

2. Cr(Ⅳ)与显色剂的显色反应一般控制酸度在0.05~0.3 $mol\cdot L^{-1}$($1/2H_2SO_4$)，在0.2 $mol\cdot L^{-1}$时显色最好。显色前，水样应调至中性。显色温度和放置时间对显色有影响，在15 ℃时，5~15 min颜色即可稳定。

八、分析与讨论

1. 怎样保存用于测定六价铬的水样？为什么？

2. 在测定水样中的六价铬时，加入硫酸和磷酸溶液的目的分别是什么？

九、拓展与思考

1. 分析干扰测定的因素和消除方法。

2. 如果测定水中总铬需采取什么措施？

十、参考文献

[1]孙福生.环境分析化学实验教程[M].北京:化学工业出版社,2011.
[2]吴蔓莉.环境分析化学实验[M].西安:西安交通大学出版社,2018.
[3]马海艳.水环境化学实验[M].北京:化学工业出版社,2022.

实验四十一 土壤有机质的测定

土壤有机质既是植物矿质营养和有机营养的来源,如碳、氮、磷、硫等,又是土壤中异养型微生物的能源物质,还是形成土壤结构的重要物质,能促进土壤形成结构,改善土壤的物理、化学性质及生物学过程的条件,提高土壤的吸收性能和缓冲性能。因此,土壤有机质含量,是判断土壤肥力的重要指标。测定土壤有机质含量是土壤分析的主要项目之一。

一、实验目的

1.掌握重铬酸钾容量法测定土壤有机质的原理和方法。
2.掌握有机质的前处理方法。

二、预习要点

1.测定有机质含量的方法及注意事项。
2.标准溶液的配制与标定方法。

三、实验原理

在加热的条件下,用一定量的氧化剂(重铬酸钾-硫酸溶液)氧化土壤中的有机碳,剩余的重铬酸钾用还原剂硫酸亚铁标准溶液滴定,根据消耗的重铬酸钾量计算有机碳的含量,再乘以校正系数1.742,即为土壤有机质的量。

氧化及滴定时的化学反应如下：

$$2K_2Cr_2O_7 + 3C + 8H_2SO_4 \longrightarrow 2K_2SO_4 + 2Cr_2(SO_4)_3 + 3CO_2\uparrow + 8H_2O$$

$$K_2Cr_2O_7 + 6FeSO_4 + 7H_2SO_4 \longrightarrow K_2SO_4 + Cr_2(SO_4)_3 + 3Fe_2(SO_4)_3 + 7H_2O$$

四、实验用品

1. 实验试剂

液体药品：浓硫酸（比重1.84）、植物油。

固体药品：重铬酸钾（优级纯、分析纯）、硫酸亚铁（分析纯）、邻菲罗啉、硫酸银（分析纯）、二氧化硅（分析纯）。

2. 实验材料和仪器

分析天平、电沙浴锅、磨口锥形瓶（150 mL）、简易磨口空气冷凝管（直径0.9 cm，长19 cm）、定时钟、自动调零滴定管（10.00 mL、25.00 mL）、小型日光滴定台、温度计（200~300 ℃）、铜丝筛（孔径0.25 mm、1 mm）、瓷研钵等。

五、实验步骤

1. 实验试剂的配制和标定

（1）0.2 mol·L^{-1}重铬酸钾-硫酸溶液的标准溶液。准确称取重铬酸钾（分析纯）117.67 g，溶于600~800 mL蒸馏水中，待完全溶解后加水稀释至1 L，将溶液移入3 L大烧杯中；另取1 L比重为1.84的浓硫酸，慢慢地倒入重铬酸钾水溶液内，不断搅动，为避免溶液急剧升温，每加约100 mL硫酸后稍停片刻，并把大烧杯放在盛有冷水的盆内冷却，待溶液的温度降到不烫手时再加另一份硫酸，直到全部加完为止。

（2）重铬酸钾标准溶液：称取经130 ℃烘1.5 h的重铬酸钾（优级纯）9.807 g，先用少量水溶解，然后移入1 L容量瓶内，加水定容。此溶液浓度$c(1/6\,K_2Cr_2O_7)$=0.2 mol·L^{-1}。

（3）0.2 mol·L^{-1}硫酸亚铁标准溶液：称取硫酸亚铁（$FeSO_4\cdot 7H_2O$，分析纯）55.6 g，溶于600~800 mL水中，加浓硫酸20 mL，搅拌均匀，加水定容至1 L（必要时过滤），贮于棕色瓶中保存。此溶液易受空气氧化，使用时必须每天标定一次测定其准确浓度。

硫酸亚铁标准溶液的标定方法如下：

吸取20 mL重铬酸钾标准溶液，放入150 mL锥形瓶中，加3 mL浓硫酸和3~5滴邻菲罗啉指示剂，用硫酸亚铁溶液滴定，根据硫酸亚铁溶液的消耗量，计算硫酸亚铁标准溶液浓度c_2。

$$c_2=\frac{c_1\times V_1}{V_2}$$

式中：c_2—硫酸亚铁标准溶液的浓度，$mol\cdot L^{-1}$；

c_1—重铬酸钾标准溶液的浓度，$mol\cdot L^{-1}$；

V_1—吸取的重铬酸钾标准溶液的体积，mL；

V_2—滴定时消耗硫酸亚铁溶液的体积，mL。

（4）邻菲罗啉指示剂：称取邻菲罗啉1.485 g溶于含有0.695 g硫酸亚铁的100 mL水溶液中。此指示剂易变质，应密闭保存于棕色瓶中备用。

（5）植物油：称取2.5 kg。

（6）硫酸银：研成粉末。

（7）二氧化硅：研成粉末状。

2. 土壤样品的选择

（1）选取待测的风干土壤样品，挑除植物根叶等有机残体，再把土块压细，使之通过1 mm筛。充分混匀，取出试样10~20 g，磨细，并全部通过0.25 mm筛，装入磨口锥形瓶中备用。

（2）对于新采回的水稻土壤或长期被水浸泡的土壤，先将土壤晾干压碎，再平摊成薄层，还需每天翻动一次，并在空气中暴露一周左右才能磨样。

3. 样品的前处理

（1）按表3-41-1的规定，用分析天平称取制备好的风干土样，称量范围为0.05~0.5 g。置入150 mL锥形瓶中，加0.1 g粉末状的硫酸银，然后使用自动调零滴定管，准确加入10 mL 0.2 $mol\cdot L^{-1}$重铬酸钾-硫酸标准溶液摇匀。

表3-41-1　不同有机质含量土壤的称样量

有机质含量/%	试样质量/g
<2	0.4~0.5
2~7	0.2~0.3
7~10	0.1
10~15	0.05

（2）给装有试样的磨口锥形瓶安装一个简易磨口空气冷凝管，放在已预热到200~230 ℃的电沙浴锅上加热（图3-41-1）。当简易磨口空气冷凝管下端落下第一滴冷凝液时，计时开始，消煮时间为（5±0.5）min。

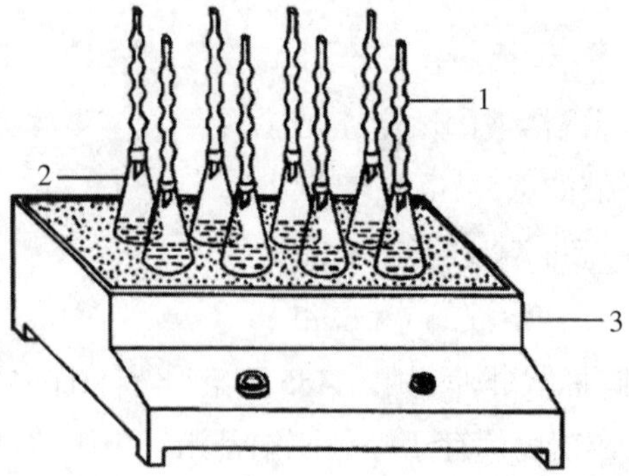

1.简易磨口空气冷凝管;2.磨口锥形瓶;3.电沙浴锅

图3-41-1　消煮装置

4. 样品的测试

(1)消煮完毕后,取出锥形瓶,冷却片刻,用水冲洗冷凝管内壁及其底端外壁至原锥形瓶中,将瓶内溶液的总体积控制在60~80 mL,加邻菲罗啉指示剂3~4滴,用硫酸亚铁标准溶液滴定剩余的重铬酸钾。溶液由橙黄变为蓝绿,再变为棕红,此刻为终点。如果滴定试样所用硫酸亚铁标准溶液的体积不到空白标定所耗硫酸亚铁标准溶液体积的1/3时,应当减少土壤样品,重新测定。

(2)每批样品测试必须同时做2~3个空白标定。即称取0.5 g粉末状二氧化硅代替样品,其他步骤与样品测定相同,取平均值。

六、实验记录与数据处理

土壤有机质含量X(按烘干土计算),由下式计算:

$$X=\frac{(V_0-V)\times c_2\times 3\times 1.742}{m\times 1000}\times 100\%$$

式中:X—土壤有机质含量,%;

V_0—空白滴定时消耗硫酸亚铁标准溶液的体积,mL;

V—测定试样时消耗硫酸亚铁标准溶液的体积,mL;

c_2—硫酸亚铁标准溶液的浓度,$mol\cdot L^{-1}$;

3—1/4碳原子的摩尔质量,$g\cdot mol^{-1}$;

1.742—由有机碳换算为有机质的系数;

m—烘干土样质量,g。

七、注意事项

1. 平行测定的结果用算术平均值表示，保留3位有效数字。

2. 允许差：当土壤有机质含量在10%以上时，平行测定结果相差不得超过0.50%；当土壤有机质含量在8%~9%时，平行测定结果相差不得超过0.40%；含量为4%~7%时，不得超过0.30%；含量为1%~4%时，不得超过0.10%；含量小于1%时，不得超过0.05%。

八、分析与讨论

1. 重铬酸钾容量法测定土壤有机质的原理是什么？

2. 试述滴定时溶液的变色过程，为什么会出现这样的颜色变化？

3. 消煮后的溶液如变成绿色是什么原因？怎么办？

九、拓展与思考

1. 用一定量的氧化剂氧化土壤中的有机碳为什么要在一定温度下进行？温度过高或过低有什么影响？

2. 为什么要做空白实验？

3. 长期浸水的土壤样品应如何处理？

十、参考文献

[1]卜庆伟，王建兵．环境化学实验[M]．北京：化学工业出版社，2022.

[2]高士祥，顾雪元．环境化学实验[M]．上海：华东理工大学出版社，2009.

[3]孙福生．环境分析化学实验教程[M]．北京：化学工业出版社，2011.

实验四十二　土壤中砷的测定

生产农药、硫酸和氮肥以及锰铁合金冶炼，焦化等工厂中经常会排放含砷废水，若用被砷污染后的河水灌溉农田，会使土壤被污染。大量研究表明，被砷污染的土壤会使农作物产量大幅度下降，而且砷有剧毒，长期食用被砷污染的粮食、食品能引起慢性中毒。

常用的测定土壤（或底质）中砷的方法有二乙基二硫代氨基甲酸银比色法、原子吸收分光光度法、钼酸盐法等，前两种方法灵敏度高，选择性好，因此，二乙基二硫代氨基甲酸银比色法适用于土壤（或底质）中微量砷的测定。

一、实验目的

1. 了解环境中砷的毒性。
2. 掌握样品的处理、消化方法。
3. 学习用分光光度计分析土壤中微量元素砷。

二、实验原理

在酸性溶液中，五价砷经碘化钾和氯化亚锡还原为三价砷，与新生态氢生成砷化氢气体，将气体通过被醋酸铅浸过的棉花（除去硫化物）后，用二乙基二硫代氨基甲酸银-三乙胺-氯仿溶液吸收，生成红色络合物，颜色深度与三价砷离子成正比，比色测定。

该测定中，硫化氢、磷化氢、锑化氢有干扰，但硫、磷在样品处理时已被氧化成硫酸盐和磷酸盐，因此已消除硫化氢和磷化氢的干扰。对于锑化氢的干扰，加入碘化钾和氯化亚锡抑制其逸出，能消除300 μg锑的干扰。铁含量高时，结果偏低，加入0.5 g酒石酸可以消除影响。

本方法最低检验出限为每克样品含砷0.5 μg。

三、实验试剂及仪器

1. 实验试剂

液体药品：氢氧化钠溶液（5 $mol \cdot L^{-1}$）、酚酞指示剂、硫酸溶液（1 $mol \cdot L^{-1}$）、浓硫酸（优级纯）、浓硝酸（优级纯）、浓盐酸、碘化钾溶液（15%，贮于棕色瓶中）、氯仿、三乙胺。

固体药品：三氧化二砷、无砷锌粒（20~40目蜂窝状细粒）、氯化亚锡、锡粒、二乙基二硫代氨基甲酸银、醋酸铅。

2. 实验材料和仪器

分光光度计（1 cm比色皿）、烧杯（100 mL）、容量瓶（1 L）、砷化氢发生器、脱脂棉等。

四、实验步骤

1. 实验试剂的制备

（1）砷标准储备液：将三氧化二砷（As_2O_3）于110 ℃烘干，准确称取三氧化二砷0.1320 g，置于100 mL烧杯中，加2 mL 5 mol·L^{-1}的氢氧化钠溶液，温热至三氧化二砷全部溶解后，以酚酞为指示剂，用1 mol·L^{-1}硫酸溶液中和至溶液无色，再过量加入10 mL，转入1 L容量瓶中，用水稀释至刻度线，摇匀，此溶液浓度为每毫升含100 μg砷。

（2）砷标准使用液：吸取10.00 mL砷标准储备液，置于1 L容量瓶中，用水稀释至刻度线，此溶液浓度为每毫升含1.00 μg砷。

（3）40%氯化亚锡溶液：称取40 g氯化亚锡（$SnCl_2 \cdot 2H_2O$）溶于100 mL浓盐酸中，保存时加入几粒锡粒。现用现配。

（4）0.1%二乙基二硫代氨基甲酸银–三乙胺–氯仿吸收液：称1.0 g二乙基二硫代氨基甲酸银，加100 mL氯仿，加18 mL三乙胺，摇匀，用氯仿稀释至1 L，放置过夜，用脱脂棉过滤后使用，溶液保存于棕色瓶中，避光。

（5）醋酸铅棉花：称取10 g醋酸铅，溶于20 mL中，加水稀释至100 mL，将脱脂棉在此溶液中浸泡1 h，取出自然晾干后即可使用。

2. 样品的预处理

称取风干样品0.5000 g（根据样品含砷量而定），放入砷化氢发生器的锥形瓶中，先加少量水润湿样品，再加浓硝酸5 mL、浓硫酸3 mL，盖上小漏斗，放在电热板上，破坏有机物（如果试液颜色变深，应及时补加浓硝酸），待作用完全，冒浓白烟后（约200 ℃），保持此温度继续消化，直至试样完全变白，试液呈白色或淡黄色，约剩2 mL，取下锥形瓶，冷却，分别加入水34 mL、15%碘化钾溶液2 mL、40%氯化亚锡溶液2 mL，摇匀，放置15 min，同时做空白实验。

3. 标准曲线的绘制和样品测定

（1）标准曲线的绘制。

分别吸取0 mL、1.00 mL、2.00 mL、3.00 mL、5.00 mL、7.00 mL、9.00 mL、13.00 mL、15.00 mL砷标准使用液于砷化氢发生器的锥形瓶中，然后加入浓硫酸2.5 mL，用水补充至36 mL，加入15%碘化钾溶液2 mL、40%氯化亚锡溶液2 mL，放置15 min后，加入5 g锌粒，立即插入装有醋酸铅棉花导管的瓶塞，将产生的砷化氢气体导入盛有5 mL吸收液的试管中。再将吸收液转入1 cm比色皿内，于分光光度计530 nm波长处测定吸光度，以空白试剂作为参比，记录吸光度，绘制标准曲线。

（2）样品测定。

取预处理后的样品，按绘制标准曲线的步骤测定样品。同时做空白实验。

五、结果计算

$$样品含砷(mg\cdot kg^{-1})=测得砷量(\mu g)/取样品量(g)$$

六、注意事项

1. 在导气之前，每加一种试剂都须摇匀，导管每次用完后要洗涤烘干，并保持干燥。

2. 有资料报道，五价砷的还原作用与溶液温度有关，建议加入氯化亚锡溶液后，加热煮沸 10 min，再冷却至室温进行测定。

3. 消化时应产生大量白色烟雾。加入无砷锌粒后，应马上盖好瓶塞，并检查容器的密闭性。

七、拓展与思考

1. 对土壤样品进行消化时，怎样才能使土壤消化完全？

2. 消化时产生大量白色烟雾的目的是什么？

八、参考文献

[1]卜庆伟，王建兵. 环境化学实验[M]. 北京：化学工业出版社，2022.

[2]高士祥，顾雪元. 环境化学实验[M]. 上海：华东理工大学出版社，2009.

[3]孙福生. 环境分析化学实验教程[M]. 北京：化学工业出版社，2011.

第四章

综合实验

实验一　TiO_2纳米材料的制备

纳米材料是指在三维空间中至少有一维处于纳米尺寸(1~100 nm)的材料或由它们作为基本单元构成的材料,这相当于10~1000个原子紧密排列在一起的尺度。纳米二氧化钛(TiO_2),亦称钛白粉,外观为白色疏松粉末,屏蔽紫外线作用强,有良好的分散性和耐候性。纳米TiO_2具有化学稳定性高、性能好、来源丰富、价格低廉等特点,在生产、生活及工程领域应用广泛。通过学习纳米TiO_2的制备,进一步了解纳米材料常用的合成方法与原理,并在文献检索查阅过程中了解纳米科技的发展以及纳米材料在各领域中的应用。

一、实验目的

1. 掌握纳米TiO_2材料制备的方法。
2. 掌握溶胶-凝胶法、水热法以及溶剂热法制备纳米材料的原理和方法。

二、预习要点

1. 纳米TiO_2的理化性质及应用领域。
2. 制备纳米TiO_2材料的方法。

三、实验原理

纳米材料的制备方法包括水热法、溶剂热法、溶胶-凝胶法、直接氧化法、化学气相沉积法、电沉积法、超声法和微波法等,目前这些技术都已被应用于实际生产。在本实验中,我们选择实验室常用的三种制备方法进行学习。

1. 溶胶-凝胶法

溶胶-凝胶法就是用含高化学活性组分的化合物(金属醇盐或无机盐)作为前驱体,在液相下将这些原料均匀混合,并进行水解、缩合反应,在溶液中形成稳定的透明溶胶体系,溶胶经陈化、胶粒间缓慢聚合,形成三维网络结构,网络结构间充满了失去流动性的溶剂,形成凝胶。凝胶经过干燥、烧结固化制备出纳米材料。

2. 水热法

水热法，是一种在密封的压力容器中，以水作为溶剂，在一定的温度和溶液的自生压力下，原始混合物进行反应的一种合成方法。水热法制得的粉体晶粒发育完整，粒度小且分布均匀，颗粒团聚较轻。可使用较为便宜的原料，易得到合适的化学计量化合物和晶形。

3. 溶剂热法

溶剂热法是在水热法的基础上发展起来的，指在密闭体系如高压釜内，以有机物或非水溶媒为溶剂，在一定的温度和溶液的自生压力下，原始混合物进行反应的一种合成方法。

四、试剂与仪器

1. 实验试剂

钛酸四丁酯、无水乙醇、冰醋酸、1，4-丁二醇、四氯化钛、盐酸等分析纯或化学纯试剂。

2. 实验材料和仪器

高压反应釜、分析天平、恒压滴液漏斗、真空泵、布氏漏斗、蒸发皿、实验用电热炉、磁力搅拌器、水浴锅、马弗炉、烘箱等。

五、实验步骤

（一）纳米 TiO_2 制备

1. 溶胶-凝胶法合成纳米 TiO_2

（1）用无水乙醇配制 $Ti(OR)_4$ 醇溶液。室温下量取 10 mL 钛酸四丁酯，缓慢滴入 35 mL 无水乙醇中，并用磁力搅拌器强力搅拌 10 min，混合均匀，形成黄色澄清溶液 A。

（2）将 4 mL 冰醋酸和 10 mL 蒸馏水加到另外 35 mL 无水乙醇中，剧烈搅拌得到溶液 B，滴入 2~3 滴盐酸调节 $pH \le 3$，备用。

（3）在水浴锅中，在剧烈搅拌下将已加入恒压滴液漏斗中的溶液 A 缓慢滴入溶液 B 中，滴加完毕后得到浅黄色溶液。继续搅拌半小时后，在 80 ℃水浴下加热 1 h 后得到微黄色凝胶。冷却，转移至布氏漏斗中抽滤。将滤饼置于蒸发皿，在电热炉上烘干，得到淡黄色粉末。

（4）将获得的淡黄色粉末放入马弗炉，在 600 ℃条件下焙烧、活化 2 h，冷却，即得到纳米 TiO_2。

记录实验过程、现象和称量数据。

2. 水热法合成纳米 TiO_2

(1)准备 10 mL 量筒 1 只,将其放进烘箱彻底干燥后取出(因为 $TiCl_4$ 极易水解),量取 2 mL 的无水四氯化钛($TiCl_4$)。

(2)把量筒内的无水 $TiCl_4$ 倒入已经清洗干净并且已经干燥过的高压反应釜的内衬中,量取 20 mL 蒸馏水并快速倒入高压反应釜的内衬中。反应温度为 120 ℃,时间为 5 h。

(3)将样品自然冷却后,用去离子水和无水乙醇分别洗涤 3 次,在烘箱 60 ℃干燥 10 h。

记录实验过程、现象和称量数据。

3. 溶剂热法合成纳米 TiO_2

(1)把 60 mL 1,4-丁二醇和 15 mL 钛酸四丁酯混合,在室温下用磁力搅拌器搅拌均匀,然后把混合均匀的溶液转入 100 mL 聚四氟乙烯内衬的不锈钢高压反应釜中,在 80 ℃下反应 2 h。

(2)取出高压反应釜,冷却至室温以后取出溶液,离心分离得到沉淀,用去离子水和无水乙醇分别洗涤 3 次,最后把得到的样品在 80 ℃下干燥 24 h。

记录实验过程、现象和称量数据。

(二)TiO_2 纳米材料的表征

利用 X 射线粉末衍射仪分析合成的 TiO_2 纳米材料的物相;通过高倍显微镜观察 TiO_2 纳米材料的形貌及微粒的尺寸分布。记录或收集数据资料。

六、分析与讨论

处理分析实验数据,结合实验操作过程、现象、数据分析结果等,讨论本实验结果。

七、拓展与思考

1. 纳米材料的特性是什么? 你还知道哪些纳米材料?

2. 纳米材料还有哪些制备方法? 各种方法的优缺点是什么? 如何成功制备纳米材料?

3. 举例说明 TiO_2 纳米材料还有哪些应用领域。

4. 与同学合作设计一个纳米材料的制备或性能验证的实验。

八、参考文献

[1]宋国威，金志行，金大胜.纳米TiO_2粉末的制备方法[J].冶金管理，2020(5).

[2]巩云，王龙龙，徐亚琪，等.二氧化钛光催化材料的改性研究进展[J].材料导报，2020，34(Z2).

[3]MORADEEYA P G, SHARMA A, KUMAR M A, et al. Titanium dioxide based nanocomposites – Current trends and emerging strategies for the photocatalytic degradation of ruinous environmental pollutants[J].Environmental Research, 2022,204.

[4]IJAZ M, ZAFAR M. Titanium dioxide nanostructures as efficient photocatalyst: Progress, challenges and perspective[J].International Journal of Energy Research, 2020, 45(3).

实验二　Cr(Ⅲ)配合物八面体晶体场分裂能(Δ_O)的测定

晶体场理论认为，过渡金属离子形成配合物的时候，在配体场作用下中心离子的d轨道会发生能级分裂。配体场的对称性不同，分裂的形式不同，分裂后轨道间的能量差也会不同。可以通过测定配合物的吸收光谱，确定配合物的分裂能大小，从而可以找到配合物的光谱序列。

一、实验目的

1.学习在溶液中制备几种Cr(Ⅲ)配合物。

2.了解不同配体对配合物中心离子d轨道能级分裂的影响。

3.了解不同配体对Cr(Ⅲ)d轨道能级分裂的影响，并给出Cr(Ⅲ)配合物配体的光谱化学系列。

二、预习要点

1.学习晶体场相关理论。

2.学习紫外分光光度计的使用方法。

三、实验原理

过渡金属离子形成配合物后，在配体场的作用下，金属离子的d轨道分裂为能量不同的简并轨道。在八面体场的影响下，d轨道分裂为两组：t_{2g}（3个简并轨道）和e_g（2个简并轨道），后者能量较高，如图4-2-1。

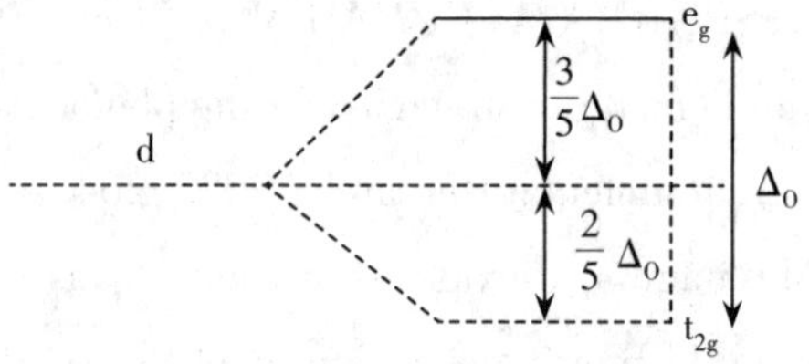

图4-2-1　八面体场d轨道能级分裂

e_g和t_{2g}轨道之间的能量差为分裂能，以Δ_o表示。分裂能的大小与下列因素有关：

（1）配体相同，Δ_o按下列次序递减：平面正方形场 > 八面体场 > 四面体场。

（2）对于含有高自旋的金属离子的八面体配合物，第一过渡系配合物的Δ_o值：二价离子是7500~12500 cm^{-1}，三价离子是14000~25000 cm^{-1}。

（3）对于同族同价态的金属离子的相同配体八面体配合物，其Δ_o值从第一过渡系到第二过渡系增加40%~50%，由第二过渡系到第三过渡系增加25%~30%。例如：

$$[Co(NH_3)_6]^{3+}\Delta_o=23000\ cm^{-1}$$

$$[Rh(NH_3)_6]^{3+}\Delta_o=34000\ cm^{-1}$$

$$[Ir(NH_3)_6]^{3+}\Delta_o=41000\ cm^{-1}$$

（4）Δ_o值。

依实验所得的Δ_o值可知，同一过渡金属离子与不同配体所生成的配合物，其Δ_o值大小顺序为：

$I^- < Br^- < Cl^- < F^- < OH^- < C_2O_4^{2-} < H_2O < NCS^- <$ py①~$NH_3 <$ en② $<$ bipy③ $<$ o-phen④ $< NO_2^- <$ CN^-

上述次序称为光谱化学序列。

Cr^{3+}（d^3 组态）配合物的电子光谱应有3个吸收峰，相应的d电子跃迁为：

$$^4A_{2g} \rightarrow {}^4T_{2g};\ (\upsilon1 = 10Dq = \Delta_o)$$

$$^4A_{2g} \rightarrow {}^4T_{1g}\ (F);\ \upsilon2$$

$$^4A_{2g} \rightarrow {}^4T_{1g}\ (P);\ \upsilon3$$

其中，$^4A_{2g} \rightarrow {}^4T_{2g}$跃迁的能量即为$Cr^{3+}$八面体配合物的分裂能$\Delta_o$，故$Cr^{3+}(d^3)$的八面体场的分裂能可由最大波长的吸收峰位置，按下式计算而得：

---

① py：全称pyridine，吡啶。

② en：全称enthlenediaminezh，乙二胺。

③ bipy：联吡啶。

④ o-phen：邻菲罗啉。

$$\Delta_0 = 1/\lambda \times 10^7\ (\text{cm}^{-1})$$

式中λ为波长(nm)。

四、试剂与仪器

1. 实验试剂

液体药品：甲醇、乙二胺、乙二胺-甲醇溶液(10%)、乙醇(无水、95%)、丙酮。

固体药品：三氯化铬(无水、六水)、锌粒、小粒沸石、草酸钾、草酸、重铬酸钾、EDTA二钠盐、硫酸铬钾。

2. 实验材料和仪器

紫外分光光度计、分析天平、玻璃棒、电吹风、圆底烧瓶(10 mL)、冷凝管、水浴装置、胶头滴管、布氏漏斗、抽滤瓶、真空泵、容量瓶(100 mL)、烧杯(50 mL、10 mL)等。

五、实验步骤

(一)Cr(Ⅲ)配合物的制备

1. $[Cr(en)_3]Cl_3$ ①的合成

在10 mL干燥圆底烧瓶中加入1.35 g三氯化铬($CrCl_3$)和2.5 mL甲醇，待溶解后，再加入0.05 g锌粉，加入小粒沸石后在瓶口装上回流冷凝管，在热水浴中回流。同时，量取2 mL乙二胺，用胶头滴管将乙二胺缓慢地从冷凝管口滴入烧瓶，此时水浴控制在70~80 ℃。加完后继续回流45 min。反应完毕后，冰水浴冷至有沉淀析出，抽滤，沉淀用10%的乙二胺-甲醇溶液洗涤，最后再用1 mL 95%的乙醇洗涤粉末状黄色产物$[Cr(en)_3]C1_3$，在空气中干燥，称量，保存于棕色瓶中，产率大于70%。

2. $K_3[Cr(C_2O_4)_3]$②的合成

在10 mL水中溶解0.6 g草酸钾($K_2C_2O_4$)和1.4 g草酸($H_2C_2O_4$)，再慢慢加入0.5 g研细的重铬酸钾($K_2Cr_2O_7$)，并不断搅拌，待反应完毕后，蒸发溶液近干，使晶体析出。冷却后用布氏漏斗及抽滤瓶过滤，并用丙酮洗涤晶体，得到暗绿色的$K_3[Cr(C_2O_4)_3]\cdot 3H_2O$晶体，放在烘箱内于110 ℃烘干。

记录实验过程、现象和称量数据。

---

① $[Cr(en)_3]Cl_3$：三氯化三乙二胺合铬(Ⅲ)。

② $K_3[Cr(C_2O_4)_3]$：三草酸合铬酸钾。

(二)系列Cr(Ⅲ)配合物溶液的配制

(1)称取[$Cr(en)_3$]Cl_3 0.30 g置于小烧杯中,用少量去离子水溶解,转移到100 mL容量瓶中,稀释至刻度(0.009 mol·L^{-1})。

(2)称取0.7 g EDTA二钠盐溶于50 mL去离子水中,加热使其全部溶解,然后调节pH值为3~5,加入0.5 g六水合三氯化铬($CrCl_3·6H_2O$)稍加热,得[CrEDTA]$^-$配合物溶液,取该溶液15 mL,转移到100 mL容量瓶中,稀释至刻度(0.0051 mol·L^{-1})。

(3)称取0.08 g硫酸铬钾[$KCr(SO_4)_2·12H_2O$]置于小烧杯中,用少量去离子水溶解,转移到10 mL容量瓶中,稀释至刻度,即得[$Cr(H_2O)_6$]$^{3+}$溶液。

(4)称取0.02 g三水合三草酸合铬酸钾($K_3[Cr(C_2O_4)_3]·3H_2O$),溶于10 mL去离子水中,使其全部溶解得[$Cr(C_2O_4)_3$]$^{3-}$配合物溶液。

记录实验过程、现象和称量数据。

(三)分裂能的测定

在波长360~700 nm波长范围内以去离子水为参比液,用1 cm比色皿,在紫外分光光度计上测定4个配合物溶液的吸收光谱,找出不同配体的配合物的最大波长的吸收峰,记录或收集数据资料。

六、分析与讨论

表4-2-1　实验数据记录表

配合物	λ_{max}/nm	$\Delta o/cm^{-1}$
[$Cr(en)_3$]$^{3+}$		
[CrEDTA]$^-$		
[$Cr(H_2O)_6$]$^{3+}$		
[$Cr(C_2O_4)_3$]$^{3-}$		

处理分析实验数据,结合实验操作过程、现象、数据分析结果等,讨论本实验结果。

注意:[$Cr(en)_3$]Cl_3要在非水溶剂(甲醇或乙醚)中制备,因在水溶液中Cr^{3+}与H_2O有很强的配位能力。在水溶液中加入碱性配体(如乙二胺),由于Cr–O键很强,只能得到胶状的$Cr(OH)_3$沉淀。

七、拓展与思考

1. 在测定吸收光谱时，所配的配合物溶液的浓度是否要十分准确，为什么？

2. 影响晶体场分裂能大小的主要因素有哪些？

3. 实验得出的光谱化学序列是__________，与文献值是否一致？

八、参考文献

[1]北京师范大学无机化学教研室，华中师范大学无机化学教研室，南京师范大学无机化学教研室．无机化学（上册）[M].4版．北京：高等教育出版社，2011.

[2]孟长功，辛剑．基础化学实验[M].2版．北京：高等教育出版社，2009.

实验三　阿司匹林的制备

阿司匹林[Aspirin，2-（乙酰氧基）苯甲酸，又名乙酰水杨酸]，为白色结晶或结晶性粉末。阿司匹林成为医药史上三大经典药物之一，至今它仍是世界上应用最广泛的解热、镇痛和抗炎的药物，也是作为比较和评价其他药物的标准制剂。通过阿司匹林的制备实验，学习酚羟基的酯化原理、酸酐的化学性质和阿司匹林的实验室制法与用途。

一、实验目的

1. 学习掌握酚羟基的酯化反应原理。

2. 学习酸酐的化学性质、阿司匹林的实验室制法和用途。

二、预习要点

1. 酚羟基和酸酐的物理化学性质。

2. 阿司匹林的发现历史、物理化学性质和应用。

三、实验原理

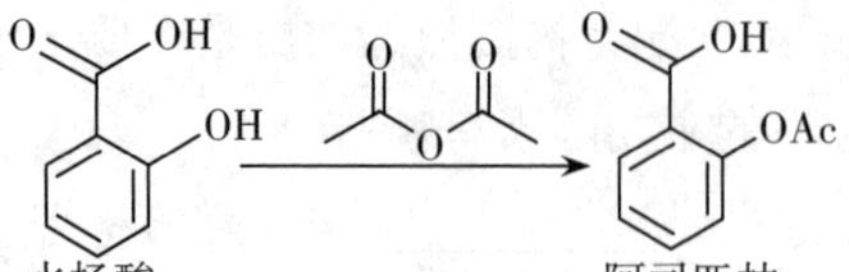

图4-3-1　实验原理示意图

四、试剂与仪器

1. 实验试剂

液体药品：醋酐、浓硫酸、$FeCl_3$溶液（1%）、饱和碳酸氢钠溶液、浓盐酸。
固体药品：水杨酸、无水碳酸钠。

2. 实验材料和仪器

锥形瓶、烧杯、玻璃棒、酒精灯、水浴装置、抽滤装置、试管等。

五、实验步骤

1. 方法一

（1）在干燥的150 mL锥形瓶中，依次加入2 g水杨酸、5 mL醋酐和5滴浓硫酸，充分振摇使固体全部溶解。

（2）水浴加热使瓶内温度为80~90 ℃，保持15 min，并不时振摇。稍冷，将反应液倾入盛有50 mL蒸馏水的烧杯中，冷却10 min，至阿司匹林全部析出。抽滤，固体用少量冰水洗涤两次，得粗品。

（3）将粗品转移到150 mL烧杯中，加入30 mL饱和碳酸氢钠溶液，搅拌至无气泡产生。减压过滤，保留滤液，将滤液倒入预先配置好的盐酸溶液中（4 mL浓盐酸+10 mL蒸馏水），析出阿司匹林沉淀，冷却使结晶完全，干燥称量，计算产率，测熔点。

（4）取几粒晶体，置于盛有5 mL试管中，振荡溶解，加入2滴1%$FeCl_3$溶液，观察是否变为蓝紫色；如果无颜色反应，表明纯度较高。

记录实验过程、现象和称量数据。

2. 方法二

用0.3 g无水碳酸钠替换5滴浓硫酸，其余操作同方法一。

六、分析与讨论

处理和分析实验数据，结合实验操作过程、现象、数据分析结果等，讨论本实验结果。

注意：实验所制产品，仍有副产物，不能用作医药。

七、拓展与思考

1. 水杨酸的物理化学性质和用途有哪些？
2. 该制备实验可能有哪些副产物？反应原理是什么？

八、参考文献

[1]兰州大学.有机化学实验[M].4版.北京：高等教育出版社，2017.

[2]王维，欧阳涵.不同催化方法制备乙酰水杨酸的综合探究[J].中国食品工业，2021(14).

实验四　甲烷的氯代反应研究

现行新课程高中化学教科书中，均设置了甲烷氯代反应的实验教学内容，实验方法也很相似，但由于对实验条件的表述过于简单，致使实验结果与预期结果可能存在差距。其中，对于最主要的表征关系，即气体总量随反应时间的变化，只有定性或半定量的描述，且体积变化是以体积绝对量而非体积减小率表示，不同装置的实验结果无法统一进行比较。本实验针对"甲烷与氯气体积比"这一影响因素，用反应体系体积减小率表示气体总量随时间的变化，探究最有利于反应进行的甲烷和氯气的最佳体积比。

一、实验目的

1. 了解甲烷氯代反应的历程及影响因素。
2. 掌握甲烷氯代反应的实验方法。

二、预习要点

1. 光照条件的选择。
2. 甲烷、氯气的制备方法。

三、实验原理

甲烷的氯代反应是一种自由基反应，反应历程如下：

链引发：$Cl : Cl \xrightarrow{h\nu} 2Cl\cdot$

链增长：$Cl\cdot + H—HCH_3 \longrightarrow HCl + \cdot CH_3$

$\cdot CH_3 + Cl_2 \longrightarrow CH_3Cl + Cl\cdot$

$CH_3Cl + Cl\cdot \longrightarrow \cdot CH_2Cl + HCl$

$\cdot CH_2Cl + Cl_2 \longrightarrow CH_2Cl_2 + Cl\cdot$

……

链终止：$Cl\cdot + Cl\cdot \longrightarrow Cl_2$

$CH_3\cdot + CH_3\cdot \longrightarrow CH_3CH_3$

$CH_3\cdot + Cl\cdot \longrightarrow CH_3Cl$

甲烷气体由无水乙酸钠和碱石灰（NaOH+CaO）通过固-固加热法来制取。氯气由浓盐酸和二氧化锰通过固-液加热法来制取。

本实验选定甲烷与氯气体积比分别为1∶1、1∶3、1∶4、1∶6和1∶8，探究气体比例对反应的影响。

四、试剂与仪器

1. 实验试剂

无水乙酸钠、浓盐酸、二氧化锰、氢氧化钠、氧化钙、饱和食盐水。

2. 实验材料和仪器

水槽、试管、集气瓶、酒精灯、三颈瓶（100 mL）、滴液漏斗、烧杯、量筒。

五、实验步骤

甲烷氯代反应条件探究实验选用2007年人教版普通高中课程标准实验教科书《化学（必修2）》第61页中的反应装置，将体积比为1∶1的甲烷和氯气收集于量筒中，将其倒置于盛有饱和食盐水的水槽中，选取温度为20 ℃，光源为125 W高压汞灯（光源与反应器距离d=10 cm）作为固定条件，观察反应体系体积减小率随时间的变化。

分别选取甲烷与氯气体积比为1∶1、1∶3、1∶4、1∶6和1∶8的条件进行实验，记录实验数据，绘制气体减少率随时间的变化图。

六、分析与讨论

1. 甲烷氯代反应产物只有氯代甲烷与氯化氢，氯化氢极易溶于水，甲烷氯代产物中除一氯甲烷是气体外，其余常温下均为液体，故从反应体系的体积变化可以直观地观察到取代反应的发生程度，即混合物总体积减小得越多，反应进行的程度越深。

2. 以10 s为一个实验观测点，曲线以1 min为一个横坐标单位，从反应开始到结束，用完整的反应体系气体体积变化率体现该反应链引发、链增长、链终止的过程变化规律。

3. 探究甲烷与氯气的比例对反应的影响，找到最佳的反应比例。

七、拓展与思考

1. 影响甲烷氯代反应的因素还有哪些？

2. 按照本实验提供的方法，设计温度、光照条件等对反应的影响实验，可得出什么结论？

八、参考文献

[1]人民教育出版社课程教材研究所化学课程教材研究开发中心. 普通高中课程标准实验教科书　化学（必修2）[M]. 北京：人民教育出版社，2007.

[2]吴育飞，张中强，张萍. 甲烷氯代反应条件的系统化探究与教学实施策略的优化[J]. 化学教育，2015，36（21）.

[3]邢其毅，裴伟伟，徐瑞秋，等. 基础有机化学（上册）[M].4版. 北京：北京大学出版社，2016.

实验五　己二酸的制备

己二酸，是一种重要的有机二元酸，能够发生成盐反应、酯化反应、酰胺化反应等，是工业上具有重要意义的二元羧酸，在有机合成、医药、润滑剂制造等化工生产方面都有重要作用，如制造尼龙-66和工程塑料等。

一、实验目的

1. 学习偏钒酸铵催化硝酸氧化环己醇制备己二酸的原理和方法。
2. 练习反应控制、尾气吸收等操作。

二、预习要点

1. 学习醇的氧化和羧酸的制备原理。
2. 学习环己醇、偏钒酸铵的理化性质，以及钒酸盐作为催化剂在有机合成中的应用。

三、实验原理

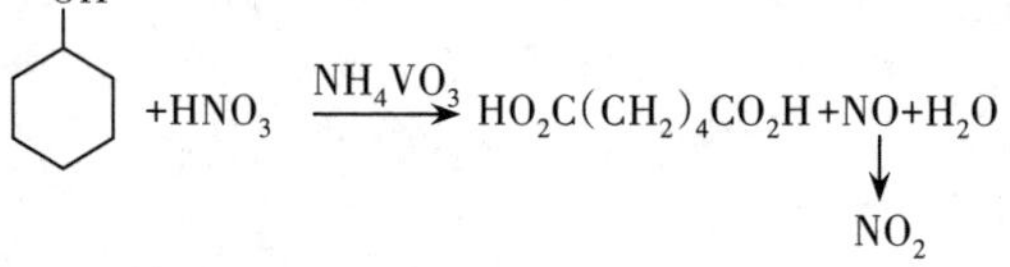

副反应：

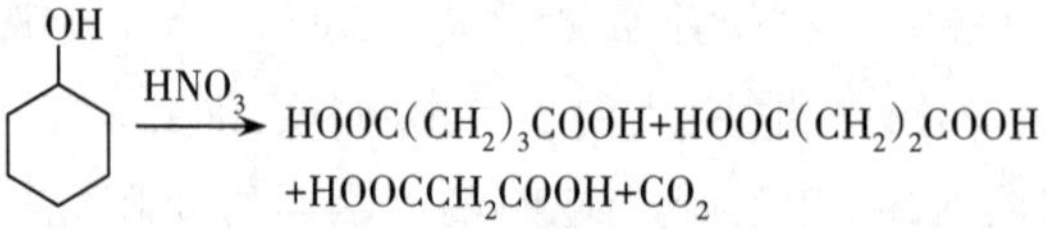

温度和浓度过高将发生深度氧化反应，为防止生成较多的副产物，需要控制反应，不能过于激烈，所以实验中反应温度宜低，硝酸浓度也不宜高。

铁盐、汞盐、钼酸盐、钒酸盐以及亚硝酸盐都可作为氧化剂HNO_3的催化剂，以加强HNO_3的氧化能力。本实验中，如果使用以上的盐作为催化剂，反应应该在50 ℃左右进行。不用催化剂时，反应应该在80~100 ℃进行。

四、试剂与仪器

1. 实验试剂

环己醇、硝酸（50%）、少许偏钒酸铵（约0.01 g，或1颗绿豆粒大小）。

2. 实验材料和仪器

三颈瓶、温度计、球形冷凝管、滴液漏斗、烧杯、量筒等。

五、实验步骤

（1）在100 mL三颈瓶中，加入7 mL 50%硝酸和少许或1颗绿豆粒大小的偏钒酸铵。

（2）安装反应装置和尾气吸收装置。检查和关闭滴液漏斗的活塞，将1 mL蒸馏水和2.5 mL环己醇置于滴液漏斗中，振荡摇匀待用。

（3）取下装置上的石棉网和铁圈，便于三颈瓶接触热水或冷水。用250 mL烧杯准备1杯冷水和1杯热水。

（4）水浴预热，使三颈瓶中反应溶液温度近50 ℃。首先撤离热源（切记）→再逐滴加入4~6滴环己醇→振荡引发反应（剧烈放热）→至红棕色NO_2出现。注意：一定不能滴加太快或滴入过多环己醇。

（5）向已引发反应的三颈瓶中（切记：热源已经撤下），继续慢慢滴加环己醇，控制速度，保持反应微沸状态（连续产生细小气泡）。可用烧杯冷水浴或热水浴调节温度，维持反应溶液温度在50~60 ℃。10 min滴加完剩余的环己醇，先关闭或取下漏斗（同时加磨口塞），再用沸水浴加热或保温约10 min（三颈瓶内可能一直有红棕色NO_2残留）。

（6）稍冷却，将热反应液体倾入盛有50 mL冷水的烧杯中，立即出现结晶（趁热倾倒，是为了防止己二酸结晶堵在反应容器内）。用反应清液洗涤三颈瓶，洗液并入烧杯。冷却，抽滤，用少量冷水洗涤，干燥，称量粗品。

记录实验过程、现象和称量数据。

六、分析与讨论

处理和分析实验数据，结合实验操作过程、现象、数据分析结果等，讨论本实验结果。

七、拓展与思考

1. 为什么取用环己醇和硝酸时，不可用同一只量筒量取？

2. 本实验为什么引发反应时需要撤掉热源？环己醇为什么不能滴加过快？

3. 向滴液漏斗的环己醇中加辅助剂1 mL水有什么作用？还可以用其他辅助剂吗？

八、参考文献

[1]曾昭琼.有机化学实验[M].3版.北京:高等教育出版社,2000.

[2]兰州大学.有机化学实验[M].4版.北京:高等教育出版社,2017.

[3]赵爱娟,高海荣,甄龙.低沸点试剂回流控温制备己二酸的研究[J].河南化工,2022,39(4).

实验六　五水硫酸铜的制备及其脱水热动力学分析

五水硫酸铜是一种重要的无机化工产品，广泛应用于电镀工业和化学工业。热分析动力学是应用热分析技术研究物质的物理变化或化学反应的速率和机理的一种方法，其研究领域主要为：无机化合物和材料的脱水、分解、相变；高分子化合物和材料的固化、结晶、降解，以及使用寿命和热稳定性的评估；有机化合物和药物的热解机理及使用寿命和储存期的评估等。热分析动力学的研究结果还可用来预测反应程序，并可作为工业生产中工艺条件选择的依据。我们可从反应动力学角度对五水硫酸铜的脱水过程进行分析。

一、实验目的

1. 学会制备五水硫酸铜晶体。

2. 熟悉热重法和差示扫描量热法的基本原理。

3. 掌握热重法和差示扫描量热法联用的实验方法和数据处理方法。

4. 了解$CuSO_4\cdot5H_2O$的脱水机理。

二、预习要点

1. $CuSO_4\cdot5H_2O$的结构特性。

2. 热分析动力学及其应用。

三、实验原理

热分析动力学可在等温和非等温(通常是线性升温)两种测试条件下进行。其优点是快速、简便、样品用量少等。热分析是一种非常重要的分析方法。它是在程序控制温度下,测量物质的物理性质与温度的关系的一种技术。热重法(TG)是在程序控制温度下,测量物质的质量与温度的关系的一种技术。差示扫描量热法(DSC)是在程序控制温度下,测量输入到物质和参比物的功率差与温度的关系的一种技术。由于DSC直接测量的是热量,所以是一种量热法。差示是指除试样外,还需要参比物,扫描是指温度扫描,即温度从低到高或从高到低的动态扫描。其原理为在程序控制温度的过程中,当样品发生热效应时,在样品端与参比端之间产生了温度差(热流差),通过热电偶对这一温度差(热流差)进行测定。

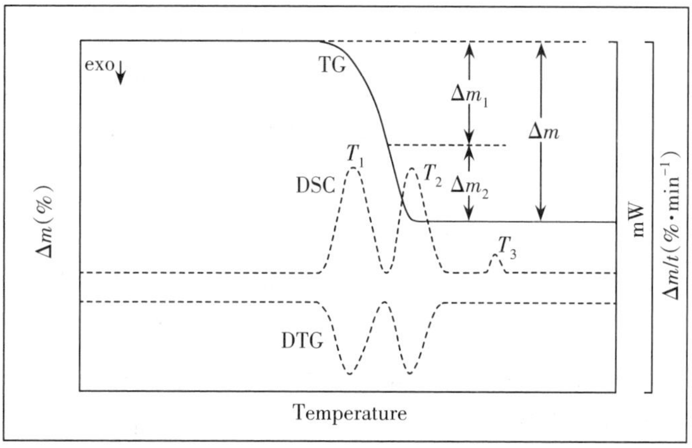

图4-6-1 TG-DSC同步热分析

TG-DSC同步测量使我们能够区分DSC曲线上的热效应是由于样品的质量变化还是物理结构改变所引起的。图4-6-1中在DSC曲线上共有三个吸热峰。其中,温度较低的两个相邻的大吸热峰与DTG曲线上的两个峰有很好的对应关系,是由于样品的分解所引起的。温度较高的小吸热峰则在TG与DTG曲线上找不到任何对应关系,应由样品的相变所引起。

制得的$CuSO_4\cdot5H_2O$为蓝色粉末,其结构如图4-6-2。

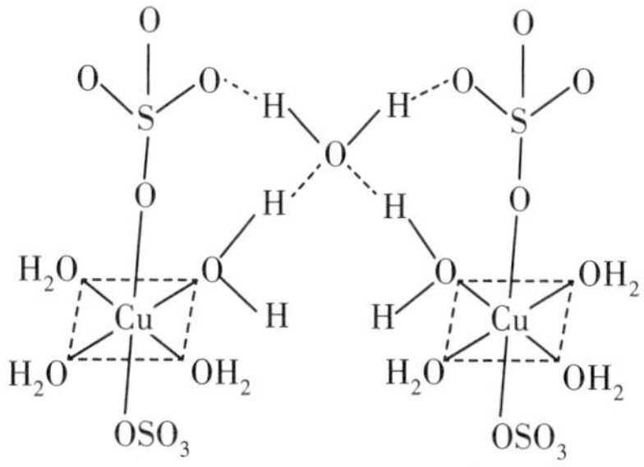

图4-6-2 $CuSO_4\cdot5H_2O$结构图

$CuSO_4·5H_2O$在失重的第一步反应中失去2个液态水分子并汽化，反应方程式如下：

$$CuSO_4·5H_2O(s) \longrightarrow CuSO_4·3H_2O(s)+2H_2O(l)$$

$$2H_2O(l) \longrightarrow 2H_2O(g)$$

在第二步反应中失去2个气态水分子，反应方程式如下：

$$CuSO_4·3H_2O(s) \longrightarrow CuSO_4·H_2O(s)+2H_2O(g)$$

在第三步反应中失去1个气态水分子，反应方程式如下：

$$CuSO_4·H_2O(s) \longrightarrow CuSO_4(s)+H_2O(g)$$

在不同升温速率下，通过实验得到$CuSO_4·5H_2O$的TG-DSC与温度的关系图。通过软件拟合，可得其热动力学数值。根据等温动力学理论，固体分解反应动力学方程一般可表示为：

$$d\alpha/dt=Ae^{-Ea/RT}·f(\alpha) \tag{1}$$

式中α为转化率，A为频率因子，Ea为活化能，R为气体常数，T为温度(K)，$f(\alpha)$为动力学模式函数。在热分析实验中升温速率$\beta=dT/dt$是恒定的，将β代入上式，就得到非等温非均相反应的动力学方程：

$$d\alpha/dT=(A/\beta)e^{-Ea/RT}·f(\alpha) \tag{2}$$

方程(2)经微分和积分后变形可以得到Friedman法和等转化率法所对应的方程：

$$\ln[(d\alpha/dT)\beta]=\ln[Af(\alpha)]-E_a/RT \tag{3}$$

$$\ln\beta=\ln[AE_a/RG(\alpha)]-5.3305-1.0516E_a/RT \tag{4}$$

(4)式中，$G(\alpha)$为积分模型函数。用(3)、(4)式求算活化能是等转化率法中常用的方法。将热分解相应的实验数据代入方程(3)、(4)，并对其分解反应的活化能进行求算，可得不同α所对应的E_a值。由计算结果可初步判断反应的类型。

此外，ASTM E698标准用下式表示：

$$\ln\left(\frac{\beta}{T_{max}^{m+2}}\right)=\ln\phi(\alpha_{max})-\frac{E_a}{RT_{max}} \tag{5}$$

其中$\phi(\alpha_{max})=\dfrac{-f'(\alpha_{max})}{(1+mRT_{max}/E)}$。对于阿伦尼乌斯定律，取$m$=0，对数校正项为$-f'(\alpha_{max})$；对于过渡状态理论，取$m$=1。在这两种情况下，其最大失重率处的数据都符合(5)式。故(5)式也可用来求算最大失重率处的动力学参数值。

四、试剂与仪器

1. 实验试剂

$CuSO_4·5H_2O$、H_2SO_4(3 mol·L^{-1})、废铜、H_2O_2(3%)、纯水。

2. 实验材料和仪器

热分析仪(Setsys16,法国SETARAM公司生产)、电脑(带热分析软件)、分析天平、pH计、减压过滤装置、瓷坩埚等。

五、实验步骤

1. $CuSO_4 \cdot 5H_2O$ 的制备

取3.0 g废铜放入瓷坩埚内,高温灼烧并不断搅拌,使其转为黑色的CuO后冷却至室温,随后将其倒入100 mL小烧杯中,加入18 mL 3 mol·L^{-1} H_2SO_4溶液,微热使CuO溶解。将$CuSO_4$溶液减压抽滤,向滤液逐滴加2 mL 3 % H_2O_2溶液,将溶液加热,用pH计调到pH=3。最后滴加3 mol·L^{-1} H_2SO_4溶液酸化,调节溶液至pH=1后,把溶液转移至洁净的蒸发皿中,再在水浴上加热蒸发至液面出现晶膜时停止。在室温冷却至有晶体析出后减压过滤,晶体用滤纸吸干后称重。(本部分为设计性实验,亦可使用其他制备方法)

2. $CuSO_4 \cdot 5H_2O$ 的脱水热动力学分析

(1)热分析仪的启动和样品加入。

开机。打开仪器主机,打开计算机,稳定5 min。点击Collection图标。如开机错误,屏幕上会有提示。点击TG,清零(点击Tare),称重在±200 mg以内。$CuSO_4 \cdot 5H_2O$称重粗调节范围为50 mg,称重精调范围为10 mg。清零后重量必须稳定在0.005 mg以内才可进行测量。此步骤可在分析天平上进行。

参数选择。参考值可选择为P—200,I—1000,D—15,U—0,TS—1500,升温速率—10~50 ℃/min。若参数需修改可点击Modify。装入样品,称重,按Tare按钮清零。

开气。先开氩气阀(完全打开Furnace Gas主阀),再打开氮气阀(Carrier Gas阀)。(若不需要加热升温或高温,可以不开气)将各气量调节至需要范围(氮气控制在0.15 Mpa,氩气控制在0.15 Mpa)。

打开冷却水。冷却水的流速在主机屏幕显示。屏幕显示在低温和中温下不得低于4格,在高温下不得低于5格(此时绿色指示灯亮)。选择Collection/Display/Real Time Draw菜单,显示各种信号。

(2)设定实验和实验程序。

点击Collection图标,选择Experiment/Setup/Device,检查端口、使用者姓名、检测探头。选择Experiment/Data Collection菜单,产生Selection窗口,选择Device,选择检测探头及采集方式。点击OK,产生Sequence窗口,输入控温程序。如果选择已有控温程序,点击Catalogue图标,产生Experiment or Procedure Selection窗口,选择相应的控温程序,点击OK,则自动产生控温程序。如果产生新的控温程序和对已有控温程序进行修改,可输入或选择以下内容：温度段、升温速率和保温时间，打开或关闭电磁阀，是否保存升温段，在某段质量是否清零。点击Save as，输入整个控温程序文件名。在Sequence窗口，点击Parameter图标，打开Parameter窗口。输入温度（或热流）校正参数、温度采集点（Sample or Furnace）。点击OK返回至Sequence窗口。点击To Experiment，打开Experiment窗口，输入样品属性。点击Starting the Experiment图标开始实验。

（3）实验信号的实时显示。

一旦选定要进行的实验和需要显示的信号，将自动产生两个窗口，一个窗口显示信号曲线，另一个窗口显示实验名和能够显示的信号的图标。实验按程序停止或中途停止，实验数据会自动保存在控温程序文件夹中。

（4）实验测量仪器操作步骤。

双击Processing图标，产生Processing窗口。选择Experiment/Open an Experiment菜单，产生Experiment Selection窗口，选择需要处理的文件，点击OK，产生Signals Selection of Experiment 窗口，显示实验文件属性，点击OK，产生实验数据图像。在Display/Preference菜单选择Toolbar和Palette，则在窗口上显示数据处理工具条，并出现显示文件名和信号内容的Palette窗口。数据文件以ASCII文件导出：双击Palette窗口文件名，出现Experiment窗口，点击Export按钮，出现Export Initialization窗口。在Export Initialization窗口输入数据个数，选择数据内容（TG，DTG，DTA，DSC……），点击File按钮，产生Save as窗口，输入文件名，点击OK按钮，即产生ASCII数据文件。在Palette窗口的Signals栏中，将光标移至所选的信号，按住鼠标左键，将信号图框拖到图形窗口上的按钮（Y1，Y2……）上，放开，在按钮下方显示该信号的坐标，同时出现与该坐标相同颜色的信号曲线，即在图形窗口中添加信号图形。将所选信号图框覆盖在图形窗口原有信号按钮上，原有信号即被新选信号覆盖。双击图形窗口的信号按钮，出现Window N1窗口，显示信号图形的属性，选择Hide Axis可消除信号坐标，点击Remove from Axis可消除图形窗口中的信号图形。

（5）实验完毕，关闭氩气阀（Furnace Gas主阀）和其他气阀。关掉冷却水。退出热分析操作软件。取出样品和参照品。关掉主机电源。

六、分析与讨论

处理分析实验数据，结合实验操作过程、现象、数据分析结果等，讨论本实验结果。

1.数据文件调出。双击Processing图标，产生Processing窗口。显示实验数据曲线，并显示文件名和信号的Palette窗口。

2.双击Signals栏中信号名，可产生信号属性窗口，显示属性。

3.TG曲线热焓变化计算。在Processing菜单选择Mass variation，出现TG窗口。在TG窗口中选择Pt1/s和Pt2/s，按相应步骤进行积分计算和屏幕显示。

4.DSC曲线热焓变化的计算。在Processing/Integration菜单选择on Signal Heatflow，出现Heat Flow窗口。在Heat Flow窗口点击Pt1/s按钮，Heat Flow窗口改变，同时在图形窗口出现一条竖线。移动Heat Flow窗口中的滑动块，Heat Flow窗口的时间和温度显示改变，同时图形窗口中的竖线移动。当竖线移动到热焓改变的起始点，点击OK，即确定起始点。按上述方法，点击Pt2/s和Pt3/s，即可确定热焓变化的转折点和终点。在三个点确定后，Heat Flow窗口复原。点击OK，产生Integration窗口。在Integration窗口中，在Base Line Type栏中选择基线类型，点击Integration按钮，在该窗口中显示起止点温度及积分得到的热流值。点击Result on Curve，然后点击Close Window关闭该窗口。积分计算的结果显示在图形窗口中，可用鼠标对结果进行拖动并放在合适的位置。在同一DSC曲线中，对各个阶段可采用相同的方法分别计算热焓的变化。

七、注意事项

1.程序升温。加热范围最高温度限于1200 ℃。

2.测量完毕，温度降至150 ℃时可允许升抬起热电偶支杆。下降支杆时必须降到最基底。

3.随时密切关注实验过程并实时跟踪，发现异常信号或断水、停电等情况即刻中止实验。

4.先关气，后关水，再关软件，最后关计算机。严格按操作程序开、关计算机、循环水、载气。

八、拓展与思考

1.如何清洗瓷坩埚中的铜粉和氧化铜等残余物？

2.何谓热分析和差热分析？

3.由热分析可得到哪些信息？

4.从差示扫描量热法可得到什么信息？

5.固-液分离有哪些方法？

6.从热重法可得到什么信息？

7.影响$CuSO_4 \cdot 5H_2O$热重曲线的因素有哪些？

8.何谓表观失重？它是如何产生的？如何处理它？

九、参考文献

[1]天津大学无机化学教研室.大学化学实验[M].北京:高等教育出版社,2019.

[2] OPFERMANN J. Kinetic analysis using multivariate non-linear regression-1. Basic concepts[J]. Journal of Thermal Analysis Calorimetry,2000,60(2).

[3]何伟平,王德堂,刘晓静.五水硫酸铜脱水机理的动力学研究[J].精细与专用化学品,2011,19(12).

[4]胡荣祖,史启祯.热分析动力学[M].北京:科学出版社,2001.

[5]从长杰,罗仕婷,陶友田,等.$ZnAc_2·2H_2O$在空气中的热分解动力学研究[J].高等学校化学学报,2005,26(12).

实验七　蔬菜中天然色素的提取和薄层色谱分离

薄层色谱法(Thin layer chromatography,TLC)作为色谱法的一个分支,常用于物质的微量分离与分析。因其具有制备工艺简单、成本低廉、操作方便和分离速度快、效果好、灵敏度高等优点,被用于许多有机物的分离、富集和制备等的同时,也用于高效液相色谱、毛细管气相色谱、超临界流体色谱等现代色谱技术的样品预分离和前处理。学习薄层色谱分离的原理及操作技术,可以为学习气相色谱、液相色谱等色谱分离技术奠定理论知识与实验操作基础。

一、实验目的

1.了解并掌握薄层色谱分离的原理及其分离微量组分的操作技术。

2.了解蔬菜中主要色素的基本性质,通过色素的提取和分离,进一步了解天然物质分离提纯的原理及方法。

3.掌握薄层色谱分离蔬菜中色素时样品前处理操作。

4.掌握薄层色谱分析的点样、展开和显色观察等操作。

二、预习要点

1. 蔬菜中常见天然色素成分的理化性质。
2. 薄层色谱的基本原理及其分离微量组分的操作技术。

三、实验原理

蔬菜中含有多种天然色素，如叶绿素、胡萝卜素、花青素等。这些色素分子大多是脂溶性或水溶性化合物，通过适当的溶剂可以将其从蔬菜组织中提取出来。实验中常用有机溶剂（如乙醇、丙酮或二氯甲烷等）来破坏细胞壁并溶解色素，从而使色素转移到溶剂中，形成提取液。

（一）蔬菜中的色素介绍

大多数绿叶蔬菜中都富含多种天然色素成分，如叶绿素（绿色）、胡萝卜素（橙黄色）和叶黄素（黄色）等。

1. 叶绿素

叶绿素是绿色植物、海藻和光合细菌中的主要光合色素，它们都是吡咯衍生物与金属镁的络合物，是植物进行光合作用所必需的催化剂。叶绿素存在两种结构相似的形式即叶绿素 a（$C_{55}H_{72}O_5N_4Mg$）和叶绿素 b（$C_{55}H_{70}O_6N_4Mg$），结构见图 4-7-1，二者差别仅是 a 中一个甲基被 b 中的甲酰基所取代。

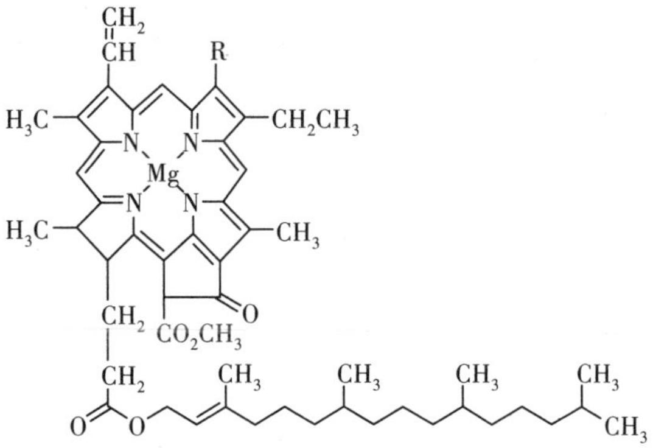

图 4-7-1　叶绿素 a 和叶绿素 b 的结构（叶绿素 a：R=CH_3；叶绿素 b：R=CHO）

叶绿素 a 呈蓝绿色，叶绿素 b 呈黄绿色。叶绿素 a、叶绿素 b 的可见光谱在 630~680 nm（红光区）及 400~460 nm（蓝光区），有尖锐吸收峰（见图 4-7-2）。

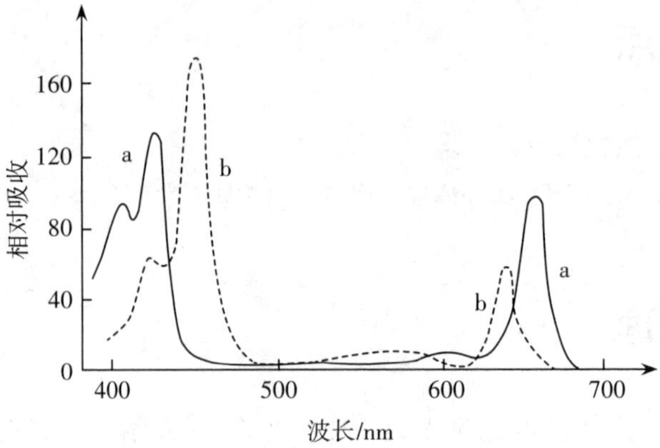

图4-7-2　叶绿素a和叶绿素b的吸收光谱

2. 胡萝卜素

胡萝卜素(结构见图4-7-3)是一类广泛存在于植物中的天然色素,属于类胡萝卜素家族,有多种异构体,是四萜类化合物。胡萝卜素是由数百种不同的化合物组成,其中最常见的有α-胡萝卜素、β-胡萝卜素和γ-胡萝卜素,常共存于许多植物中。β-胡萝卜素含量最高、分布最广,在胡萝卜、棕榈油以及多种绿叶植物中含量很高。胡萝卜素是脂溶性化合物,通常呈现橙色、红色或黄色,因此赋予许多水果和蔬菜鲜艳的颜色。β-胡萝卜素是维生素A(视黄醇)的前体,人体可以将其转化为维生素A,这对视力、免疫功能和细胞生长至关重要。

3. 叶黄素

叶黄素又称胡萝卜醇(结构见图4-7-3),属于类胡萝卜素家族中的一种黄酮类化合物。它是一种脂溶性色素,通常与玉米黄质一起存在于植物,特别是绿叶蔬菜中,赋予它们黄色至橙色的颜色。在人体中,叶黄素被认为是一种重要的抗氧化剂,它被称为"天然的太阳镜",因为它能吸收蓝光,并减少其对眼睛潜在的伤害。

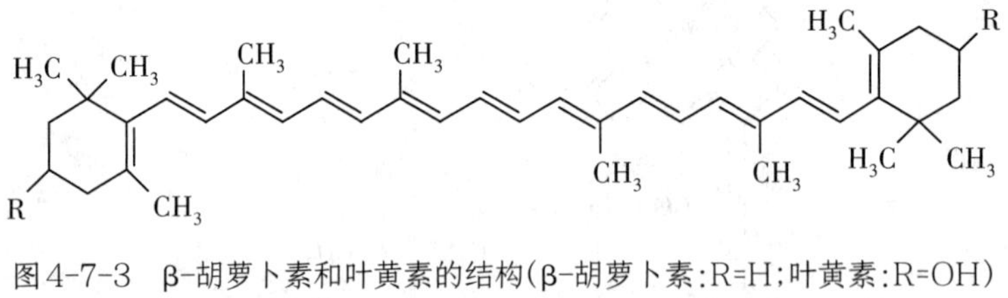

图4-7-3　β-胡萝卜素和叶黄素的结构(β-胡萝卜素:R=H;叶黄素:R=OH)

(二)薄层色谱原理

薄层色谱(TLC)是一种基于色素分子在固定相(如硅胶、氧化铝和纤维素粉等)和流动相(如有机溶剂混合物)之间分配系数不同而实现分离的技术。在薄层色谱中,色素样品被点样在固定相上,流动相在毛细管作用下向上移动,将样品中不同的成分带动前进。由于每种色素在固定相上的吸附力不同,它们移动的距离各异,从而在薄层色谱板上形成不同位置的斑点。通过比较这些斑点的位置、颜色和计算其Rf值，实现色素成分的分离和初步鉴定。

Rf(Retention Factor，保留因子)值：是色素分子在TLC板上移动的距离与溶剂前沿移动的距离之比。Rf值反映了色素在固定相和流动相之间的分配情况，常用于比较不同样品的分离效果。

天然色素的提取利用了溶剂对色素的溶解能力，而薄层色谱分离则基于不同色素在固定相和流动相之间的吸附和溶解差异。通过这两个过程，可以有效地分离和分析蔬菜中的天然色素成分。

四、试剂和仪器

1. 实验试剂

液体药品：羧甲基纤维素钠(CMC，0.5%)、丙酮、乙醚、石油醚、乙醇、苯、正丙醇、乙酸乙酯、饱和食盐水。

固体药品：硅胶 G(200~300 目)、碳酸钙、氯化钠、无水硫酸钠。

2. 实验材料和仪器

绿叶蔬菜、石英砂；研钵、层析缸、分液漏斗、锥形瓶等。

五、实验步骤

薄层色谱技术包括制板、点样、展开、显色等步骤。

(一)制板

选用5.0 cm×30.0 cm规格的玻璃板两块，用肥皂水洗净，用蒸馏水淋洗两次后烘干，用时再用酒精棉球擦除手印至对光平放无斑痕。

称取5 g硅胶G粉于100 mL烧杯中，按硅胶和水1∶3(*w*/*w*)的比例加入0.5%CMC水溶液，调成均匀的糊状(平铺在玻璃板上能晃动但不能流动)，用倾斜法涂在干净薄层板上，然后用手托住玻璃板一头，将另一头放在桌面上轻轻振敲，使硅胶浆料均匀平整铺开，成薄厚均匀、表面光洁平整、无气泡的薄层板，厚度为0.25~1.0 mm。水平放置，待薄层发白近干(注意：室温放置必须使玻璃板干透，否则会出现断裂现象)，然后将晾干的薄层板放在烘箱中逐步升温至110 ℃活化30 min，取出放在干燥器中冷至室温，备用。

(二)叶绿素的提取

1. 样品制备

取适量新鲜的绿叶蔬菜(约5 g),清洗干净,去除杂质和水分。然后将蔬菜切碎,便于后续的研磨和提取。

2. 叶绿素提取

将切碎的蔬菜放入研钵中,加少量的碳酸钙和干净的石英砂,将菜叶粗捣烂。加入30 mL 2∶1(*v/v*)的石油醚和乙醇混合溶剂,用研杵将蔬菜充分研磨,使叶绿素从细胞中释放出来,溶解在溶剂中,形成绿色的提取液。

3. 过滤提取液

将研磨后的混合物用滤纸或滤布过滤,去除固体残渣,收集滤液(如果滤液不够澄清,可重复过滤或使用离心机进一步分离固体杂质)。将蔬菜汁转入分液漏斗,分去水层,分别用等体积的饱和食盐水和蒸馏水洗涤两次,以除去萃取液中的乙醇(洗涤时要轻轻旋荡,以防止产生乳化)。弃去水-乙醇层,石油醚层用无水硫酸钠干燥后滤入锥形瓶,置于暗处备用。

(三)点样

取活化后的层析板,分别在距底边1~2 cm处用铅笔轻轻画一条横线作为起始线。距另一端约1 cm处也画一条横线作为终止线。将毛细管(直径0.5 mm)插入样品溶液中取液,样品会自动吸入毛细管,轻轻将毛细管尖端触到薄层板的起始线上,释放样品液滴,注意要点在铅笔线的中心,待第一次液点干后再点一次,共重复3~5次。注意:点样时用手指捏住毛细管下端,垂直点样,轻触薄层板后立即抬起。点样要轻,不可刺破薄层。因溶液太稀或样点太小,可重复点样,但应在前次点样的溶剂挥发后,以防样点被溶解掉。

(四)展开

薄层色谱的展开,须在密闭容器中进行。将展开剂(乙醇-氯仿混合溶剂,常用比例乙醇∶氯仿=1∶3或1∶9)注入层析缸中,摇匀,加盖使缸内蒸气饱和10 min,再将点好样的薄层板斜靠于层析缸内壁(如图4-7-4)。点样端接触展开剂但样点不能浸没于展开剂中,一般展开剂浸没薄板下端的高度不宜超过0.5 cm,密闭层析缸。将层析缸盖好,放在暗处展开,待展开剂的前沿离薄板顶部1~2 cm时,取出薄板平放,用铅笔或小针划前沿线位置,晾干或用电吹风吹干薄层。

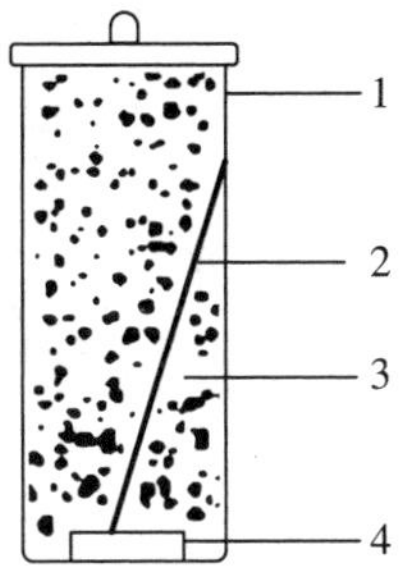

1.展开室；2.薄层板；
3.展开剂饱和蒸气；4.展开剂

图4-7-4　直立式色谱缸示意图

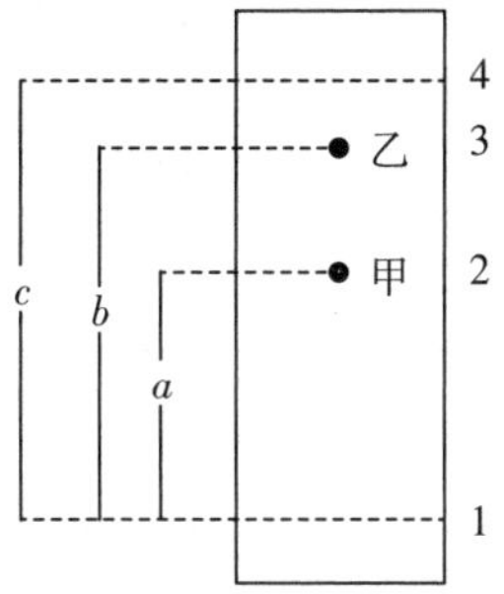

1.原点（起始线）；2.色斑甲；
3.色斑乙；4.溶剂前沿

图4-7-5　Rf值测量方法

（五）观察与分析

展开结束后，取出TLC板，用铅笔迅速标记流动相到达的最远位置（溶剂前沿）。然后在适当的光源下（如可见光、紫外光）观察板上的分离斑点。从上到下依次为胡萝卜素（橙黄色）、叶绿素a（蓝绿色）、叶绿素b（黄绿色）、叶黄素（淡黄色）。记下4个色带中心到原点（起始线）的距离和溶剂前沿到原点的距离（如图4-7-5），计算叶绿素a和叶绿素b的Rf值。

计算Rf值的方法如下：

（1）测量距离：使用尺子测量以下两个距离。样品起点到每个斑点中心的距离（即组分的移动距离）；样品起点到溶剂前沿的距离（即溶剂的移动距离）。

（2）计算Rf值：Rf = 斑点移动距离 / 流动相前沿移动距离。这个值通常介于0到1之间，不同组分的Rf不同。

随后将叶绿素a和叶绿素b的色带从玻璃板上刮下来并放在离心管中，加入5 mL乙醚，振摇，离心后得澄清蓝绿色溶液。在仪器上测定其在360~700 nm波长范围的吸收曲线，并与标准谱图进行比较。

记录实验过程、现象和称量数据。

六、分析与讨论

处理分析实验数据，结合实验操作过程、现象、数据分析等，讨论本实验结果。

填写表4-7-1，并根据各色素的颜色、分子极性与Rf值的关系、吸收光谱、荧光，对分离出的色素进行鉴定，讨论结构对Rf值、吸收光谱的影响。

表4-7-1　蔬菜叶片色素色谱分析数据及归属

编号	颜色	Rf值	荧光	紫外吸收/nm	文献参考值	归属
1						
2						
3						
4						

七、注意事项

1.叶绿素对酸、碱和光很敏感，整个实验应在中性条件和暗处（或弱光）进行，各操作步骤应在尽可能短的时间内完成。

2.展开剂的选择：被分离物质间的Rf值相差越大，分离效果越好。薄层色谱展开剂的选择主要根据样品的极性、溶解度和吸附剂的活性等因素。溶剂的极性越大，对化合物的解吸能力越强，即Rf值也越大。如Rf值较大，可考虑换用一种极性较小的溶剂，或在原用展开剂中加入适量极性较小的溶剂。相反，如原用展开剂使样品各组分的Rf值较小，则可加入适量极性较大的溶剂，如氯仿中加入适量的乙醇。常用展开剂的极性大小如下：水>乙醇>乙酸乙酯>氯仿>苯>环己烷>石油醚。

本实验常用展开剂为：乙醇-氯仿混合溶剂（乙醇∶氯仿=1∶3或1∶9），石油醚-丙酮混合溶剂（石油醚∶丙酮=7∶3或9∶1），乙酸乙酯-环己烷混合溶剂（乙酸乙酯∶环己烷=1∶9或2∶8）。

八、拓展与思考

1.从蔬菜中提取叶绿素时应该注意些什么？

2.薄层板点样时应该注意些什么？

3.本实验中哪些操作环节比较容易引起叶绿素的损失？

4.查阅相关资料，并结合实验结果思考展开剂选择和混合展开剂体积比对分离效果的影响。

九、参考文献

[1]张倩茹，佟玲，田冬，等.薄层色谱法分离菠菜中天然色素的研究[J].蚌埠学院学报，2017，6(6).

[2]江波，杨瑞金.食品化学[M].2版.北京：中国轻工业出版社，2018.

[3]汪秋安,范华芳,廖头根.有机化学实验室技术手册[M].北京:化学工业出版社,2012.

实验八　从辣椒中提取辣椒红色素

天然红辣椒中含有辣椒红色素(简称辣椒红)、辣椒素、辣椒油脂等。辣椒红是辣椒红素、辣椒玉红素、β-胡萝卜素等色素的混合物,为深红色油状液体。它们都是类胡萝卜素,在结构上都属于二环四萜化合物。辣椒红是食品和化妆品中的天然色素添加剂。呈深红色的色素主要是由辣椒红脂肪酸酯和辣椒玉红素脂肪酸酯所组成的。本实验是以二氯甲烷为萃取溶剂,从红辣椒中萃取出色素,经浓缩后用薄层层析法做初步分析,再用柱层析法分离出辣椒红色素,用红外光谱鉴定并测定其紫外吸收。

一、实验目的

1.了解从辣椒中提取辣椒红色素的基本原理和方法。

2.进一步掌握索氏提取操作技术。

3.进一步熟悉薄层色谱、柱色谱等分离原理和吸光度测定技术。

二、预习要点

1.红辣椒中所含色素的种类及性质。

2.色素的萃取和浓缩方法。

3.薄层层析分析方法和柱层析分离方法;柱效和色带的薄层检测方法。

4.辣椒红色素的红外光谱鉴定和紫外吸收检测方法。

三、实验原理

辣椒红色素易溶于乙醇、丙酮、二氯甲烷、植物油而不溶于甘油和水。

辣椒中含有强烈辛辣味的辣素(辣椒碱),含量一般为0.2%~0.5%。固态辣椒碱是白色或淡黄色针状晶体,不溶于水,易溶于乙醇、乙醚、苯、氯仿。

辣椒碱是酰胺类化合物，其酚羟基具有弱酸性，可溶于NaOH溶液中。在用有机溶剂提取红辣椒中的辣椒红色素过程中，须先除去辣椒碱，提取得到的辣椒红色素经浓缩、干燥后，可用薄层色谱进行分离分析，用分光光度法测定含量。

四、试剂与仪器

1. 实验试剂

乙醇(95%)、NaOH(5%)、石油醚、丙酮。

2. 实验材料和仪器

干红辣椒若干；索氏提取器、圆底烧瓶、磁力搅拌子、烧杯、量筒、分析天平等。

五、实验步骤

1. 辣椒碱的除去

将干的红辣椒剪碎去籽并捣碎，称取10 g左右，加入90 mL 5%NaOH溶液于250 mL烧杯中，在90 ℃水浴中加热1.5 h后，将杯内液体倾倒于双层纱布上滤去碱液，用水洗涤至中性，挤干，放入100 mL圆底烧瓶中，用50 mL 95%乙醇浸提备用。

2. 辣椒红色素的提取

将折叠好的滤纸筒置于索氏提取器中，装入辣椒，筒上口放一小团脱脂棉；在250 mL洁净的圆底烧瓶中加入120 mL 95%乙醇和几粒磁力搅拌子，加热进行抽提5次以上(提取液颜色很淡时，可停止抽提)后，将提取装置改成常压蒸馏装置，蒸出大部分乙醇。将残液、少量馏出液及洗烧瓶的洗涤液倾入已准确称出质量的烧杯中，在100 ℃烘干后称重，计算提取率。

3. 薄层色谱分析

取少量干燥的辣椒红色素于点滴板上，用适量石油醚溶解。用平口毛细管吸取辣椒红色素溶液点样2~5次，点样后的斑点直径小于3 mm，用石油醚(沸点30~60 ℃)与丙酮10∶1(体积比)的混合液作为展开剂展开。展开后取出薄层板，立即画出前沿位置，用电吹风吹干展开剂，轻画出各斑点的位置，观察斑点颜色并计算Rf值，并根据薄层色谱展开图以及它们的结构确定这3个斑点的归属。

4. 辣椒红色素的鉴定

准确称取0.0020 g(精确到0.0002 g)辣椒红色素,用乙醇溶解并定容成25 mL,以乙醇作为参比,测定最大吸收波长。

记录实验过程、现象和称量数据。

表4-8-1 从辣椒中提取辣椒红色素实验记录表

项目	实验数据
红辣椒的质量/g	
提取辣椒红色素的质量/g	
辣椒红色素提取率/%	
Rf	

六、分析与讨论

处理分析实验数据,结合实验操作过程、现象、数据分析等,讨论本实验结果。

七、拓展与思考

1. 薄层色谱中的Rf值有何意义？不同的展开系统对Rf值会产生什么影响？

2. 薄层板上点样量过多或过少,对薄层色谱分离效果有什么影响？

八、参考文献

[1]杨本宏.辣椒红色素稳定性研究[J].生物学杂志,1997,14(2).

[2]江英,武占省,田丽萍.辣椒红色素提取与检测方法的研究进展[J].食品研究与开发,2005,26(3).

[3]王绍霞,唐小华,周永红,等.辣椒红色素提取工艺的研究[J].食品工业科技,2008(8).

实验九　乙酰丙酸正丁酯的制备

一、实验目的

1. 进一步理解酯化反应原理，掌握乙酰丙酸正丁酯的制备方法。
2. 掌握共沸蒸馏分水法的原理和分水器（油水分离器）的使用。
3. 掌握气相色谱仪测定产品纯度的方法。
4. 学会分析实验流程，提出实验整改方案。

二、预习要点

1. 共沸蒸馏分水法的原理和分水器（油水分离器）的使用方法。
2. 酯化反应的基本原理及影响因素。

三、实验原理

持续增长的能源需求与日益枯竭的石化资源极大地促使人们积极探索发展新的能源，以优化现有能源结构。乙酰丙酸酯类化合物作为一种生物基化学品，在香料、涂料和医药等领域应用广泛。此外，乙酰丙酸酯类化合物具有闪点稳定、高润滑性、流动性好、燃烧需氧量低等优点，可代替石化燃料，近年来受到了科学研究者的极大关注和青睐。

以生物质衍生得到的乙酰丙酸与醇发生酯化反应可制备一系列乙酰丙酸酯类化合物，该反应是一类典型的可逆反应。

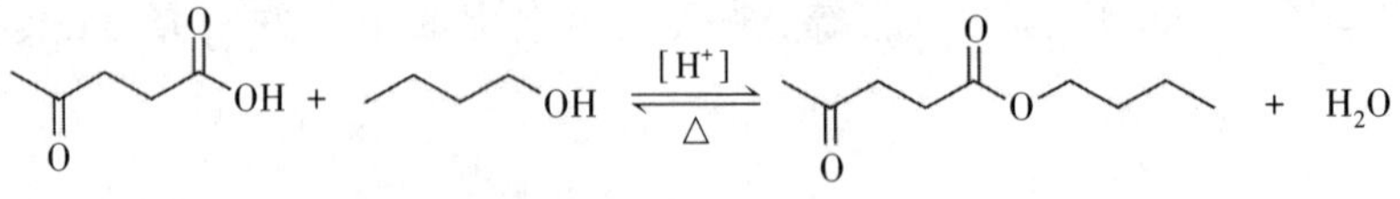

为提高产品产率，一般采用以下措施：使某一反应物过量；在反应中移走某一产物；使用特殊催化剂。

四、试剂与仪器

1. 实验试剂

正丁醇、乙酰丙酸、浓硫酸、碳酸钠溶液（10%）、饱和氯化钠溶液、无水硫酸镁。

2. 实验材料和仪器

蒸馏装置、球形冷凝管、分水器、圆底烧瓶（50 mL）、温度计（150 ℃），锥形瓶（50 mL）、烧杯（400 mL）、油浴锅、分液漏斗、量筒（10 mL、50 mL）、铁架台、铁夹及十字头、铁圈、橡胶水管、分析天平、气相色谱仪等。

五、实验步骤

1. 乙酰丙酸正丁酯的制备

（1）在50 mL圆底烧瓶中，加0.12 mol正丁醇、0.12 mol乙酰丙酸和3~4滴浓硫酸（催化反应），混匀，加一颗磁力搅拌子。接上回流冷凝管和分水器。在分水器中预先加少量水至略低于支管口1~2 cm，目的是使上层酯中的醇回流到烧瓶中继续参与反应，加热至回流，控制回流速度每秒1~2滴。

（2）反应一段时间后，把水分出并保持分水器中水层液面在原来的高度。40~60 min后，不再有水生成，即表示完成反应。停止加热，记录分出的水量。

（3）将分水器分出的酯层和反应液一起倒入分液漏斗中，用10 mL饱和氯化钠溶液洗涤，并除去下层水层（除去乙酰丙酸及少量的正丁醇）；有机相继续用10 mL 10%碳酸钠溶液洗涤至中性（除去硫酸）；上层有机相再用10 mL饱和氯化钠溶液洗涤除去溶于酯中的少量无机盐，最后将有机层倒入小锥形瓶中，用无水硫酸镁干燥。

2. 乙酰丙酸正丁酯含量分析

采用Agilent 6890N型气相色谱仪分析乙酰丙酸正丁酯纯度。气相色谱条件：30 m×0.32 mm×0.25 μm HP-5弹性石英毛细管柱，氢火焰离子化（FID）检测器，柱温180 ℃，汽化温度250 ℃，进样温度250 ℃。产物乙酰丙酸正丁酯经标准样品确定。

测定乙酰丙酸正丁酯的保留时间，根据面积归一法，分析初步得到的乙酰丙酸正丁酯含量。

根据气相分析结果，计算产率。

记录实验过程、现象和称量数据。

六、分析与讨论

表4-9-1　乙酰丙酸正丁酯的制备实验记录表

项目	实验数据
乙酰丙酸的质量	
正丁醇的质量	
反应回流时间	
从分水器分出的水量	
乙酰丙酸正丁酯含量(气相分析)	
反应产率	

处理分析实验数据,结合实验操作过程、现象、数据分析结果等,讨论本实验结果。

七、拓展与思考

1.本实验中酯化反应有什么特点?如何加快反应速度?反应条件如何优化?
2.计算此实验反应完全时应分出多少水?
3.若乙酰丙酸与高链醇反应,在本反应中如何提高产品产率?

八、参考文献

[1]赵耿,李莉,杨鑫.超低酸催化体系中生物质基糠醇生成乙酰丙酸正丁酯反应条件的优化[J].信阳师范学院学报(自然科学版),2022,35(4).
[2]杜鼎.有机化学实验与指导[M].3版.北京:中国医药科技出版社,2019.

实验十　废水中铜的回收

世界有色金属资源紧张,我国开发时间较晚,企业初期资金短缺,加上技术落后,对含有金属废水的回收还缺乏认识,因此建立环保型和节约型利用模式显得尤其重要。铜矿的开采、铜的冶炼、铜盐的电解、钢材的加工、铜化合物的生产和应用等过程都会排放大量的含铜废水。回收铜的方法很多，本实验模拟从印刷电路板废液中回收铜，因沉淀法回收铜，铜含量高，水量少，所以采取此法。

一、实验目的

1. 了解重金属废水处理和利用的一般方法。
2. 掌握沉淀法回收铜的基本原理和基本操作。

二、预习要点

1. 回收铜的方法。
2. 铜金属在工业生产中的用途。

三、实验原理

在工业上，常用腐蚀法制作印刷电路板，其反应原理如下：

$$2FeCl_3+Cu=2FeCl_2+CuCl_2$$

铜(Cu)板在三氯化铁的作用下，转为游离态Cu^{2+}而溶解掉。因此，印刷电路板的废液由$CuCl_2$和HCl溶液组成，$CuCl_2$的浓度较高，具有回收利用价值，收回的Cu_2Cl_2常在有机合成领域作为催化剂。本实验根据铜的化学性质，通过加入铁粉将二价铜还原为铜和一价铜，进一步利用一价铜的歧化反应，加入铜粉后使二价铜全部还原成一价铜(Cu_2Cl_2白色沉淀)。为确保反应向Cu_2Cl_2生成方向进行，加入氯化钠，保证溶液保持足够的Cl^-浓度。相关反应如下：

$$2Fe+3Cu^{2+}=2Fe^{2+}+2Cu^++Cu$$

$$2Cu^+=Cu^{2+}+Cu$$

$$Cu+2Cl^-+Cu^{2+}=Cu_2Cl_2\downarrow$$

$$Cu_2O+H_2SO_4(稀)=CuSO_4+Cu+H_2O$$

$$2Cu^{2+}+SO_3^{2-}+2Cl^-+H_2O=Cu_2Cl_2\downarrow+SO_4^{2-}+2H^+$$

四、试剂与仪器

1. 实验试剂

液体药品：$CuCl_2$–HCl废液(自配废液，其中$CuCl_2$浓度为200 $g\cdot L^{-1}$，HCl浓度为130 $g\cdot L^{-1}$)、

硫酸溶液(3%)、浓盐酸。

固体药品：Fe粉或Fe屑、碳酸钠($Na_2CO_3 \cdot 10H_2O$)、亚硫酸钠、氯化钠。

2. 实验材料和仪器

加热装置、抽滤装置、试管、烧杯、量筒、胶头滴管等。

五、实验步骤

(1)用量筒量取60 mL $CuCl_2$-HCl废液，倒入250 mL的烧杯中，加入60 mL水稀释。

(2)加入$Na_2CO_3 \cdot 10H_2O$约10 g，直至HCl被中和完。

(3)加热到约80 ℃，边加热边搅拌，分批次缓慢加入9 g左右的铁粉，以防溶液溢出烧杯，直到溶液颜色变为浅绿色，取2滴清液滴入盛有1 mL水的小试管中，无白色沉淀方可停止加入铁粉。

(4)抽滤，将滤渣移到原烧杯中，加10 mL水和3%的稀硫酸溶液25 mL，加热直至无细小气泡产生，抽滤，洗涤滤渣得到红棕色铜粉备用。

(5)用量筒量取40 mL $CuCl_2$-HCl废液，倒入250 mL烧杯中，加40 mL水稀释，加入$Na_2CO_3 \cdot 10H_2O$约10 g，直至HCl被完全中和。

(6)放入上述铜粉，加热到约80 ℃，在加热搅拌情况下，分批次缓慢加入10 g左右氯化钠，直至溶液呈浅棕色。

(7)抽滤，滤渣回收，滤液导入已加有1 g左右亚硫酸钠和2 mL浓盐酸的1 L水中，搅拌后抽滤，即得到Cu_2Cl_2白色沉淀。

(8)将白色沉淀转移到小烧杯中，放入干燥器内，24 h后称重。

记录实验过程、现象和称量数据。

六、分析与讨论

处理分析实验数据，结合实验操作过程、现象、数据分析结果等，讨论本实验结果。

用下式计算回收率η：

$$\eta = \frac{m_1}{m_2} \times 100\%$$

式中：m_1—白色沉淀的质量，g；

m_2—原样本中溶液$CuCl_2$折算后的质量，g。

七、拓展与思考

1. 除本实验介绍的操作方法，还有哪些方法可制备氯化亚铜？
2. 本实验操作时应注意什么？

八、参考文献

[1]李元.环境科学实验教程[M].北京：中国环境科学出版社，2007.
[2]杨胜科，席临平，易秀.环境科学实验技术[M].北京：化学工业出版社，2008.
[3]张海波.环境分析化学实验[M].武汉：湖北科学技术出版社，2013.
[4]王刚.环境科学专业化学类实验教程[M].北京：中国铁道出版社有限公司，2019.

实验十一　土壤中Pb、Cd的含量及其对种子、幼苗的影响

在现实的工业、交通、农业生活中，特别是矿藏企业的开采和冶金，给水域和土壤带来了大量的重金属，这势必会对生物的生长发育造成不好的影响。在种子萌发过程中，重金属Pb、Cd会影响相关酶系的活性，进而破坏种子萌发的代谢过程，降低发芽率，也进一步影响幼苗的生长发育。

一、实验目的

掌握用原子吸收法测定植物体中Pb、Cd含量的方法；观察不同浓度的重金属对种子萌发和幼苗生长发育的影响。

二、预习要点

1. 重金属对植物生长的影响。
2. 重金属的概念，以及包含的金属种类。

三、实验原理

通过消化处理将同一块农田的土壤中各种形态的重金属转化为离子态，用原子吸收分光光度法测定重金属的含量（测定条件见表4-11-1）。种子发芽率是指在适宜的条件下，在规定的天数内，发芽的种子数占供试种子数的百分率，是决定种子品质和实用价值的主要依据。种子萌发是植物繁殖后代的关键性步骤，也是评价种子质量的依据。因此，有必要测量种子的发芽率。

表4-11-1　原子吸收分光光度法测定重金属

测定条件	Pb	Cd
测定波长/nm	283.3	228.8
检测范围/($mg \cdot mL^{-1}$)	0.1~10	0.05~1.0

四、实验用品

1. 实验材料和试剂

液体药品：硝酸（0.02%、0.2%、浓）、浓硫酸（优级纯）、金属标准储备液（准确称取0.5000 g光谱纯金属，用适量的1∶1硝酸溶液溶解，必要时加热至完全溶解。用水稀释至500.0 mL，即得浓度为1.00 $mg \cdot mL^{-1}$的标准储备液）、混合标准溶液（用0.2%硝酸稀释金属标准储备液配制而成，使该混合溶液中Cd、Pb的浓度分别为100.0 $\mu g \cdot mL^{-1}$、10.0 $\mu g \cdot mL^{-1}$）、次氯酸钠（5%）。

固体药品：醋酸铅、氯化镉。

2. 实验仪器

小麦种子；恒温箱、白瓷盘、直尺、镊子、滤纸、烧杯、培养皿、移液管、容量瓶、分析天平、原子吸收分光光度计、漏斗、表面皿等。

五、实验步骤

(一)土壤样品中Pb、Cd金属含量的测定

1. 土壤样品的制备

(1)土壤的采集。在粮食生长季节，从田间取回土样，倒在塑料薄膜上，晒至半干，将土块压碎，除去残根、杂物，铺成薄层，放在阴凉处，经常翻动，使其慢慢风干。风干土样用

有机玻璃棒或木棒碾碎后，经2 mm尼龙筛，去掉2 mm以上的沙砾和植物残体。将上述风干细土反复按四分法分取，最后留下约100 g土样，再进一步磨细，过100目筛，装于瓶中，取20~30 g土样，装入瓶中，在105 ℃下烘5 h左右至恒重。

（2）土样的消解。准确称取烘干土样0.4800~0.5200 g两份，分别置于烧杯中，加少许水润湿，加入1∶1硫酸溶液4 mL、浓硝酸1 mL，盖上表面皿，加热至冒白烟。如消解液呈深黄色，可取下稍冷，滴加硝酸溶液后再加热至冒白烟，直至土壤变白。取下烧杯后，用水冲洗表面皿和烧杯壁。将消解液用滤纸过滤至25 mL容量瓶中，加水稀释至刻度，摇匀备用，同时做一组空白实验。

2. 标准曲线的绘制

分别在6只100 mL容量瓶中加入0 mL、0.50 mL、1.00 mL、3.00 mL、5.00 mL、10.00 mL混合标准溶液，用0.2%硝酸溶液稀释定容。此系列混合标准溶液的金属浓度见表4-11-2。按表4-11-1所列的条件调好仪器，用0.02%硝酸溶液调零，测定系列标准溶液的吸光度。

用经空白校正的各标准溶液的吸光度对相应的浓度作图，绘制标准曲线。

表4-11-2　系列标准溶液的配制

混合标准溶液体积/mL	Cd浓度/($\mu g \cdot mL^{-1}$)	Pb浓度/($\mu g \cdot mL^{-1}$)
0	0	0
0.50	0.05	0.50
1.00	0.10	1.00
3.00	0.30	3.00
5.00	0.50	5.00
10.00	1.00	10.00

按照与系列标准溶液相同的测定步骤测定空白样和试样的吸光度，记录数据。扣除空白值后，从标准曲线上查出试样中的金属浓度。

（二）重金属Pb、Cd对种子、幼苗的影响

1. 重金属溶液的配制

以氯化镉为例，先配制出100 $mg \cdot L^{-1}$的镉溶液，然后再稀释为所需的浓度。准确称取200.3 mg氯化镉溶于水，定容到1 L，即为100 $mg \cdot L^{-1}$的镉溶液。

2. 小麦种子的预处理

取颗粒饱满、大小均匀的小麦种子置于盆内，用自来水冲洗2~3次，用5%的次氯酸钠溶液消毒4~5 min，再用自来水清洗数次，于30 ℃的温水中浸泡30 min。

3. 小麦种子的重金属处理及培养

用100 $mg\cdot L^{-1}$镉溶液配制5 $mg\cdot L^{-1}$、10 $mg\cdot L^{-1}$、25 $mg\cdot L^{-1}$、50 $mg\cdot L^{-1}$ 4个浓度的镉溶液，取干净培养皿5套，分别加入蒸馏水和各浓度的镉溶液10 mL，在每个培养皿中加入一张滤纸，用镊子夹取预处理的小麦种子50粒放入，盖好培养皿，置于30 ℃恒温箱中培养，同时用蒸馏水做对照实验。

4. 观察

培养2 d、4 d、6 d、7 d、11 d，观察小麦种子发芽及幼苗生长情况。测定已发芽的种子的平均粒数、平均根长和平均芽长并记录在表4-11-3。

表4-11-3　实验记录表(第×天)

项目	实验组别				
	1(对照)	2	3	4	5
镉处理浓度/($mg\cdot L^{-1}$)	0	5	10	25	50
发芽种子数					
发芽率/%					
平均芽长/mm					
平均根数					
平均根长/mm					
发芽率变化百分数/%					
平均芽长变化百分数/%					
平均根数变化百分数/%					
平均根长变化百分数/%					

六、分析与讨论

处理分析实验数据，结合实验操作过程、现象、数据分析结果等，讨论本实验结果。

由测定所得吸光度，分别从标准曲线上查得待测试液中金属的浓度，按下式计算样品中被测元素的含量($\mu g\cdot g^{-1}$)：

$$被测元素含量=\frac{\rho V}{W}$$

式中：ρ—待测试液的浓度，$\mu g\cdot mL^{-1}$；

V—试液的体积，mL；

W—样品的实际重量，g。

七、拓展与思考

1. 重金属Pb、Cd对小麦种子发芽及幼苗生长到底有什么影响?
2. 制备土样样品还有其他方法吗?

八、参考文献

[1]李元.环境科学实验教程[M].北京:中国环境科学出版社,2007.
[2]杨胜科,席临平,易秀.环境科学实验技术[M].北京:化学工业出版社,2008.
[3]张海波.环境分析化学实验[M].武汉:湖北科学技术出版社,2013.
[4]王刚.环境科学专业化学类实验教程[M].北京:中国铁道出版社有限公司,2019.
[5]钟文辉.环境科学与工程实验教程[M].北京:高等教育出版社,2013.

第五章

设计实验

实验一　$Y_2O_3:Eu^{3+}$红色荧光粉的水热合成及发光性能研究

$Y_2O_3:Eu^{3+}$是一种光致发光材料，其中Y_2O_3为基质，Eu^{3+}为发光中心。$Y_2O_3:Eu^{3+}$荧光粉作为在荧光显示和阴极射线管中的主要材料，一直受到人们的极大关注，具有效率高、发光强等优点。研究表明，制备$Y_2O_3:Eu^{3+}$材料的实验条件包括实验方法、反应温度、矿化剂、Eu^{3+}掺杂浓度等对材料结构、尺寸、形貌及发光性能有着重要的影响。本实验以硝酸盐为原料，采用水热法合成$Y_2O_3:Eu^{3+}$材料，研究其发光性能，开阔科技视野，培养综合实验技能及设计实验的能力。

一、实验目的

1. 掌握采用水热法制备$Y_2O_3:Eu^{3+}$荧光纳米晶的实验方法。
2. 掌握烘箱、马弗炉、光谱仪的使用方法。
3. 了解微纳米发光材料的表征手段，能够对材料的激发光谱、发射光谱进行分析。
4. 培养独立设计实验的能力。

二、预习要点

1. 纳米材料、纳米效应、光致发光的定义及发光的原理。
2. 水热法制备纳米材料的装置，以此法制备的纳米材料产品的特点。
3. 什么是上转换及下转换发光材料？调研$Y_2O_3:Eu^{3+}$荧光粉的光谱特性。

三、实验原理

$Y_2O_3:Eu^{3+}$纳米材料的水热合成：水热法合成是指在密封的压力容器中，以水作为溶剂，在高温高压的条件下利用物质之间的化学反应进行合成的一种方法。水热法制得的粉体具有晶粒发育完整、粒度小、分布均匀、颗粒团聚较轻等优点。实验中采用硝酸盐[$Y(NO_3)_3$和$Eu(NO_3)_3$]与碱（NaOH、$NH_3\cdot H_2O$等）在聚四氟乙烯为衬底的高压反应釜中进行水热反应制备前驱体$Y(OH)_3$，将前驱体洗涤、干燥后在适当的温度下焙烧，最终制得$Y_2O_3:Eu^{3+}$荧光材料。

四、实验用品

1. 实验试剂

液体药品：氨水、无水乙醇。

固体药品：$Y(NO_3)_3 \cdot 5H_2O$、$Eu(NO_3)3 \cdot 5H_2O$、NaOH。

2. 实验材料和仪器

不锈钢压力反应釜（聚四氟乙烯内衬，100 mL）、分析天平、磁力搅拌器、烘箱、离心机、马弗炉、荧光光谱仪等。

五、实验步骤

（一）基本实验方法

1. 探究影响材料发光性能因素的实验方案设计

（1）对水热法制备 $Y_2O_3:Eu^{3+}$ 纳米晶的文献资料进行调研，了解基质 Y_2O_3 和发光中心 Eu^{3+} 的特点及复合材料的发光原理。

（2）分析整理能够影响材料发光性能的因素，在此基础上结合实验室条件提出可以规律性改变的实验条件（反应物浓度、反应pH值、水热温度、焙烧温度、Eu^{3+} 浓度等），根据调研分析结果确定实验方案。

2. $Y_2O_3:Eu^{3+}$ 纳米材料的水热合成

首先用分析天平称量一定量的 $Y(NO_3)_3 \cdot 5H_2O$、$Eu(NO_3)_3 \cdot 5H_2O$ 和NaOH固体粉末，将其均配置成0.2 $mol \cdot L^{-1}$ 的水溶液。按照实验设计的 Eu^{3+} 掺杂量（1%、2%、5%、10%等）取一定量体积的 $Y(NO_3)_3$ 和 $Eu(NO_3)_3$ 溶液置于烧杯中，搅拌均匀，在搅拌的状态下滴加NaOH溶液调节pH值为12左右，充分搅拌后，倒入聚四氟乙烯内衬的反应釜中，分别以设计的温度（120 ℃、150 ℃、180 ℃、200 ℃等）恒温数小时（5 h、8 h、12 h、18 h等）。冷却后，倒去清夜，离心，收集沉淀物。利用去离子水洗涤样品2次，将得到的白色沉淀物于80 ℃真空干燥，得到 $Y(OH)_3$ 白色粉末。最后，将 $Y(OH)_3$ 粉末于适当的温度（500 ℃、800 ℃、1000 ℃）退火2小时，获得 $Y_2O_3:Eu^{3+}$ 材料。

3. $Y_2O_3:Eu^{3+}$ 纳米材料的表征

利用X射线粉末衍射仪（XRD）分析合成的 $Y_2O_3:Eu^{3+}$ 纳米材料的晶型结构；通过透射电子显微镜（TEM）观察 $Y_2O_3:Eu^{3+}$ 纳米材料的形貌，以及测量其微粒的尺寸。根据傅里叶红外光谱（FTIR）利用紫外灯（254 nm、365 nm）激发样品，肉眼观察对比各系列（不同掺杂浓度、不同水热温度、不同焙烧温度）Y_2O_3∶Eu^{3+}材料的发光情况（颜色、强度）。材料的室温激发和发射光谱可以用氙灯作为激发源，用荧光光谱仪测量。

（二）实验设计与实施

实验设计：

绘制图表：

预测交流：

测试评价：

六、分析与结论

观察解释：

得出结论：

深入探索：

七、拓展与思考

1.Y_2O_3∶Eu^{3+}样品是一种下转化发光材料，查阅文献说明上转换材料发光的原理。

2.用紫外灯激发Y_2O_3∶Eu^{3+}样品，材料发光，停止激发，发光现象立刻消失，是否存在激发停止后仍可继续发光的物质？

八、参考文献

[1]SONG H M, CHEN B J, PENG H S, et al. Light-induced change of charge transfer band in nanocrystalline Y_2O_3:Eu^{3+}[J]. Applied Physics Letters, 2002, 81(10).

[2]刘桂霞,刘姝君,董相廷,等.水热法制备多层核壳结构Gd_2O_3:Eu^{3+}空心微球[J].无机化学学报,2010,26(1).

[3]张立振,王子豪,黄娇,等.高长径比Eu^{3+}掺杂Y_2O_3荧光陶瓷纤维的制备及其发光性能[J].发光学报,2021,42(12).

实验二　微波法合成纳米氧化锌及含量测定

纳米氧化锌是一种多功能性的新型无机材料,其颗粒大小为1~100 nm。由于晶粒的细微化,其表面电子结构和晶体结构发生变化,产生了宏观物体所不具有的表面效应、体积效应、量子尺寸效应和宏观隧道效应,具有高透明度、高分散性等特点。近年来发现它在催化、光学、磁学、力学等方面展现出许多特殊功能,可用作紫外光遮蔽材料、抗菌剂、荧光材料、光催化材料等,在陶瓷、化工、电子、光学、生物、医药等许多领域有重要的应用价值,前景十分广阔。

一、实验目的

1.了解纳米氧化锌的基本性质及主要应用。

2.了解纳米氧化锌的微波合成原理和方法。

3.掌握氧化锌含量的测定方法。

二、预习要点

1.氧化锌的制备方法。

2.微波辐射反应的特点。

3.熟悉洗涤、过滤、蒸发、结晶、滴定等基本操作。

三、实验原理

氧化锌俗称锌白，化学式为 ZnO，是白色粉末或六角晶系结晶体，无味，难溶于水，可溶于酸和强碱。受热变为黄色，冷却后又变为白色，加热至 1800 ℃时升华。纳米级氧化锌同时具有纳米材料和传统氧化锌的双重特性。纳米氧化锌，是白色六方晶系结晶或球形粒子，其颗粒大小为 1~100 nm，平均粒径 50 nm，比表面积大于 $4\ m^2 \cdot g^{-1}$，具有极高的化学活性及优异的催化性和光催化活性。

纳米氧化锌的制备方法可以分为液相法、气相法和固相法。其中液相法是实验室和工业生产广泛采用的制备纳米粉体的方法。液相法根据具体处理方法的不同，又可分为化学沉淀法、溶胶-凝胶法、水热法、微乳液法以及微波法等。但这些方法通常高能耗，需要复杂的设备或较为苛刻的反应条件，如高温高压、较长的反应时间等。

1. 化学沉淀法

化学沉淀法是在原料溶液中添加适量的沉淀剂，使溶液中的金属阳离子形成相应的沉淀（沉淀颗粒的大小和形状由反应条件来控制），然后再经过滤、洗涤、干燥、热分解等工艺获得纳米粉体。

2. 溶胶-凝胶法

它是以无机盐或金属醇盐为前驱物，经水解缩聚过程逐渐胶化，然后做相应的处理而得到所需的纳米粉体。

3. 微乳液法

它是由水、油（有机溶剂）、表面活性剂及其辅助剂组成的透明或半透明的各向同性的热力学稳定体系，其中水被表面活性剂及其辅助剂单层包裹形成“微水池”，被用作反应介质，称为“微型反应器”，通过控制微水池的尺寸来控制粉体的大小，从而制备纳米粉体。

4. 水热法

水热法是在密闭容器中，以水为溶剂，在一定的温度和水的自生压强下，原始混合物进行反应的一种合成法。由于反应在高温高压及水热条件下，水接近临界状态，反应物质在水中的物理性质与化学反应性能发生了很大变化，因此该方法成为一种超细粉体的湿化学制备方法。

5. 微波法

微波是频率为 300 MHz~300 GHz、波长在 1 mm~1 m 的电磁波。微波法是一种新兴的合成方法，和传统方法相比，具有加热速度快、加热均匀、选择性加热以及高效率、低能耗等优点。微波辐射有 3 个特点：一是在大量离子存在时能快速加热，二是快速达到反应温度，三是起着分子水平意义上的搅拌作用。

本实验以氯化锌为锌源，碳酸钠为矿化剂，水为溶剂，将氯化锌粉体和碳酸钠粉体在水浴的情况下搅拌使其混合均匀，生成前驱体碱式碳酸锌，然后在微波加热条件下反应10 min分解为白色粉末纳米氧化锌。与传统方法相比，反应时间大大缩短。

反应方程式如下：

$$ZnCl_2+Na_2CO_3 = ZnCO_3+2NaCl$$

$$ZnCO_3 = ZnO+CO_2\uparrow$$

四、实验用品

1. 实验试剂

液体药品：HCl（6 mol·L^{-1}）、无水乙醇、$NH_3·H_2O$（1∶1）、NH_3–NH_4Cl缓冲溶液（pH≈10）、铬黑T指示剂、EDTA标准溶液（0.0100 mol·L^{-1}）

固体药品：$ZnCl_2$、Na_2CO_3。

2. 实验材料和仪器

常用微波炉、台秤、分析天平（精度0.0001 g）、烧杯、表面皿、抽滤瓶、布氏漏斗、量筒、真空泵、锥形瓶、滴定管等。

五、实验步骤

（一）基本实验方法

1. 合成纳米ZnO

称取0.5000 g $ZnCl_2$于50 mL烧杯中，加2 g Na_2CO_3，再加入30.0 mL水搅拌，溶解成均相溶液后用盖子盖好。将其置入家用微波炉中，低火加热10 min。

自然冷却至室温，抽滤，滤饼依次用无水乙醇和蒸馏水各洗涤3次，于60 ℃真空干燥4 h得白色晶体。称重，计算产率。

2. ZnO含量测定

用分析天平称取0.15~0.3 g样品，用6 mol·L^{-1}的盐酸微热溶解，溶解后完全转移至250 mL的容量瓶中，用蒸馏水稀释至刻度，摇匀。

用25 mL的移液管移取配置好的Zn^{2+}溶液于250 mL的锥形瓶中，用胶头滴管滴加1∶1的$NH_3·H_2O$至溶液中刚好出现白色沉淀为止，加入10 mL NH_3–NH_4Cl缓冲溶液，调节溶液pH值到10左右，摇匀，加入20 mL蒸馏水，滴加3滴铬黑T指示剂，振荡摇匀，用已标定的准确浓度的EDTA标准溶液滴定至溶液由酒红色变为纯蓝色即为终点。平行标定3次，记录消耗的EDTA标准溶液的体积，计算ZnO的含量。

（二）实验设计与实施

实验设计：

绘制图表：

预测交流：

测试评价：

表5-2-1　ZnO制备的数据记录表

$ZnCl_2$/g	Na_2CO_3/g	产品/g	产率/%

表5-2-2　ZnO含量测定记录表

Zn^{2+}溶液/mL	消耗EDTA标准溶液的体积/mL	ZnO含量/%

m_{ZnO}=___________g

$V_{Zn^{2+}}$=___________mL

$V_{蒸馏水}$=___________mL

六、分析与结论

观察解释：

得出结论：

深入探索：

七、注意事项

1. 晶体最好洗涤至近中性时再抽滤，否则最后会得到一些副产物杂质。

2. 在微波炉内不能使用金属，以免产生火花。微波对人体有危害，炉门一定要关紧后才可以加热，以免微波泄漏而伤人。

八、拓展与思考

1. 还有哪些制备氧化锌的方法？试举例。

2. 为什么微波加热能显著缩短反应时间？使用微波炉要注意哪些事项？

九、参考文献

[1]孟长功，辛剑.基础化学实验[M].2版.北京：高等教育出版社，2009.

[2]邓崇海，胡寒梅，韩成良，等.微波法合成氧化锌纳米棒[J].合成化学，2008，16(3).

[3]柳艳修，林丹，柳文甲，等.微波辅助法合成纳米ZnO及性能研究进展[J].化学工程师，2017(5).

[4]汤敏，傅敏，胡泽善.纳米氧化锌制备方法研究进展[J].重庆工商大学学报(自然科学版)，2008，25(3).

实验三　香蕉油催化制备的对比研究

无色透明的乙酸异戊酯，俗称香蕉油，有较强的似梨、香蕉、苹果香味，天然存在于苹果、香蕉、菠萝、草莓等水果中，广泛用作各种食品、烟草、化妆品等的香精。香蕉油可以作为溶剂,用于提取人造丝、染料,还是制造喷漆溶剂、稀释剂的主要成分之一。乙酸异戊酯主要通过异戊醇和乙酸催化合成,浓硫酸是常用的催化剂,由于酯化反应可逆、浓硫酸用量较多,导致副产物较多,乙酸异戊酯产率不理想,因此人们一直在不断改良实验条件。

目前主要采用的催化剂有对甲苯磺酸、硫酸盐、无水三氯化铁、杂多酸等,各类催化剂各有优缺点。对氨基苯磺酸为白色或灰白色的结晶或粉末,有明显的酸性而氧化性很弱,常温易溶于碳酸盐等碱性溶液中,受热后在常见质子性溶剂中溶解度大。

结合文献,本实验设计分别以对氨基苯磺酸和浓硫酸为催化剂,对比研究两种催化剂对合成乙酸异戊酯的影响。

一、实验目的

1. 掌握酸催化酯化反应的原理。
2. 掌握回流、萃取、洗涤、干燥、蒸馏等实验技术。

二、预习要点

1. 学习酯化反应原理,编制实验流程。
2. 查阅乙酸异戊酯、异戊醇和对氨基苯磺酸的物理化学性质。

三、实验原理

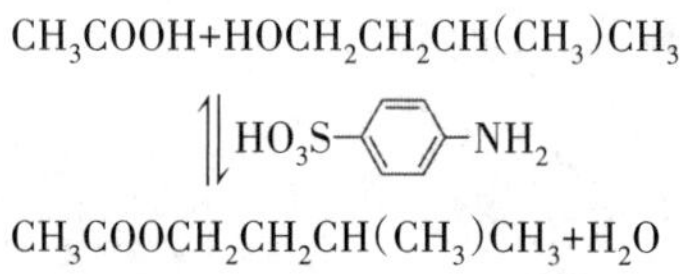

酯化反应是可逆的,本实验采取一种原料过量的方式,使反应不断向生成物方向进行,提高酯的产率。实验中,分别以对氨基苯磺酸和浓硫酸作为催化剂,主要目的是使羧基中的氧质子化,促进醇羟基的氧与羧基中的双键碳进行亲核加成。

四、实验用品

1. 实验试剂

液体药品:异戊醇、冰醋酸、对氨基苯磺酸、浓硫酸、$NaHCO_3$ 溶液(5%)、饱和 NaCl 溶液。

固体药品:无水 MgSO4。

2. 实验材料和仪器

圆底烧瓶、球形和直形冷凝管、温度计、分液漏斗、锥形瓶、普通漏斗、沸石等。

五、实验步骤

(一)浓硫酸作为催化剂的实验方法

(1)向50 mL单口圆底烧瓶装入6.5 mL异戊醇、4.5 mL冰醋酸,摇动,慢慢加入1.3 mL浓硫酸,混合均匀后加入3粒沸石。

(2)安装反应装置(包括球形冷凝管等),小火加热回流1 h。

(3)冷却,转移到分液漏斗,用15 mL水洗涤烧瓶,合并转移到分液漏斗。分液,有机相用2×8 mL 5%$NaHCO_3$溶液洗涤(水层pH>7)。用5 mL饱和NaCl溶液洗涤,将有机相转移到锥形瓶。加入0.5~1 g无水$MgSO_4$干燥5~10 min。

(4)安装蒸馏装置,干燥后,将有机混合物通过带棉花球的漏斗转移到圆底烧瓶,蒸馏,收集138~143 ℃馏分。

(二)对氨基苯磺酸作为催化剂的实验方法

(1)向50 mL单口圆底烧瓶装入6.5 mL异戊醇、4.5 mL冰醋酸、0.9 g对氨基苯磺酸、3粒沸石,混合均匀。

(2)安装反应装置(包括球形冷凝管等),小火加热回流1 h。

其余分离步骤同上。

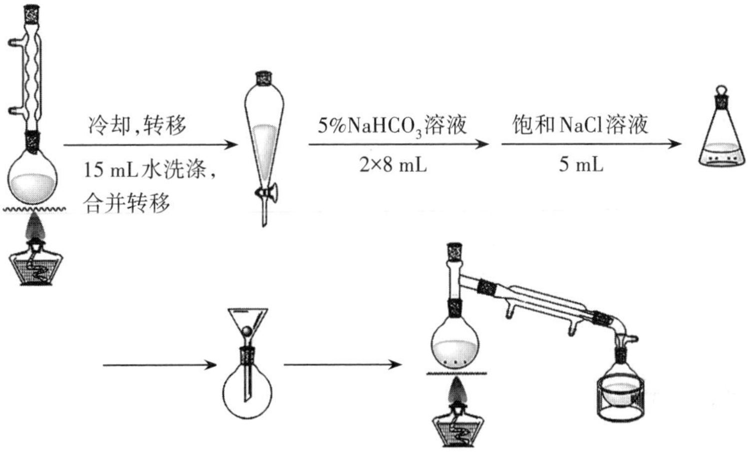

图5-3-1 实验装置和流程

(二)实验设计与实施

实验设计：

绘制图表：

预测交流：

测试评价：

表5-3-1　产率评价记录表

以浓硫酸作为催化剂的产率	以对氨基苯磺酸作为催化剂的产率

六、分析与结论

观察解释：

得出结论：

深入探索：

七、拓展与思考

1. 对比实验中为何要在摇动下缓缓加入浓硫酸？
2. 合成实验中，乙酸过量有什么优势？
3. 洗涤时碳酸氢钠和氯化钠溶液的作用有哪些？

4. 蒸馏分离香蕉油过程中，130~136 ℃馏分，可能主要是什么物质？

5. 比较两次实验数据，对比讨论两种催化剂对合成香蕉油的影响。

八、参考文献

[1]赵卫星.对氨基苯磺酸催化合成乙酸异戊酯[J].应用化工，2015，44(4).

[2]曾昭琼.有机化学实验[M].3版.北京：高等教育出版社，2000.

[3]兰州大学.有机化学实验[M].4版.北京：高等教育出版社，2017.

[4]訾俊峰，周伦.复合无机盐 $CuSO_4/Fe_2(SO_4)_3$ 催化合成乙酸异戊酯[J].工业催化，2014，22(5).

实验四　降解废饮料瓶制备对苯二甲酸

目前，市场上大量碳酸饮料、矿泉水、食用油等产品包装瓶几乎都是用聚对苯二甲酸乙二醇酯(PET，简称聚酯)制作的。随着聚酯工业的快速发展，由此产生的废弃聚酯日益增多，废旧聚酯瓶进入环境，不能自发降解，将造成严重的环境污染和资源浪费。因此，如何有效地循环利用废旧聚酯瓶是一项非常重要、非常有意义的工作。废PET经化学解聚可得到对苯二甲酸(TA)及乙二醇(EG)，而TA和EG是制备PET的初始原料，因此有效地降解废PET可形成资源的循环利用，有效治理污染。

一、实验目的

1. 了解聚对苯二甲酸乙二醇酯瓶的降解方法及原理。

2. 掌握乙二醇醇解PET瓶的实验方法。

二、预习要点

1. 酯类化合物水解、醇解和氨解的历程。

2. 聚酯类化合物常见的降解方法。

三、实验原理

PET的化学降解主要有3种工艺：水解、醇解和氨解。研究表明，PET水解需要在强酸强碱条件下进行，易腐蚀设备、污染环境；PET在甲醇、乙醇中降解需要高压设备，反应时间长，转化率低，且产物含有一定的低聚物；PET氨解法降解速率虽快，但污染较大。有研究报道，用乙二醇降解PET为常压反应，在200 ℃左右，3 h即可实现PET的降解。近年来，在乙二醇醇解的基础上，在反应体系中加入路易斯碱，可催化降解反应。此法工艺相对简单，反应速率快。

本实验以乙二醇为溶剂，以氧化锌为催化剂，在弱碱性条件下加热降解废聚酯塑料，得到的解聚产物经酸化后得到对苯二甲酸。

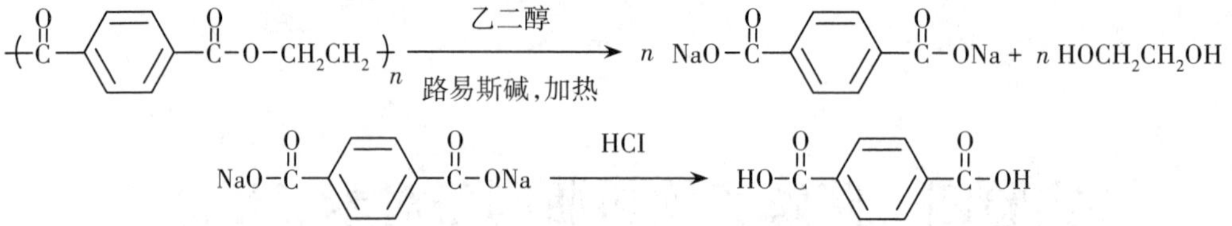

对苯二甲酸常温下为白色晶体或粉末，熔点425 ℃（分解），300 ℃以上升华，常温下难溶于水。对苯二甲酸的红外光谱，在3103~2545 cm^{-1}的宽峰为羧酸的—OH伸缩振动峰；在1689 cm^{-1}处为羧基（C=O）的伸缩振动峰；在1462 cm^{-1}处为芳环的骨架振动峰；在1286 cm^{-1}、1114 cm^{-1}处为C—O的伸缩振动峰；在882 cm^{-1}处为苯环的对位取代吸收峰。

四、实验用品

1. 实验试剂

液体药品：乙二醇、浓盐酸。

固体药品：氧化锌、碳酸氢钠。

2. 实验材料和仪器

废饮料瓶碎片（聚对苯二甲酸乙二醇酯）；机械搅拌器、循环水泵、电热套、球形冷凝管、直形冷凝管、接液管、锥形瓶、三颈瓶（100 mL）、温度计（300 ℃）、量筒（10 mL、100 mL）、抽滤装置、烧杯（100 mL、250 mL、500 mL）、洗瓶、表面皿、滤纸、pH试纸等。

五、实验步骤

（一）基本实验方法

1. 废饮料瓶降解

在100 mL三颈瓶上安装球形冷凝管、机械搅拌器和温度计，然后依次加入5.00 g废饮料瓶碎片、0.05 g氧化锌、5 g碳酸氢钠和25 mL乙二醇。加毕，缓慢搅拌，用电热套加热，10 min内使反应液温度升到130 ℃，体系开始激烈反应并有气体逸出。继续升温反应，PET逐步分解，于5 min内将温度升至180 ℃（不超过185 ℃）。在此温度下反应15 min。反应完毕，体系呈白色稠浆状。冷却至160 ℃左右停止搅拌，将搅拌回流装置改成搅拌蒸馏装置，水泵减压，加热蒸去乙二醇，蒸馏15 min后停止加热，稍冷后解除真空，记录乙二醇的沸点及回收体积。

向三颈瓶中加入50 mL沸水，搅拌，使三颈瓶中的残留物溶解，溶液温度维持在60 ℃左右（可用水浴保温，加速溶解），5 min左右即可溶完（溶液中可能尚有少量白色不溶物及未反应的PET）。拆除装置，将三颈瓶中的混合物用布氏漏斗抽滤，除去少量不溶物。滤毕，用25 mL热水洗涤三颈瓶和滤纸，记录滤液颜色。将滤液转移至500 mL烧杯中，用25 mL水荡洗抽滤瓶并倒入烧杯中，再添加水使溶液总体积达200 mL，加入2粒沸石，将烧杯置于电热套中，加热煮沸。停止加热，取出沸石后趁热边搅拌边用8~10 mL（1+1）HCl酸化至pH=5~6。酸化结束，体系呈白色糨糊状。冷至室温后再用冰水冷却。用布氏漏斗抽滤，滤饼用蒸馏水洗涤数次，每次25 mL，洗至滤出液pH=6，抽干。将滤饼置于表面皿上摊开，干燥后称重。记录降解产物对苯二甲酸的外观及产量，并计算回收率。

2. 降解产物对苯二甲酸的鉴定

用KBr压片法做降解产物的红外光谱，指出各主要吸收特征峰对应的官能团，并与对苯二甲酸的标准谱图比较。

（二）实验设计与实施

实验设计：

绘制图表：

预测交流：

测试评价：

表5-4-1　对苯二甲酸的降解数据记录

物质	外观	产量	回收率/%
对苯二甲酸			

表5-4-2　对苯二甲酸的鉴定数据记录

官能团	波长/nm

六、分析与结论

观察解释：

得出结论：

深入探索：

七、拓展与思考

1.查阅文献，总结降解PET的方法还有哪些。
2.设计通过水解反应进行PET降解的实验过程。
3.对比水解和醇解两种降解方法的效果，筛选能应用于工业降解的方法。

八、参考文献

[1]申金山，马子川，范小振.化学实验(下)[M].2版.北京：化学工业出版社，2016.

[2]陈世明,余天石,吕亚淑,等.回收利用聚酯醇解废液降解PET聚酯研究[J].化工新型材料,2016,44(1).

[3]EFSTRATIOS N,PHAEDRA D,VESELIN M,et al.Discovery and biochemical characterization of a novel polyesterase for the degradation of synthetic plastics[J].Chemistry Proceedings, 2020,2(1).

实验五　菠菜色素的提取和分离

提纯混有杂质的有机物的方法很多,但基本原理是利用有机物与杂质物理性质的差异而将它们分离,其中色谱法是分离和提纯有机物方便且有效的方法。利用吸附剂对不同有机物的吸附作用不同,分离、提纯有机物的方法叫色谱法,常用的吸附剂有碳酸钙、硅胶、氧化铝、活性炭等。

一、实验目的

1.了解色谱法的基本原理及实用意义。

2.掌握用色谱法分离化合物的操作方法。

二、预习要点

1.提纯混有杂质的有机物的方法。

2.色谱法分离化合物的原理。

三、实验原理

柱色谱是在色谱柱中装入作为固定相的吸附剂(硅胶或氧化铝),混合物以溶液状态加在柱的顶端,用一个适当的溶剂通过柱子淋洗,其组分以不同的速率往下移动,于是形成不同层次,分开的组分可以分别洗出收集。

绿色植物如菠菜叶的中含有叶绿素(绿色)、胡萝卜素(橙色)和叶黄素(黄色)等多种天然色素。叶绿素有两种相似结构,即叶绿素a和叶绿素b,其差别仅是叶绿素a中一个甲基被叶绿素b中的甲酰基所取代，它们都是吡咯衍生物与金属镁的络合物，是植物进行光合作用所必需的催化剂。植物中叶绿素a的含量通常是叶绿素b的3倍，尽管叶绿素分子中含有一些极性集团，但大的烃基结构使它易溶于乙醚、石油醚等一些非极性溶剂。

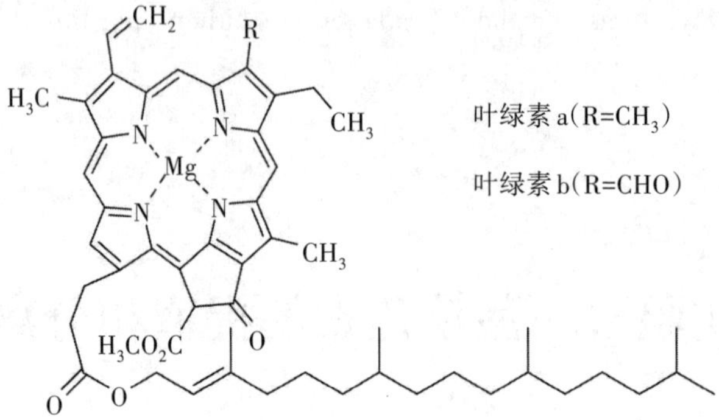

叶绿素a($R=CH_3$)

叶绿素b($R=CHO$)

胡萝卜素是具有长链结构的共轭多烯。它有3种异构体，既α-胡萝卜素、β-胡萝卜素和γ-胡萝卜素，其中，β-胡萝卜素含量最多，也最重要。生长期较长的绿色植物中，异构体中β-胡萝卜素的含量多达90%。β-胡萝卜素具有维生素A的生理活性。

α-胡萝卜素

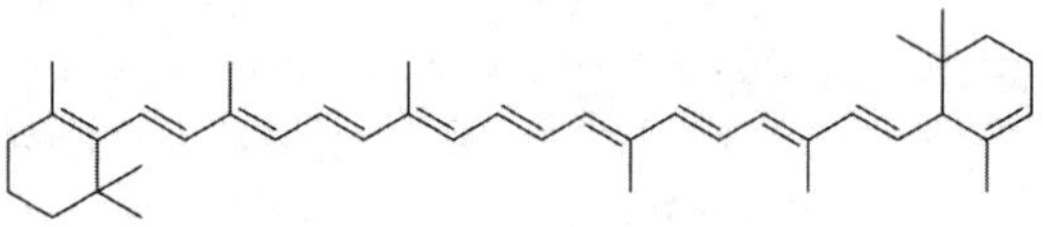

β-胡萝卜素

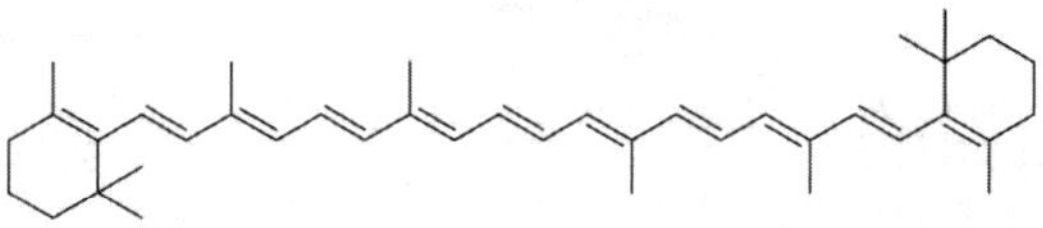

γ-胡萝卜素

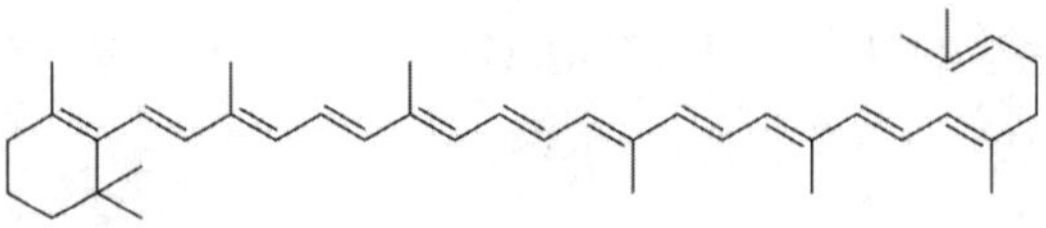

叶黄素是胡萝卜素的羟基衍生物，它在绿叶中的含量通常是胡萝卜素的两倍，与胡萝卜素相比，叶黄素较易溶于醇而在石油醚中的溶解度较小。

叶黄素

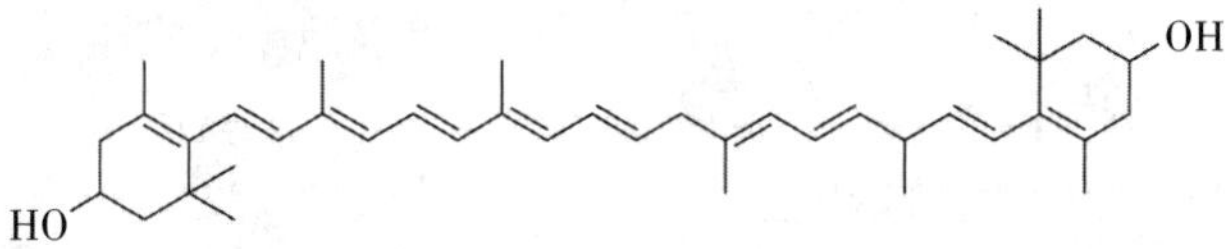

本实验将从菠菜中提取上述几种色素，并通过柱色谱进行分离。

四、实验用品

1. 实验试剂

液体药品：乙醇(95%)、石油醚(60~90 ℃)、丙酮、正丁醇、羧甲基纤维素钠溶液(1%)。

固体药品：无水硫酸钠、中性氧化铝。

2. 实验材料和仪器

菠菜叶、石英砂；色谱柱、分液漏斗、研钵、三角烧瓶、量筒、展开缸、烧杯等。

五、实验步骤

(一)基本实验方法

1. 样品的处理

取5.0 g新鲜的菠菜叶于研钵中捣碎，用30 mL 2∶1的石油醚-乙醇分几次浸取。过滤浸取液，将滤液转移到分液漏斗中，加等体积的水洗一次。洗涤时要轻轻振荡，以防乳化。弃去下层水-乙醇层，石油醚层再用等体积的水洗两次，以除去乙醇和其他水溶性物质；将有机相转移到锥形瓶中，用无水硫酸钠干燥。

2. 装柱

选择一支合适的色谱柱，洗净、晾干，取一薄层脱脂棉，用玻璃棒推至柱底，再加入5 mm左右厚的石英砂，垂直固定在铁架台上，使砂层水平。关闭下端旋塞。下方放置一个烧杯，接收流出的液体，向柱内加入石油醚-丙酮(4∶1)至柱高1/2处。打开柱下端的旋塞，控制溶液流出的速度约每秒2滴。通过一只干燥的粗柄漏斗从柱顶慢慢分批加入中性氧化铝8 g，边加边用带橡胶塞的玻璃棒或木棒轻轻敲击柱身下部，使吸收剂填装紧密、均匀。操作时一直保持上述流速，注意切勿使液面低于氧化铝的柱面，不能使柱身变干。流出的溶剂可重复使用。加完中性氧化铝后，将氧化铝表面填平，上面再加5 mm石英砂。

3. 加样

当柱内溶剂面刚好降至与顶层石英砂相平时，立即取处理好的样品提取液1 mL，沿柱壁用滴管慢慢加入柱内，当液面降至顶层石英砂层时，用少量溶剂冲洗柱壁上的有色物质，如此连续2~3次，直到洗净为止。

4. 洗脱

当液面降至顶层石英砂层时，继续用10 mL石油醚-丙酮(4∶1)洗脱。观察色带的出现，待其降至柱底即将滴出时，用三角烧瓶接收，得橙色溶液(为胡萝卜素)。改用7∶3石油醚-丙酮溶液做洗脱剂，可分出第二个黄色带(为叶黄素)，再用3∶1∶1丁醇-乙醇-水洗脱叶绿素a(蓝绿色)和叶绿素b(黄绿色)，用三角烧瓶分别收集各色带的流出液。

(二)实验设计与实施

实验设计：

绘制图表：

预测交流：

测试评价：

六、分析与结论

观察解释：

得出结论：

深入探索：

七、注意事项

1.叶绿素等色素对光很敏感，尤其处于干燥状态下，因此，必须避免暴露在阳光及其他任何强光下。

2.色谱柱应装填得均匀紧密，不能有气泡，也不能出现松紧不匀和断层现象，否则将影响渗滤速度和色带的齐整。

3.为保持柱子内吸附剂的均一性，必须让吸附剂一直浸泡在溶剂或溶液中，否则当柱中溶剂或溶液流干时，会使吸附剂干裂，出现断层。

4.加入石英砂的目的是在加料时不致把吸附剂冲走，影响分离效果。

5.黄色带容易消失，须注意及时观察。

八、拓展与思考

1.研究提纯有机化合物的一般步骤和方法。
2.设计用粉笔分离菠菜叶中色素的方法。

九、参考文献

[1]申金山,于海涛,王秀玲.化学实验(中)[M].2版.北京:化学工业出版社,2016.

[2]人民教育出版社课程教材研究所化学课程教材研究开发中心.普通高中课程标准实验教科书　化学(选修5)　有机化学基础[M].2版.北京:人民教育出版社,2007.

[3]彭玉娇,刘碧泉,赵怀勇,等.粉笔分离菠菜色素实验条件优化[J].化学教育,2021,42(13).

实验六　盐桥的设计实验

电极电势不是溶液-电极界面的电势差,也不是电极表面的绝对电极电势,而是该电极与标准氢电极所组成电池的电动势,所以我们通常所说的电极电势都是这种相对的电极电势。原电池是由两个半电池组成的。半电池中的反应就是半反应,即电极反应。因此,半电池又叫电极。两电极上的电极反应之和为电池反应。

一、实验目的

1.理解电极电势与氧化还原反应的关系,以及介质、浓度对氧化还原反应的影响。
2.加深理解氧化态或还原态物质浓度变化对电极电势的影响。
3.进一步理解原电池、电解及电化学腐蚀等基本知识。
4.学会电极反应中盐桥的使用。

二、预习要点

1.原电池、电解及标准电极电势等知识。

2. 电化学腐蚀。

3. 盐桥的作用。

三、实验原理

原电池是由两个电极浸在相应的电解质溶液中，再用盐桥连接两溶液而构成的装置。盐桥是倒插的U形管或其他装置，内含饱和KCl或KNO_3溶液，可用琼脂溶胶或多孔塞保护，使KCl或KNO_3溶液不会自动流出。盐桥的作用主要是补充电荷、维持电荷平衡，保持溶液的电中性。盐桥中的K^+、Cl^-等参与溶液中的导电，提高电池效率。

金属与周围介质发生电化学作用而引起金属腐蚀。例如，钢铁在潮湿的环境中生锈，发生的就是电化学腐蚀。电化学腐蚀比化学腐蚀普遍得多，腐蚀的速度一般也更快。电化学腐蚀分为析氢腐蚀和吸氧腐蚀。

在酸性较强的条件下钢铁发生析氢腐蚀，电极反应为：

阳极：$Fe-2e^-=Fe^{2+}$

阴极：$2H^++2e^-=H_2\uparrow$

在弱酸性或中性条件下钢铁发生吸氧腐蚀，电极反应为：

阳极：$Fe-2e^-=Fe^{2+}$

阴极：$2H_2O+O_2+4e^-=4OH^-$

四、实验用品

1. 实验试剂

液体药品：$CuSO_4$（0.5 mol·L^{-1}）、$ZnSO_4$（0.5 mol·L^{-1}）、$NH_3·H_2O$（浓、饱和）、$FeSO_4$、$K_2Cr_2O_7$、H_2SO_4（1 mol·L^{-1}）、NaOH（6 mol·L^{-1}）、HNO_3（浓）、$KMnO_4$、$Pb_3(AsO_3)_2$、KI、$FeCl_3$、KBr、HAc、I_2、Br_2、CCl_4、酚酞溶液、$Na_2S_2O_3$。

固体药品：KCl、琼脂。

2. 实验材料和仪器

砂纸、电极（铁钉、铜片、锌片、碳棒）、红色石蕊试纸；0~1.5 V电压表、U形管、电压表导线。

五、实验步骤

(一)基本实验方法

1. 设计盐桥

在250 mL烧杯中加入100 mL蒸馏水,将10 g KCl和5 g琼脂放入烧杯中,加热使琼脂溶解后,趁热将琼脂和KCl溶液注入U形管中,注意管中不能有气泡,用滴管将U形管的两头尽量注满后放置冷却,溶液即冷凝成胶冻,盐桥即制成。

2. 电极电势和氧化还原反应

(1)$2Fe^{3+}+2I^-=2Fe^{2+}+I_2$,$I_2$易溶于$CCl_4$,$CCl_4$层显紫红色。

(2)Fe^{3+}与Br^-不起反应,CCl_4层无色。

(3)$Cl_2+2Br^-=2Cl^-+Br_2$,Br_2溶于CCl_4,CCl_4层显橙黄色。

3. 浓度和酸度对电极电势的影响

(1)浓度影响。

在两只50 mL烧杯中,分别注入30 mL 0.5 $mol\cdot L^{-1}$ $ZnSO_4$溶液和0.5 $mol\cdot L^{-1}$ $CuSO_4$溶液,在$ZnSO_4$溶液中插入锌片,在$CuSO_4$溶液中插入铜片,中间以盐桥相通,用导线将锌片、铜片分别与电压表的负极和正极相接。测量两电极之间的电压。

现象:电压表指针偏到E=0.80 V处。

解释:

(-):$Zn^{2+}+2e^-=Zn$

(+):$Cu^{2+}+2e^-=Cu$

在$CuSO_4$溶液中加浓$NH_3\cdot H_2O$到沉淀溶解为止,形成深蓝色溶液;$Cu^{2+}+4NH_3=[Cu(NH_3)_4]^{2+}$;$[Cu^{2+}]$下降,$E$变小,$E$=0.45 V;$E=E^\circ+\dfrac{0.059}{2}\lg\dfrac{[Cu^{2+}]}{[Zn^{2+}]}$

在$ZnSO_4$溶液中加浓$NH_3\cdot H_2O$至沉淀溶解为止;$Zn^{2+}+4NH_3=[Zn(NH_3)_4]^{2+}$;$[Zn^{2+}]$下降,$E$变大$E$=0.76 V;最后达到平衡,$E$=0.8 V,接近初始值。

(2)酸度影响。

在两只50 mL烧杯中,分别注入$FeSO_4$溶液、$K_2Cr_2O_7$溶液。在$FeSO_4$溶液中插入铁片,在$K_2Cr_2O_7$溶液中插入碳棒,将铁片、碳棒通过导线分别与电压表的负极和正极相接,中间用盐桥连接,测量两极电压。

现象:测得E=0.61 V。

解释:

(-):$Cr_2O_7^{2-}+6e^-+14H^+=2Cr^{3+}+7H_2O$

(+):$Fe^{2+}+2e^-=Fe$

在 $K_2Cr_2O_7$ 溶液中，慢慢加入 1 $mol·L^{-1}$ H_2SO_4，再加入 6 $mol·L^{-1}$ NaOH。加 H^+ 后 E=1.1 V；加 OH^- 后 E=0.36 V。

4. 浓度、酸度对氧化还原产物的影响

（1）浓度对产物的影响。

$$Zn+4HNO_3(浓)=Zn(NO_3)_2+2NO_2\uparrow(红棕色)+2H_2O$$

$$4Zn+10HNO_3(稀)=4Zn(NO_3)_2+NH_4NO_3+3H_2O$$

（2）酸度对产物的影响。

$$KMnO_4+H^+\longrightarrow Mn^{2+}(肉色且近无色)$$

$$KMnO_4+H_2O\longrightarrow MnO_2\downarrow(棕黑)$$

$$KMnO_4+OH^-\longrightarrow MnO_4^{2-}(绿色)$$

5. 浓度、酸度对氧化还原反应方向的影响

（1）浓度影响。

$$2Fe^{3+}+2I^-=2Fe^{2+}+I_2$$

$$Fe^{3+}+6F^-=[FeF_6]^{3-}$$

I_2 易溶于 CCl_4，呈紫色，加入 Fe^{2+}，反应向逆方向进行，CCl_4 层颜色变浅；加入 F^-，生成 $[FeF_6]^{3-}$，$[FeF_6]^{3-}$ 不能氧化 I^-，CCl_4 层无色。

（2）酸度影响。

$$I_2+2AsO_3^{3-}+2H_2O=2I^-+2AsO_4^{3-}+4H^+$$

$$AsO_3^{3-}+H_2O-2e^-=AsO_4^{3-}+2H^+$$

$$2I^--2e^-=I_2$$

6. 酸度对氧化还原反应速率的影响

$$2MnO_4^-+16H^++10Br^-=2Mn^{2+}+5Br_2+8H_2O$$

$[H^+]$ 越高，反应越快。硫酸是强酸，$[H^+]$ 浓度高，反应速度快；醋酸是弱酸，$[H^+]$ 不能全部电离出来，反应慢。

（二）实验设计与实施

实验设计：

绘制图表：

预测交流：

测试评价：

表5-6-1　盐桥性能评价表

项目	电极电势	氧化还原产物	氧化还原反应方向	氧化还原反应速率
浓度				
酸度				

六、分析与结论

观察解释：

得出结论：

深入探索：

七、注意事项

1. 在制作盐桥时，U形管不能有气泡。
2. 有NO_2气体生成的反应，应在通风橱中做。
3. 注意电压表的偏向及数值。
4. 加CCl_4，观察溶液上、下层颜色的变化。

八、拓展与思考

1. 制得的盐桥可否多次使用？如何进行保存？
2. 酸度对氧化还原反应速率的影响有哪些？
3. 影响电化学腐蚀的因素有哪些？可通过什么方法防腐？

九、参考文献

[1]浙江大学普通化学教研组.普通化学[M].7版.北京:高等教育出版社,2020.
[2]天津大学无机化学教研室.大学化学实验[M].北京:高等教育出版社,2019.

实验七　可见光催化剂制备及光催化分解水制氢气

能源,在人类的生活、生产中扮演着重要角色,对社会进步、经济发展和社会稳定至关重要。但是,随着世界人口的持续增长、全球经济的快速发展,以及传统化石能源的急剧消耗,能源短缺和能源安全的问题日益凸显。氢能作为新能源,具有许多优点,如燃烧热值高、导热性能好、产物清洁、存在形式多样、用途广泛、储量丰富,在21世纪有可能成为世界能源领域中一种举足轻重的能源。太阳能是太阳内部连续不断的核聚变所产生的能量,相对传统化石能源,太阳能是取之不尽用之不竭的。虽然人类还无法将太阳能转化为化学能,但正尝试通过人工光合作用利用光催化剂将太阳能直接转化为氢能这一清洁、高效的化学能源,从而克服太阳能利用受天气、昼夜、储存等因素影响的难题。

一、实验目的

1.了解光催化的原理。
2.学会光催化剂的制备方法。
3.掌握光催化分解水产生氢气的原理。

二、预习要点

1.光催化和热催化。
2.催化剂的制备方法。

三、实验原理

$$H_2O(l) \longrightarrow H_2(g) + 1/2O_2(g)$$

水的全分解反应，298 K时ΔG=237.2 kJ·mol^{-1}，从热力学角度考虑是一个上坡反应，需要外界做功，才能使此反应向右进行。光催化就是融合光化学和催化化学的交叉学科，研究光照所引起的物理和化学变化。光吸收是光催化反应的前提条件，然而，水在紫外光和可见光区没有吸收，不能直接吸收太阳能使化学键断裂继而形成新的化学键。这就需要合适的光催化剂将能量吸收，然后将能量传递给水，通过对水的氧化和还原完成反应。

1977年，Schrauzer等人，首次报道了利用粉末半导体催化剂TiO_2，在没有其他能源的帮助下，最终直接将太阳能转化为氢能。1980年左右，Domen等和Sato等人也相继用NiO-$SrTiO_3$和Pt/TiO_2，直接将太阳能转化为氢能。但现有的光催化剂还不能满足工业化生产的要求。考虑到催化剂的成本、反应设备的成本和氢气的价格，光催化剂下太阳能到氢能转化效率达到10%才能工业化。显然只吸收占太阳光谱3%的紫外光是远远不够的，需要进一步拓宽催化剂对可见光占比44%的吸收。

半导体光催化分解水所经历的物理化学过程，一般来说分为三步：

(1)光生电子和空穴的产生；

(2)光生电子和空穴的分离、迁移；

(3)光生电子和空穴的利用。

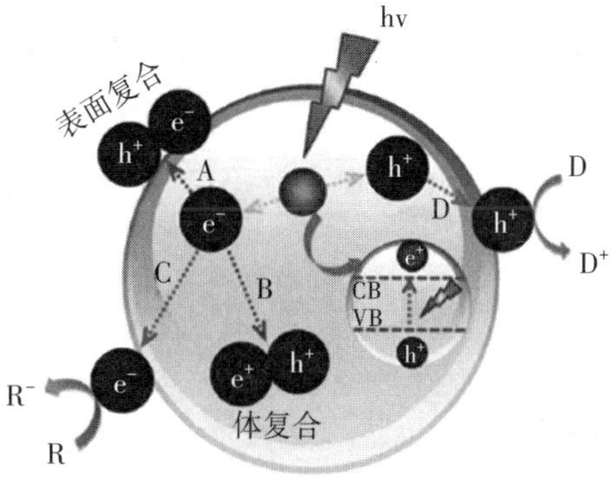

图5-7-1 半导体光催化分解水示意图

金属硫化物的价带轨道一般由S 3p轨道构成，它比氧化物光催化剂的O 2p轨道能级更负，因此金属硫化物的禁带宽度小于氧化物，能被可见光所激发。在众多的金属硫化物半导体中，CdS是研究最多的可见光光催化剂之一。

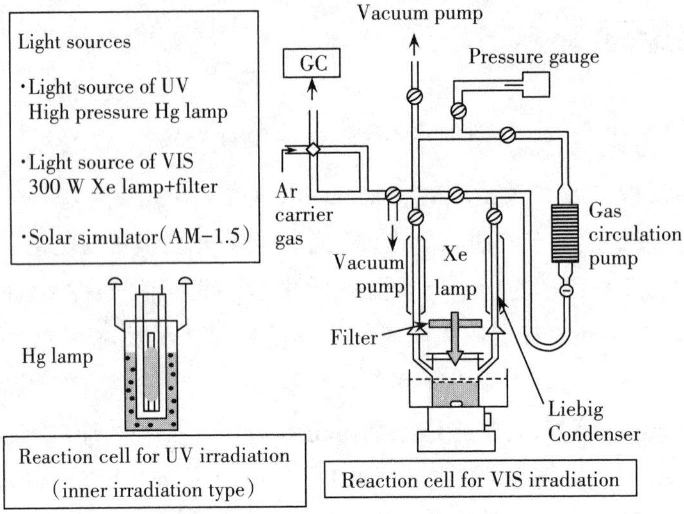

图5-7-2　光催化分解水装置图

四、实验用品

1. 实验试剂

$CdCl_2 \cdot 2.5H_2O$、$Na_2S \cdot 9H_2O$、亚硫酸钠、硫脲、纯水。

2. 实验材料和仪器

光催化分解水仪器、反应釜、分析天平、磁力搅拌器、离心机、烘箱、真空干燥箱等。

五、实验步骤

(一)基本实验方法

1. 光催化剂CdS的制备

(1)将10 mmol $CdCl_2 \cdot 2.5H_2O$、40 mmol硫脲和30 mL纯水混合,并连续搅拌30 min以形成均匀的溶液。

(2)将其转移至50 mL的聚四氟乙烯内衬高压釜中,并在烘箱中以200 ℃烘1小时。

(3)自然冷却至室温后,通过离心收集沉淀物,并分别用纯水洗涤3次。

(4)在真空干燥箱中50 ℃干燥10 h,得到黄色粉末。

2. 光催化分解水产生氢气

(1)选用光催化分解水仪器,选取Ar或N_2为载气,氙灯采用420 nm滤光片,以获得可见光。打开载气20 min后,打开气相色谱设定温度并升温,打开低温恒温槽并设置温度为6 ℃。

（2）称取 20 mg 的 CdS 催化剂，分散在 100 mL 含有 0.25 $mol \cdot L^{-1}$ Na_2S 和 0.35 $mol \cdot L^{-1}$ Na_2SO_3 的水溶液中，打开磁力搅拌器。

（3）打开真空泵抽真空约 20 min，以除去反应器和溶液中的空气。色谱基线稳定后，开启氙灯光源，进样器 30 min 取样一次。

（4）取样 5 次后，停止采样。关闭氙灯，色谱降温，关闭低温恒温槽。

（5）色谱 TCD 温度降至 60 ℃时，可以关闭载气。

（二）实验设计与实施

实验设计：

绘制图表：

预测交流：

测试评价：

六、分析与结论

观察解释：

得出结论：

深入探索：

七、注意事项

1. 水热法或溶剂热法制备催化剂时，需要将反应釜冷却至室温，再开反应釜，否则釜内溶液容易喷溅。

2. 整个反应过程中，维持6 ℃的反应温度，是因为高真空下，如果温度过高会导致水快速挥发，容易破坏TDX-01柱子。

3. 光解水装置为玻璃材质，操作时需要谨慎，防止破裂。

4. 氙灯光源需要加滤光片，过滤掉紫外光。

八、拓展与思考

1. 催化反应的机理是什么？
2. 光催化反应和热催化反应有什么不同？
3. 氢能作为新能源，相较于传统能源还有哪些优势？
4. 相较于其他制备方法，水热法或溶剂热法制备光催化剂有什么优点？
5. 还有哪些方式能实现水分解产生氢气？

九、参考文献

[1]FUJISHIMA A, HONDA K. Electrochemical photolysis of water at a semiconductor electrode[J].Nature, 1972, 238(5358).

[2]DOMEN K, NAITO S, SOMA M, et al. Photocatalytic decomposition of water-vapor on an NiO-$SrTiO_3$ catalyst[J].Journal of the Chemical Society-Chemical Communications, 1980, 55(12).

[3]SATO S, WHITE J M.Photo-decomposition of water over Pt/TiO2 catalysis[J].Chemical Physics Letters, 1980, 72(1).

[4]KUDO A, MISEKI Y. Heterogeneous photocatalyst materials for water splitting[J]. Chemical Society Reviews, 2009, 38(1).

实验八　纸质荧光传感器的制备及对铅离子可视化检测

铅离子是对人体危害极大的重金属离子，容易与蛋白结合。人一旦将其摄入体内，很难将其分解，长期积累，从而引起重金属离子中毒。传统的定量检测方法包括原子吸收光谱、原子发射光谱、电感耦合等离子体质谱和离子色谱等，可以高选择性和灵敏地完成铅离子含量的精准检测。近年来，研究人员开发了一系列可用于快速定量检测重金属离子的新方法，如荧光分析法、拉曼光谱法、电化学分析法和动态光散射法等。其中，由于荧光分析法具有高选择性、高灵敏度、易操作等突出特点受到研究人员的关注。常规的仪器分析方法，不能满足现场快速检测的需求，因此又衍生出了便携、低成本、检测速度快的纸质传感器。在强调环境保护的今天，将荧光分析法与纸质传感器结合，设计合成低毒、灵敏并能特异性识别目标物的荧光纸质传感器，结合小型智能设备构建现场、可视化、快速定量检测的便携式分析平台，可为解决实时检测提供高效手段。

一、实验目的

1. 了解纸质荧光分析法的工作机理。
2. 掌握纸质荧光传感器的制备方法。
3. 掌握评价荧光传感器检测重金属离子性能的方法。

二、预习要点

1. 荧光分析法用于重金属离子检测的原理及其在环境、食品检测中的应用。
2. 纸质荧光传感器的设计、制备及性能检测。

三、实验原理

（一）荧光分析法机理

受到激发光作用后，从激发态回到基态，在紫外-可见-近红外区有特征发光，称为荧光。荧光分析法利用荧光材料与待测物之间特异的敏感机制，产生如荧光增强、减弱或发射峰移动等的荧光信号变化，使用荧光分光光度计对荧光信号进行检测，从而实现对待测物的快速检测。荧光性质(激发和发射波长、强度、寿命、偏振等)可随所处环境的性质,如极性、折射率、黏度等改变而灵敏地改变的一类荧光性分子,被称为荧光探针。根据荧光反应的不同,荧光纳米探针可以分为3种类型:猝灭、打开和比率。荧光探针在各种检测和标记中应用广泛,比如测定金属离子、农药残留、生物分子含量,示踪生物分子,标记大分子及细胞和亚细胞结构等方面。

(二)荧光纸质传感器的工作原理

当激发光照射处于基态的物质时,基态电子会吸收能量跃迁至激发态。因为激发态的电子能量高且不稳定,其部分能量被释放后会重新回到最低能级第一激发态,荧光便在这个过程中产生,当停止光照射后荧光也会随之消失。具有这种荧光发射性质且至少有一维处于纳米范围(<100 nm)的材料即为荧光纳米材料。荧光纳米材料种类繁多,按材质可分为无机荧光纳米材料和有机荧光纳米材料两大类。制备荧光探针的纳米材料应具有高荧光强度、可调谐发射、易表面功能化、低毒性和高耐光漂白性等良好的性能。这类荧光材料主要包括:量子点、发光碳材料、贵金属纳米团簇、磁性纳米离子以及其他有机荧光分子等。碳点是零维荧光纳米材料的总称,具体包括石墨烯量子点(Graphene quantum dots,GQDs)、碳量子点(Carbon quantum dots,CQDs)、碳纳米点(Carbon nanodots,CNDs)、碳化聚合物(Carbon polymer dots,CPDs)等(如图5-8-1)。碳点的制备方法简单、成本低廉、种类多样,具有较高的光稳定性和耐漂白性、毒性低、生物相容性好及气体光、电等方面的优异性质。

本实验将利用两种不同颜色的碳点组成一种可视化效果较好的多色荧光探针。设计其中一种碳点对铅离子产生特异性响应,在多色荧光探针体系中作为响应信号;而另一种碳点不受铅离子的影响,在多色荧光探针体系中仅作为背景参比物质,二者按一定比例混合得到宽色度变化的多色荧光探针。为了实现便携、可视化地检测铅离子,将多色荧光探针溶液作为墨水打印在滤纸上制备多色荧光纸质传感器,利用智能手机识别多色荧光探针溶液与纸质传感器的颜色信息R(Red)、G(Green)、B(Blue)值,分析RGB值与金属离子浓度的关系,实现现场快速可视化定量检测铅离子。

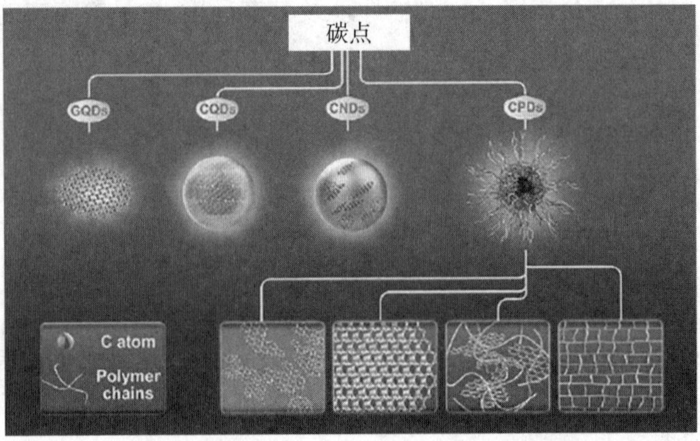

图5-8-1　碳点的分类

(三)多色荧光探针检测铅离子机理

本实验制备红色和蓝色两种不同颜色的碳点,组成一种可视化效果较好的多色荧光探针。红色碳点具有高稳定性和化学惰性,荧光强度不受铅离子的影响,在检测体系中起背景参考作用,而蓝色碳点作为铅离子的反应位点,与铅离子作用导致荧光被淬灭。蓝色碳点表面的羧基为铅离子提供螯合位点形成蓝色碳点/铅离子复合物,使铅离子的吸收峰增强,这种情况下蓝色碳点荧光猝灭,从而形成系列颜色变化。采用手机颜色识别软件,通过拍照识别材料颜色,同时分析出颜色的RGB值并给出准确结果。利用手机辅助识别多色荧光纸质传感器的荧光颜色RGB值,通过分析RGB值与铅离子浓度之间的数据关系,实现环境中铅离子的现场快速可视化定量检测。

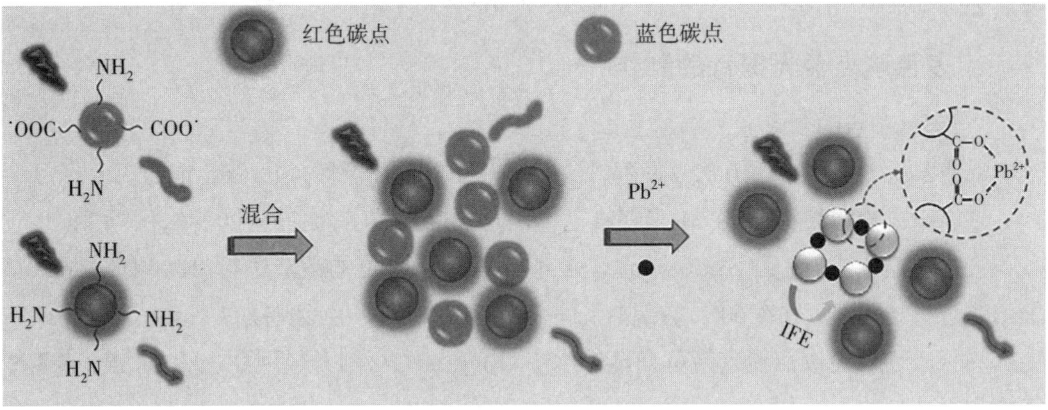

图5-8-2 荧光探针的构建和铅离子检测机理示意图

四、实验用品

1. 实验试剂

柠檬酸钠、聚丙烯酰胺(分子量200万~1400万)、对苯二胺、无水乙醇、二氯甲烷、甲醇、硝酸、氢氧化钠、金属盐。

2. 实验材料和仪器

反应釜、电热鼓风干燥箱、分析天平、超声波清洗仪、精密pH计、循环水式多用真空泵、旋转蒸发仪、喷墨打印机、荧光分光光度计等。

五、实验步骤

（一）基本实验方法

1. 设计多色碳点荧光探针

（1）对已有荧光探针相关资料进行充分分析，了解当前荧光探针用于重金属离子检测的原理，并进行细致的记录。

（2）分析、整理已有材料的优势、劣势，设计荧光探针的制备方案。

（3）进行探究实验，制作需要的多色荧光探针，完成其对铅离子的检测。

（4）分析铅离子浓度和RGB值间的线性关系，绘制定量分析曲线图。

2. 多色碳点荧光探针的制作

（1）蓝色碳点的制备。

①将1.0 g柠檬酸钠和0.52 g聚丙烯酰胺溶解在20 mL蒸馏水中，混合均匀。

②将上述溶液转移至50 mL聚四氟乙烯内衬的反应釜中，加热至200 ℃，保温3 h。

③反应结束后，待反应釜冷却至室温，将含有蓝色碳点的溶液透析（1000 Da），放入蒸馏水中进行纯化4 h，并在60 ℃烘箱中干燥，得到蓝色碳量子点粉末。

④将上述蓝色碳点粉末溶解在蒸馏水中（$1\ mg\cdot mL^{-1}$），制备得到蓝色碳点，置于4 ℃冰箱待用。

（2）红色碳点的制备。

①取0.3 g对苯二胺溶解于30 mL无水乙醇中，随后将该溶液转移到内衬为聚四氟乙烯的反应釜中，在180 ℃下保温12 h。

②反应结束后，待反应釜自然冷却至室温，将含有红色碳点的溶液透析（3500 Da），放入二氯甲烷和甲醇（1∶1）中进行纯化两天，得到碳量子点溶液，将溶液旋转蒸发，除去有机溶剂，在60 ℃烘箱干燥，得到碳量子点粉末。

③将上述红色碳点粉末溶解在乙醇中（$1\ mg\cdot mL^{-1}$），制备得到红色碳点，置于4 ℃冰箱待用。

3. 荧光探针定量检测铅离子

（1）将蓝色碳点和红色碳点用纯水稀释，制备多色荧光探针，将蓝色碳点和红色碳点以荧光强度比（$I_{452}:I_{620}$）8∶1混合（采用荧光分光光度计确定，350 nm为多色荧光探针的最佳激发波长），调节体系pH值为7，得到多色荧光探针溶液。

（2）向探针溶液中加入不同浓度铅离子（0 nmol·L^{-1}、15 nmol·L^{-1}、25 nmol·L^{-1}、40 nmol·L^{-1}、60 nmol·L^{-1}、80 nmol·L^{-1}、120 nmol·L^{-1}、200 nmol·L^{-1}），静置5 min后用荧光分光光度计记录荧光光谱数据。当铅离子浓度不断增加，蓝色碳点荧光不断被猝灭，荧光强度不断降低，同时多色荧光探针颜色从蓝色变为粉红色。

（3）手机上安装颜色识别软件，添加不同浓度（0 nmol·L^{-1}、15 nmol·L^{-1}、25 nmol·L^{-1}、40 nmol·L^{-1}、60 nmol·L^{-1}、80 nmol·L^{-1}、120 nmol·L^{-1}、200 nmol·L^{-1}）铅离子溶液至多色荧光探针溶液中，在365 nm紫外光照射下对荧光探针拍照，用手机颜色识别软件对探针溶液颜色的RGB进行识别，记录蓝色通道和红色通道的比值与铅离子浓度的关系。

（4）将多色荧光探针溶液作为墨水打印在滤纸上，获得多色荧光纸质传感器，在紫外灯照射下呈明亮的蓝色荧光。当滴加不同浓度的铅离子溶液在纸质传感器上时，多色荧光纸质传感器也呈现出与探针溶液同样的荧光颜色变化过程，用手机颜色识别软件识别纸质传感器荧光颜色的RGB值，将蓝色通道和红色通道的RGB比值（B/R）与铅离子之间进行线性拟合得到相关线性关系，完成现场可视化定量检测过程。

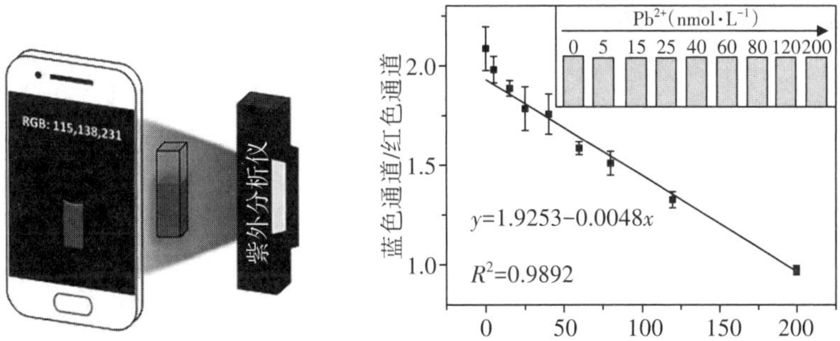

图5-8-3 多色荧光探针对铅离子的可视化定量检测

4. 荧光纸质传感器现场快速可视化定量检测铅离子

将商用墨盒中的墨粉清理干净，用清水冲洗，干燥。将配制好的多色荧光探针溶液代替墨水注入墨盒，通过与计算机连接的喷墨打印机打印在滤纸上，并重复打印20次，以增加探针的量，即得到多色荧光纸质传感器。

在手机上安装识别颜色的软件。将不同浓度（0 nmol·L^{-1}、15 nmol·L^{-1}、25 nmol·L^{-1}、40 nmol·L^{-1}、60 nmol·L^{-1}、80 nmol·L^{-1}、120 nmol·L^{-1}、200 nmol·L^{-1}）的铅离子溶液滴加到探针溶液中和纸质传感器上，通过手机拍照并识别不同铅离子浓度对应的探针溶液和纸质传感器的颜色RGB值，将蓝色通道和红色通道的RGB比值与铅离子之间进行线性拟合得到相关线性关系，完成现场可视化定量检测过程。

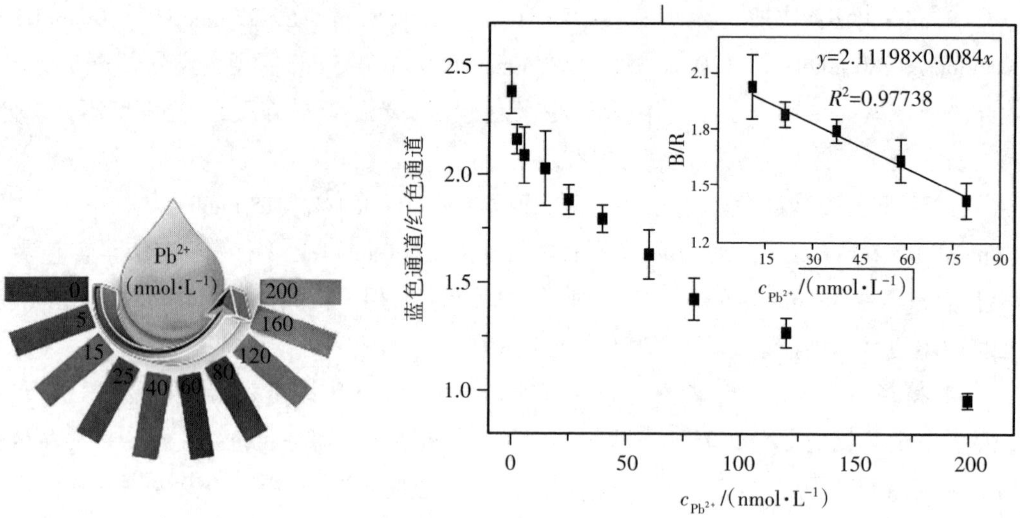

图5-8-4　多色荧光纸质传感器对铅离子可视化定量检测

(二)实验设计与实施

实验设计：

绘制图表：

预测交流：

测试评价：

表5-8-1　荧光探针设计评价表

实验操作原溶液吸光度	现象与改进降解率
将不同浓度铅离子滴加至多色荧光探针中，通过手机拍照并识别不同铅离子浓度对应的探针溶液和纸质传感器的颜色RGB值	
将不同浓度铅离子滴加至多色荧光纸质传感器上，通过手机拍照并识别不同铅离子浓度对应的探针溶液	

表5-8-2　荧光探针性能评价表

样品序号	Pb^{2+}溶液浓度	滴加Pb^{2+}溶液后RGB比值

六、分析与结论

观察解释：

得出结论：

深入探索：

七、拓展与思考

1.碳点还有哪些性能，运用在哪些方面？
2.如何提高荧光探针的性能？
3.请根据本实验的学习收获查找资料并设计新的荧光探针。

八、参考文献

[1]ARISEKAR U，SHAKILA R J. SHALINI R，et al. Accumulation potential of heavy metals at different growth stages of pacific white leg shrimp，penaeus vannamei farmed along the southeast coast of Peninsular India：a report on ecotoxicology and human health risk assessment. Environmental Research，2022，212.

[2]DRAGOE D，SPATARU N，KAWASAKI R，et al. Detection of trace levels of Pb^{2+} in tap water at boron-doped diamond electrodes with anodic stripping voltammetry[J].Electrochimica Acta，2006，51(12).

[3]GOVINDARAJU K，MEVELLE G，CHOUARD C. Solid sampling atomic-absorption de-

termination of lead in rock samples using iron screw rod technique [J]. Analytical Chemistry, 1974,46(12).

[4] ALRASHDAN A, VELA N P, CARUSO J A, et al. Lead speciation by gradient high-performance liquid-chromatography with inductively coupled plasma mass-spectrometric detection[J]. Journal of Analytical Atomic Spectrometry, 1992, 7(3).

[5] BRUZZONITI M C, MENTASTI E, SARZANINI C. Simultaneous determination of inorganic anions and metal ions by suppressed ion chromatography [J]. Analytica Chimica Acta, 1999, 382(3).

[6]张来新,陈琦.荧光化学传感器的产生、发展及应用[J].合成材料老化与应用,2019,48(1).

[7]王海倩.多色荧光纸质传感器及对重金属离子现场快速可视化定量测定[D].合肥:合肥工业大学,2020.

实验九　水果和蔬菜及其制品中亚硝酸盐和硝酸盐含量的测定

蔬菜中的硝酸盐和亚硝酸盐是危害人体健康的物质。当硝酸盐进入人体后被还原成亚硝酸盐,亚硝酸盐被人体大量吸收后,可能会导致高铁血红蛋白症,妨碍红血球携氧功能,从而使人体出现缺氧症状。

蔬菜中硝酸盐的限值(以NO_3^-计),茄果类、瓜类、豆类为440 mg·kg^{-1},茎菜类为1200 mg·kg^{-1},根菜类为2500 mg·kg^{-1},叶菜类为3000 mg·kg^{-1};蔬菜中亚硝酸盐的限值(以NO_2^-计)为4 mg·kg^{-1}。水果中硝酸盐的限值(以NO_3^-计)为400 mg·kg^{-1};水果中亚硝酸盐的限值(以NO_2^-计)为4.0 mg·kg^{-1}。

一、实验目的

1.掌握测定亚硝酸盐和硝酸盐含量的方法。

2.掌握紫外-可见分光光度计的工作原理和使用方法。

二、预习要点

利用紫外-可见分光光度法检测亚硝酸根离子(NO_2^-)和硝酸根离子(NO_3^-)的原理，以及其在食品检测中的应用。

三、实验原理

在弱碱性条件下，用热水提取水果和蔬菜样品中NO_2^-和NO_3^-，然后加入亚铁氰化钾和乙酸锌将蛋白沉淀，过滤。将滤液平均分成两份：一份直接加磺胺和萘乙二胺盐酸盐，生成红色复合物，在波长538 nm处测量复合物的吸光度，计算试样中NO_2^-含量；另一份先用金属镉将NO_3^-还原成NO_2^-，再用上述方法显色，测量试样中原有NO_2^-和NO_3^-还原生成的NO_2^-的总量，由总量减去试样中原有的量，即为NO_3^-含量。

四、实验用品

1. 实验试剂

所用试剂均为分析纯(除注明者外)，水为二次蒸馏水，不含亚硝酸盐及硝酸盐。

饱和硼砂溶液：称取硼酸钠50 g，溶于1000 mL温水中，冷却至室温。

1 $mol\cdot L^{-1}$乙酸锌溶液：称取乙酸锌220 g，溶于30 mL冰乙酸和水的混合液中，再用水定容至1000 mL。

0.25 $mol\cdot L^{-1}$亚铁氰化钾溶液：称取亚铁氰化钾106 g，溶于水，定容至1000 mL。

显色溶液：

溶液Ⅰ：称取磺胺0.4 g，放入盛有160 mL水的200 mL容量瓶中，沸水浴上加热溶解，冷却后(必要时过滤)加入盐酸($\rho_{20}=1.19\ g\cdot mL^{-1}$)20 mL，用水定容，避光保存。

溶液Ⅱ：称取萘乙二胺盐酸盐(含量98.5%以上)0.1 g，放入100 mL容量瓶中，加水溶解后定容，避光保存。

溶液Ⅲ：量取盐酸($\rho_{20}=1.19\ g\cdot mL^{-1}$)445 mL，放入1000 mL容量瓶中，加水定容。

锌棒：长约150 mm，直径5~7 mm。

200 $g\cdot L^{-1}$硫酸镉溶液：称取硫酸镉40 g于200 mL容量瓶中，加水溶解后定容。

镉粒：将锌棒置于盛有200 mL硫酸镉溶液的烧杯中，用刮勺将还原生成的镉刮下后，用捣碎机打碎，放入0.1 $mol\cdot L^{-1}$盐酸浸洗，然后用蒸馏水冲洗数次，保存于蒸馏水中备用。

氨缓冲液(pH=9.6)：称取氯化铵37.4 g，溶于约900 mL水中，用浓氨水($\rho_{20}=0.88\ g\cdot mL^{-1}$)调节pH值至9.6，再用水稀释至1000 mL。

亚硝酸钠标准储备溶液：将亚硝酸钠(基准试剂)在(115±5) ℃下烘至恒重，称取

0.1500 g于50 mL容量瓶中，加水溶解后定容。此溶液亚硝酸根离子（NO_2^-）的浓度为2000 mg·L^{-1}。用移液管吸取亚硝酸钠标准储备溶液5 mL于1000 mL容量瓶中，用水定容。该溶液为标准工作溶液，亚硝酸根离子（NO_2^-）的浓度为10 μg·mL^{-1}，使用时现配。

活性炭：粉末状。

2. 实验材料和仪器

滤纸：无亚硝酸根离子（NO_2^-），折成槽纹；锥形瓶：50 mL，具有磨口玻璃塞；电热恒温水浴锅：温度可调；刮勺：末端用聚四氟乙烯包裹；高速组织捣碎机：10000~12000 r/min；振荡机：275次/min；试管：50 mL；分光光度计；分析天平：精度0.0001 g等。

五、实验步骤

（一）基本实验方法

1. 样品的制备

新鲜果蔬的制备：先将新鲜水果、蔬菜清洗干净，沥干并晾去表面水分，用四分法摘取可食部分，切碎，按比例加入一定量水（番茄、橘子等多汁样品可不加水），用捣碎机制成匀浆。注意：在称取试样时，应扣除加水量。

冷冻罐头及酱制品的制备：罐头及酱制品应全部倒出，制成匀浆备用。冷冻制品应先在密闭容器中解冻，混匀，分取一部分备用。

2. 试样中亚硝酸盐、硝酸盐的提取

根据样品中亚硝酸盐和硝酸盐含量的多少，准确称取2~20 g匀浆（精确到0.001 g）或准确量取2~20 mL，放入200 mL烧杯中，加入饱和硼砂溶液5 mL和70~80 ℃热水100 mL，置沸水浴中加热15 min，并不断摇动。取出后冷至室温，再加入亚铁氰化钾溶液10 mL、乙酸锌溶液10 mL和活性炭粉2 g，充分摇匀。然后将其转入200 mL容量瓶中，用水定容。再用折成槽纹的滤纸过滤，制得无色清亮提取液。

3. 工作曲线的绘制

用移液管吸取亚硝酸钠标准溶液（10 μg·mL^{-1}）0.0 mL、0.5 mL、1.0 mL、1.5 mL、2.0 mL、2.5 mL、3.0 mL，分别置入7个50 mL容量瓶中，各加水至约30 mL。然后加入5 mL溶液Ⅰ、3 mL溶液Ⅲ混匀，置于室温下遮光处，再加入1 mL溶液Ⅱ，混匀，3 min后定容，即得每50 mL中分别含0 μg、5 μg、10 μg、15 μg、20 μg、25 μg、30 μg NO_2^-的系列标准溶液。于15 min内，在分光光度计上，用1 cm比色皿，以空白溶液做参比，于波长538 nm处测其吸光度。在方格坐标纸上以吸光度为纵坐标，50 mL溶液中NO_2^-的质量（μg）为横坐标，绘制工作曲线。

4. 亚硝酸盐的测定

用移液管吸取提取液10 mL于50 mL容量瓶中，用水稀释至约30 mL。加入溶液Ⅰ 5 mL，再加入溶液Ⅲ 3 mL，混匀。置于室温遮光处，再加入溶液Ⅱ 1 mL，混匀，3 min后用水定容。于15 min内，用1 cm比色皿，以空白溶液做参比，在波长538 nm处测其吸光度。从工作曲线上查得相应的NO_2^-质量(μg)。同一试样需做两次平行测定，同时做空白实验。

5. 硝酸盐的测定

用移液管吸取提取液10 mL于50 mL具塞锥形瓶中，加入蒸馏水5 mL，氨缓冲液5 mL(总体积为20 mL)和镉粒2 g(用滤纸吸干镉粒上的水分)，盖好瓶塞，置振荡机上振荡5 min。过滤，收集滤液于大试管中。

用移液管吸取还原滤液10 mL于50 mL容量瓶中，显色步骤同亚硝酸盐的显色方法。在分光光度计上，用1 cm比色皿，以空白溶液做参比，在波长538 nm处测其吸光度，从工作曲线上查得相应的NO_2^-总质量(μg)。总量减去试样中原有的NO_2^-含量，再乘以1.348即为NO_3^-含量。同一试样需做两次平行测定，同时做空白实验。

(二)实验设计与实施

实验设计：

绘制图表：

预测交流：

测试评价：

表5-9-1　样品中两种物质的浓度记录表

样品序号	NO_3^-浓度	NO_2^-浓度

(1)样品中NO_2^-和NO_3^-含量以$mg\cdot kg^{-1}$表示。

$$c_{NO_2^-}=m_1\times\frac{200}{m_0\times V_1}$$

式中:m_1—从工作曲线上查得的测试液中NO_2^-质量,μg;

m_0—匀浆样的称取量,g;

V_1—整取过滤液体积,mL。

$$c_{NO_3^-}=1.348\times\left(\frac{m_2\times 200\times 2}{V_2\times m_0}-\frac{m_1\times 200}{m_0\times V_1}\right)$$

式中:m_2—从工作曲线上查得的测试液中NO_2^-质量,μg;

V_2—NO_3^-还原为NO_2^-后的过滤液整取体积,mL;

2—NO_3^-还原前后吸取液的体积比值;

1.348—NO_2^-换算为NO_3^-的系数。

m_0、m_1、V_1的含义同前。

(2)样品中NO_2^-和NO_3^-含量以$mg\cdot L^{-1}$表示。

$$c_{NO_2^-}=m_1\times\frac{200}{V_0-V_1}$$

式中:m_1—从工作曲线上查得的测试液中NO_2^-质量,μg;

V_0—试样的吸取量,mL;

V_1—整取过滤液体积,mL。

$$c_{NO_3^-}=1.348\times\left(\frac{m_2\times 200\times 2}{V_0\times V_2}-\frac{m_1\times 200}{m_0\times V_1}\right)$$

式中:m_2—从工作曲线上查得的测试液中NO_2^-质量,μg;

V_2—NO_3^-还原为NO_2^-后的过滤液整取体积,mL;

2—NO_3^-还原前后吸取液的体积比值;

1.348—NO_2^-换算为NO_3^-的系数。

m_1、V_0、V_1的含义同前。

六、分析与结论

观察解释:

得出结论:

深入探索:

七、注意事项

1. 测定结果用平行测定结果的算术平均数表示，小数点后保留两位。平行测定结果的相对误差不得大于3%。

2. 实验中所用玻璃器皿须彻底洗净，并用蒸馏水或去离子水冲洗，以确保无NO_3^-和NO_2^-存在。

八、拓展与思考

1. 简述分光光度法测定水果、蔬菜及其制品中亚硝酸盐和硝酸盐含量的原理。

2. 硝酸盐和亚硝酸盐有哪些危害？来源主要有哪些？如何防止硝酸盐和亚硝酸盐污染？

九、参考文献

[1]胡长敏，赵丽辉，丁蕴铮，等.新鲜蔬菜和水果中亚硝酸盐测定方法研究[J].环境化学，2000，19(2).

[2]马少华，石予白.食品理化检验技术[M].杭州：浙江大学出版社，2019.

实验十　光催化仿生机器人的设计及性能

光催化技术是以太阳光为能量驱动，去除水体中残留污染物的最清洁、最具有发展前景的技术之一，是一种绿色的处理工艺，非常契合当前国家的可持续发展战略。仿生机器人是模仿自然界中生物的外部形状或某些机能的机器人系统，是用外部物理场或化学场实现运动的功能性器件，可以在液体介质中执行复杂的任务，目前已经在药物输送、污水处理、活体检测等多个领域得到应用。在仿生机器人内部插入纳米光催化剂可以达到定点除污且高效回收的目的。本实验以TiO_2纳米光催化剂为基础，加强对仿生机器人的理解，并掌握仿生机器人的运动规律并测试其对水中污染物的降解性能，旨在学会设计TiO_2基仿生机器人，了解其工作机理，评价其性能。

一、实验目的

1. 了解光催化仿生机器人的工作机理。
2. 掌握设计 TiO_2 基仿生机器人的技能。
3. 掌握评价 TiO_2 基仿生机器人性能的方法。

二、预习要点

1. 光催化原理以及在污水处理中的应用。
2. 光驱动仿生机器人的设计及性能检测。

三、实验原理

(一)仿生机器人的工作原理

本实验中的仿生机器人是指借助光能驱动,以类似蜉蝣的独特运动方式实现水面漂浮、运动的软体机器人。其形状弯曲,两端可以与水面直接接触。水可以通过中间的水凝胶层连续传递到机器人身体中作为“燃料”。由于该机器人底部的疏水性,它能轻松在水面上漂浮。机器人的运动则由光驱动:光的照射产生高温,导致水蒸发,利用蒸汽泡的持续产生和破裂来提供能量,以驱动机器人周期性运动和转向。机器人在水面上的运动模式和速率可以通过调节光的功率来控制。通过机器人在水面上不停运动,将水面上漂浮的污染物进行净化,达到水处理的效果。

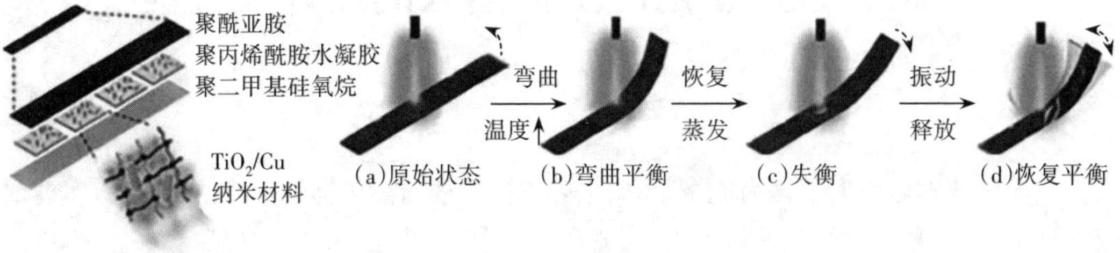

图5-10-1　TiO_2 基仿生机器人工作原理示意图

(二)光催化降解机理

光催化剂氧化还原机理主要是催化剂受光照射,吸收光能,发生电子跃迁,生成电子-空穴对,对吸附于表面的污染物直接进行氧化还原,或氧化表面吸附的氢氧根(OH^-),生成强氧化性的氢氧自由基(·OH),将污染物氧化。

四、实验用品

1. 实验试剂

纳米二氧化钛(痕量金属杂质含量0.2%,平均粒径5~10 nm,锐钛矿型)、罗丹明B(RhB)、聚丙烯酸($18\ mg\cdot mL^{-1}$,MW=1800)、正硅酸乙酯、聚乙烯吡咯烷酮($20\ mg\cdot mL^{-1}$,MW=10000)、四羟甲基氯化磷、间苯二酚、四氯金酸(1%)、氯化铜($0.2\ mol\cdot L^{-1}$)、甲醛、2-羟基-2-甲基丙苯酮(用作光引发剂)、水合肼(试剂级,50%~60%)、氨水(2.8%、28%)、乙二醇、单体丙烯酰胺、N,N′-亚甲基双丙烯酰胺、乙醇、硅橡胶固化剂、硅橡胶弹性体基体、聚酰亚胺薄膜、氢氧化钠溶液($2\ mol\cdot L^{-1}$)。

2. 实验材料和仪器

磁力搅拌器、水浴锅、马弗炉、烘箱、离心机、超声仪、紫外分光光度计等。

五、实验步骤

(一)基本实验方法

1. 设计TiO_2基仿生机器人

(1)对已有仿生机器人资料进行充分分析,了解当前各类仿生机器人的功能及原理,并进行细致的记录。

(2)整理、分析已有材料的优势、劣势,进行组合设计,绘制TiO_2基仿生机器人模型图。

(3)进行探究实验,制作需要的TiO_2基仿生机器人,完成模型。

(4)分析模型的可行性,提出改进方案。

2. TiO_2基仿生机器人的制作

(1)将0.8 g商用TiO_2纳米颗粒超声分散于40 mL去离子水中,制得TiO_2水分散液,再将216 mg聚丙烯酸溶解于600 mL去离子水和10 mL TiO_2水分散液中并持续搅拌12 h,然后通过离心回收TiO_2并用去离子水清洗3次(每次11000 rpm,15 min)。将离心出的TiO_2固体分散在12 mL去离子水中再次制得水分散液,取2 mL上述分散液加入到40 mL乙醇中,然后加入250 μL氨水(28%)和200 μL的正硅酸乙酯,产生5 nm的二氧化硅涂层。将混合液在14500 rpm下离心10 min,然后用乙醇清洗一次,用水清洗3次。最后得到的TiO_2-SiO_2用乙醇和水混合洗涤3次,并分散在12 mL乙醇中。

(2)将50 mL乙醇添加到TiO_2-SiO_2在乙醇中的分散液中,然后将其加热至78 ℃,再加热至200 ℃。200 ℃加热5 h后,将加热后的产物用乙醇洗涤多次,并分散在12 mL乙醇中。

(3)将12 μL的四羟甲基氯化磷和250 μL的氢氧化钠溶液($2\ mol\cdot L^{-1}$)加入45 mL超纯

水中搅拌5 min，再加入2 mL四氯金酸继续搅拌，用铝箔覆盖上述混合液并搅拌一夜，然后将其作为金晶种储备溶液储存在4℃环境下。取3 mL TiO_2-SiO_2在乙醇中的分散液，离心得到TiO_2-SiO_2固体并用去离子水清洗两次，分散在5 mL去离子水中，并加入到20 mL金晶种储备溶液中。上述混合物搅拌20 min后，金晶种通过静电相互作用附着在TiO_2-SiO_2的表面。

(4)将附着金晶种的TiO_2-SiO_2分散液超声分散于10 mL聚乙烯吡咯烷酮溶液中，在室温下搅拌上述混合物并过夜，然后离心去除多余的聚乙烯吡咯烷酮，离心后用去离子水洗涤两次，并分散在28 mL去离子水中。

(5)将13 mg间苯二酚和18 μL甲醛按顺序加入上一步的分散液中，混合物先在50 ℃加热2 h，再逐渐加热到100 ℃后加入10 μL氨水(2.8%)进行缩合反应形成RF纳米壳。同时，由于碱性条件下SiO_2外壳被蚀刻，在TiO_2和RF纳米壳内部的金晶种之间形成间隙。反应5 h后，最终的产品用超纯水冲洗3次，并分散在2 mL超纯水中。

(6)在水溶液中进行铜纳米棒的种子生长。将200 μL聚丙烯酸、120 μL水合肼、20 μL氯化铜和50 μL的第五步的分散液按顺序加入2 mL超纯水中。反应溶液在60 ℃水浴中放置30 min，用去离子水清洗3次并分散在去离子水中。

(7)将硅橡胶固化剂和硅橡胶弹性体基体以1∶10(质量比)混合。混合物在60 ℃下固化2 h以形成高度交联的聚二甲基硅氧烷膜。采用光引发聚合法制备高分子聚丙烯酰胺薄膜。然后制备固化溶液，将第六步的产物分散在聚丙烯酰胺前体溶液中(聚丙烯酰胺前体溶液的配制：以1 mL乙二醇为溶剂，250 mg丙烯酰胺为前体，6 μL 2-羟基-2-甲基丙苯酮为光引发剂，N、N′-亚甲基双丙烯酰胺为交联剂)，小心地将混合物添加到聚二甲基硅氧烷和聚酰亚胺层之间。紫外(UV)光从聚二甲基硅氧烷一侧照射约2 min，以固化聚合物。

3. 光催化降解实验

(1)用容量瓶配置200 mL 10 $mg \cdot L^{-1}$的RhB溶液，取2 mL原液。

(2)将TiO_2基仿生机器人悬浮在装有50 mL染料溶液的烧杯中，使用300 W的氙灯照射1 h。

(3)取出2 mL溶液并离心，最终用紫外分光光度计测试原液和样品吸光度。

(二)实验设计与实施

实验设计：

绘制图表：

预测交流：

测试评价：

表5-10-1 机器人设计评价

实验操作原溶液吸光度	现象与改进降解率
将纳米 TiO_2 基仿生机器人放置于水中，用激光束照射在机器人表面的边缘处	
将纳米 TiO_2 基仿生机器人放置于染料污水表面，用 300 W 的氙灯照射 1 h	

表5-10-2 机器人性能评价

样品名称	原溶液吸光度	降解后吸光度	降解率

降解率的计算公式为：$降解率=\frac{(原溶液吸光度-降解后吸光度)}{原溶液吸光度}\times 100\%$

六、分析与结论

观察解释：

得出结论：

深入探索：

七、拓展与思考

1.你还知道生活中有哪些仿生现象?

2.具有仿生性能的材料都有什么特征?

3.如何提高TiO_2基仿生机器人的工作效率?

4.请根据本实验的学习收获查找资料设计新的器件。

八、参考文献

[1]薛梦儒,朱新,李向清,等.TiO_2纳米颗粒的制备新方法及其对水中抗生素残留物降解的光催化活性[J].齐鲁工业大学学报,2019,33(4).

[2]王仁君,杨佳琪,魏庆营,等.纳米二氧化钛及其改性在环境领域的应用进展[J].合成材料老化与应用,2022,51(1).

[3]ZHI W L, NOSANG V M, YADONG Y. Light-powered soft steam engines for self-adaptive oscillation and biomimetic swimming. Science Robotics 2021,61(6).

[4] MORADEEYA P G, SHARMA A, KUMAR M A, et al. Titanium dioxide based nanocomposites-current trends and emerging strategies for the photocatalytic degradation of ruinous environmental pollutants. Environmental Research. 2022,204.

[5]IJAZ M, ZAFAR M. Titanium dioxide nanostructures as efficient photocatalyst: progress, challenges and perspective.International Jouranal of Energy Research. 2020,45(3).